高等院校计算机系列规划教材

数据库原理及应用（Access版）
第 2 版

吴 靖 主编

唐小毅 马燕林 金 鑫 副主编

机械工业出版社

本书从一个 Access 数据库应用系统实例——学生管理系统入手，系统地介绍数据库的基本原理与 Access 各种主要功能的使用方法，主要包括数据库的基本原理和相关概念，关系数据库的基本设计方法，数据库的建立，表、查询、SQL 语言、窗体、宏、报表、数据访问页的创建和应用，以及 VBA 程序设计。

本书内容全面，结构完整，深入浅出，图文并茂，通俗易懂，可读性、可操作性强。既适合作为各类高校学生学习数据库原理及应用的教材，也可作为相关领域技术人员的参考用书或培训教材。

本书配有授课电子课件，需要的教师可登录 www.cmpedu.com 免费注册、审核通过后下载，或联系编辑索取（QQ：241151483，电话：010-88379753）。

图书在版编目（CIP）数据

数据库原理及应用：Access 版 / 吴靖主编． —2 版． —北京：机械工业出版社，2012.8
高等院校计算机系列规划教材
ISBN 978-7-111-38691-9

Ⅰ．①数…　Ⅱ．①吴…　Ⅲ．①关系数据库系统-数据库管理系统-高等学校-教材　Ⅳ．①TP311.138

中国版本图书馆 CIP 数据核字（2012）第 121279 号

机械工业出版社（北京市百万庄大街 22 号　邮政编码 100037）
责任编辑：和庆娣
责任印制：张　楠

北京诚信伟业印刷有限公司印刷

2012 年 8 月第 2 版·第 1 次印刷
184mm×260mm·17 印张·420 千字
0001－3000 册
标准书号：ISBN 978-7-111-38691-9
定价：36.00 元

出 版 说 明

随着科学技术的进步和教育事业的发展，计算机技术和计算机教育得到了普及，社会上对计算机专业人才需求的增加，使得计算机教育越来越受到重视。

为了进一步推动计算机技术的发展，满足计算机教育的需求，机械工业出版社策划出版了"高等院校计算机系列规划教材"。本套教材以计算机应用为主线，在突出实用性的同时，也兼顾知识结构的完整性。本套教材具有以下特点：

1）符合高等院校计算机专业人才的培养目标及课程体系的设置，注重培养学生的应用能力，强调知识、能力与素质的综合训练。

2）凝结一线骨干教师的课程改革和教学研究成果，融合了先进的教学理念，真正在教学内容和方法上做到了创新。

3）针对多数学生的学习特点，采用通俗易懂的方法讲解知识，逻辑性强、层次分明、叙述准确而精炼、图文并茂，使学生可以快速掌握，学以致用。

4）实现教材"立体化"建设，主干课程配备有电子教案、素材、实验指导和多媒体教学光盘等教学资源。

5）可作为高等院校计算机及相关专业的教材，也可作为从事信息类工作人员的参考书。

对于本套教材的组织出版工作，希望计算机教育界的专家和老师提出宝贵意见和建议，在此，衷心感谢计算机教育工作者和广大读者的支持与帮助！

机械工业出版社

前　言

随着社会信息化进程的不断推进和电子商务的蓬勃发展，非计算机类专业学生具有一定计算机科学知识的要求也越来越高。在参与企业信息化建设的咨询和实施过程中，我们深刻地体会到数据建模是企业信息化过程中的一个重要环节，数据组织得好坏关系到企业信息化的成败。而企业信息化又与各专业领域相联系，需要各专业的密切合作。因此，需要非计算机类专业学生具有数据建模的基本知识，掌握数据库的设计步骤和原则，使学生具有解决实际问题的能力。

本书适用于非计算机类专业学生学习数据库原理与应用课程，面向各类专业学生讲授数据库系统最基本的内容：数据库设计和数据库编程。我们期望通过这门课程的学习使学生具备数据库方面的基本知识和良好的逻辑思维能力。

本书的编著者为中央财经大学"Access 数据库原理及应用"课程的主讲教师，在长期的教学中积累了丰富的教学经验。本书以数据库应用为重点，以学生管理为主线，主要讲解如何建立数据库、建立数据库应遵循的步骤以及每一步骤中应遵循的原则，并以实例介绍在Access 环境中如何实现数据库的建立和各种对象的创建等。

本书有配套的习题与实验教材《数据库原理及应用实验指导及习题（Access 版）（第 2版）》以一个商品进销系统为例，提供了丰富的练习题和题解，对本书做了强有力的补充，是教师教学和学生学习本书的重要资源。

在本书的出版过程中，得到了各有关部门同事的大力支持和帮助，在此表示衷心的感谢。

参加本书编写的有吴靖、唐小毅、马燕林、金鑫。

由于计算机技术日新月异，加之时间仓促及编者能力所限，书中难免有疏漏或错误之处，恳请读者批评指正。欢迎读者使用 wujing@cufe.edu.cn 与我们联系。

编　者

教 学 建 议

章节	教学内容和实验任务要求		学时安排	
	教学内容	实验任务	讲课	实验
第1章 数据库系统概述	数据库系统的基本概念和发展历程 数据库系统的三级结构模式 数据库设计的基本步骤和注意事项 实体-联系模型的相关概念	使用规范的数据库设计方法，分析并设计一个实用的数据库管理系统	4	1
第2章 关系模型和关系数据库	关系模型的相关概念 关系数据库及其规范化的相关规则 E-R模型向关系模型转换的方法 关系数据的相关操作	完成 E-R 模型向关系模型的转换	4	1
第3章 Access概述	Access 数据库的功能及特点 Access 数据库的系统结构 Access 功能选项的设置 Access 的帮助系统的使用方法	掌握 Access 的功能设置 使用 Access 帮助系统查询帮助信息	1	
第4章 数据库与表	Access 数据库的创建方法 数据表的创建方法 Access 的数据类型及字段属性的设置 索引、主键与表之间关系 数据表的各种操作方法	在 Access 环境中创建数据库及表，为后续实验提供数据基础 掌握创建数据库和数据表的方法 掌握字段属性的设置 掌握表中数据的编辑和数据表的使用 掌握索引和表间关联关系的创建	4	2
第5章 查询	查询的功能及类型 Access 中常量、变量、运算符、函数和表达式 利用向导和设计视图创建各种类型的选择查询 交叉表查询的创建方法 动作查询的创建方法 参数查询的创建方法 重复项查询和不匹配查询的创建方法和相关知识	使用查询设计视图完成单表和多表的选择查询、查询计算、查询条件组合、动作查询等 掌握选择查询，查询中的计算，以及运用各种运算符（逻辑运算符、关系运算符、Between、In、Like）来组合查询条件 掌握创建交叉表查询、参数查询、生成表查询、追加查询、更新查询、删除查询	5	2
第6章 结构化查询语言 SQL	结构化查询语言的基本知识 数据查询语句：简单查询、多表查询、排序、嵌套查询、聚集函数和分组查询、连接查询、联合查询 数据操作语句：数据追加、数据更新和数据删除 数据定义语句：创建表、删除表、修改表	利用 SQL 语言完成数据的查询、定义和数据更新等 使用 SQL 语句完成单表查询、多表查询操作 使用 SQL 命令完成连接查询和嵌套查询 使用 SQL 命令完成数据插入、数据修改、数据删除等功能。 使用 SQL 命令完成数据表的定义、删除和修改操作	6	4

章节	教学内容和实验任务要求		学时安排	
	教学内容	实验任务	讲课	实验
第7章 窗体	窗体的基本知识 利用向导创建各种窗体的方法 利用窗体设计视图创建窗体 窗体中各种控件及操作方法 面向对象的基本概念 对象的属性设置 对象事件和方法	使用窗体设计视图，创建各种类型的窗体 熟悉窗体的各种创建方法 掌握窗体设计视图中常用控件的使用方法 掌握窗体属性和常用控件属性的设置方法 掌握在窗体中添加子窗体的方法 掌握窗体与查询之间的控件关联的方法	6	2
第8章 宏	什么是宏 宏的创建与编辑 宏与宏组的使用 触发事件运行宏或宏组 用宏命令间接运行宏或宏组	有关宏的创建方法 掌握宏和宏组的创建方法 掌握条件宏的创建方法 利用宏建立菜单	4	2
第9章 报表	报表的基本结构 利用向导创建报表 利用设计视图实现报表的创建与格式设置 报表的分组与控件的使用 创建子报表 报表的预览与打印	常用报表的设计 掌握利用向导创建各种报表 掌握在设计视图中创建报表 掌握分组报表、子报表的创建方法	4	2
第10章 数据访问页	数据访问页的基本类型 数据访问页的创建方式 数据访问页的标签、滚动文字、主题、背景和数据分组等 数据访问页的访问与发布	创建并编辑数据访问页 掌握数据访问页的创建和编辑方法 了解数据访问页的应用	2	2
第11章 VBA 程序设计	VBA 的基本概念、编程步骤和编辑环境 模块的基本概念 面向对象程序设计的基本概念 Access 中的对象 VBA 中的数据与表达式 VBA 的基本语句 VBA 程序流程控件：选择结构、循环结构和 GOTO 语句 过程的作用范围与参数传递 VBA 程序调试 VBA 中数据库对象的使用	能够编写简单的 VBA 程序，能够灵活运用分支结构、循环结构和过程进行程序设计 掌握选择结构语句、循环结构语句的使用方法 掌握过程、函数的使用方法 掌握简单程序的算法设计 掌握简单的 VBA 与窗体综合设计	8	4
		教学总学时	48	22

备注：

① 本教材教师授课学时数为 48～50 学时，学生在教师指导下完成相关配套实验的学时数为 20～22 学时。

② 如果某些专业教学计划时数少于 60 学时，建议可部分或全部舍去某些章节内容（如 2.5 节、第 10 章数据访问页和第 11 章 VBA 程序设计）。

目 录

第1章　数据库系统概述

20世纪80年代，美国信息资源管理学家霍顿（F.W.Horton）和马钱德（D.A.Marchand）等人指出：信息资源（Information Resources）与人力、物力、财力和自然资源一样，都是企业的重要资源，因此，应该像管理其他资源一样管理信息资源。

随着社会的进步和经济的发展，各类组织和机构都意识到我们的社会已经跨入信息时代，数据是信息时代的重要资源之一。通常，大多数数据是经过一段时间积累下来的重要资源。人们需要对大量的数据进行管理，从数据中获取信息和知识，从而帮助人们进行决策，于是就有了数据库今天的蓬勃发展。数据库技术是计算机科学中一门重要的技术，在管理和财经等领域得到广泛的应用。特别是 Internet 技术的发展，为数据库技术开辟了更广泛的应用舞台。

本章的重点是介绍数据库系统的基本概念和数据库设计的步骤。

1.1　引言

首先，我们通过几个事例，讨论为什么需要数据库。

A 公司的业务之一是销售一种科技含量较高的日常生活用品，为分别适应不同客户群的需求，这种商品有 9 个型号；产品通过分布在全市的 3000 多个各种类型零售商（如各类超市、便利店等）销售；同时，公司在全国各主要城市都设有办事处，通过当地的代理商销售这种商品。

如果是你在管理这家公司，你需要什么信息？

A 公司的管理层需要随时掌握各代理商和零售商的进货情况、销货情况和库存情况；需要掌握各销售渠道的销售情况；需要了解不同型号产品在不同地域的销售情况，以便及时调整销售策略等。A 公司的工作人员需要定期对代理商和零售商进行回访，解决销售过程中的各种问题，并对自己的客户（代理商和零售商）进行维护。在此过程中，公司还需要对自己市场部门的工作业绩进行考核。

随着市场范围的不断扩大，业务量迅速增长，A 公司需要有效地管理自己的产品、客户和员工等数据，并且这类数据正在不断地积累、增大。

这样大量的数据靠人工管理已经不再可能，比较好的方法之一是用数据库系统来管理其数据。那么，应该如何去抽象数据，组织数据并能够有效地使用数据，从中得到有价值的信息呢？这正是我们要讨论的问题。

另一个例子是银行，我们每个人都有在银行接受服务的经历。我们首先在银行开户，向银行提供我们的基本信息（如姓名和身份证号码等），然后不断地存款、取款、消费；而银行需要及时地记录这些数据，并实时地更新账户余额。

解决上述问题的最佳方案之一就是使用数据库。产生数据库的动因和使用数据库的目的正是为了及时地采集数据、合理地存储数据、有效地使用数据，保证数据的准确性、一致性和安全性，在需要的时间和地点获得有价值的信息。

1.2 数据库系统

本节讨论数据库系统的构成，数据库系统的特点数据库的发展过程以及数据管理技术的发展。

1.2.1 数据库系统的构成

数据库技术所要解决的基本问题如下。

1）如何抽象现实世界中的对象，如何表达数据以及数据之间的联系。

2）如何方便、有效地维护和利用数据。

通常意义下，数据库是数据的集合。一个数据库系统的主要组成部分是数据、数据库、数据库管理系统、应用程序及用户。数据存储在数据库中，用户和用户应用程序通过数据库管理系统对数据库中的数据进行管理和操作。

1. 数据

数据（Data）是对客观事物的抽象描述。数据是信息的具体表现形式，信息包含在数据之中。数据的形式或者说数据的载体是多种多样的，它们可以是数值、文字、图形、图像、声音等。例如，用会计分录描述企业的经济业务，会计分录反映了经济业务的来龙去脉。会计分录就是其所描述的经济业务的抽象，并且是以文字和数值的形式表现的。

数据的形式还不能完全表达数据的内容，数据是有涵义的，即数据的语义或数据解释。所以数据和数据的解释是不可分的。例如，（983501011，张捷，女，1978，北京，信息学院）就仅仅是一组数据，如果没有数据解释，读者就无法知道这是一名学生还是一名教师的数据，1978 应该是一个年份，但它是出生年份还是参加工作或入学的年份就无法了解了。在关系数据库中，上述数据是一组属性值，属性是它们的语义。

通过对数据进行加工和处理，从数据中获取信息。数据处理通常包括：数据采集、数据存储、数据加工、数据检索和数据传输（输出）等环节。

数据的三个范畴分为现实世界、信息世界和计算机世界。数据库设计的过程，就是将数据的表示从现实世界抽象到信息世界（概念模型），再从信息世界转换到计算机世界（数据世界）。

2. 数据库

数据库（DataBase）是存储数据的容器。通常，数据库中存储的是一组逻辑相关的数据的集合，并且是企业或组织经过长期积累保存下来的数据集合，是组织的重要资源之一。数据库中的数据按一定的数据模型描述、组织和存储。人们从数据中提取有用信息，信息的积累成为知识，丰富的知识创造出智慧。

3. 数据库管理系统

数据库管理系统（DataBase Management System，DBMS）是一类系统软件，提供能够科学地组织和存储数据、高效地获取和维护数据的环境。其主要功能包括数据定义、数据查询、数据操纵、数据控制、数据库运行管理、数据库的建立和维护等。DBMS 一般由软件厂商提供，如 Microsoft 公司的 SQL Server 和 Access 等。

4. 数据库系统

一个完整的数据库系统（DataBase System，DBS）由保存数据的数据库、数据库管理系统、用户应用程序和用户组成，如图 1-1 所示。DBMS 是数据库系统的核心。用户以及应用程序都是通过数据库管理系统对数据库中的数据进行访问的。

图 1-1　数据库系统组成

通常一个数据库系统应该具备如下功能。

1）提供数据定义语言，允许使用者建立新的数据库并建立数据的逻辑结构（Logical Structure）。

2）提供数据查询语言。

3）提供数据操纵语言。

4）支持大量数据存储。

5）控制并发送访问。

1.2.2　数据库系统的特点

数据库系统具有如下特点。

1. 数据结构化

数据库中的数据是结构化的。这种结构化就是数据库管理系统所支持的数据模型。使用数据模型描述数据时，不仅描述了数据本身，同时描述了数据之间的联系。按照应用的需要，建立一种全局的数据结构，从而构成了一个内部紧密联系的数据整体。关系数据库管理系统支持关系数据模型，关系模型的数据结构是关系——满足一定条件的二维表格。

2. 数据高度共享、低冗余度、易扩充

数据的共享度直接关系到数据的冗余度。数据库系统从整体角度看待和描述数据，数据不再面向某个应用，而是面向整个系统。因此，数据库中的数据可以高度共享。数据的高度共享本身就减少了数据的冗余，同时确保了数据的一致性，同一数据在系统中的多处引用是一致的。

3. 数据独立

数据的独立性是指数据库系统中的数据与应用程序之间是互不依赖的。数据库系统提供了两方面的映像功能，从而使数据既具有物理独立性，又具有逻辑独立性。

数据库系统的一个映像功能是数据的总体逻辑结构与某类应用所涉及的局部逻辑结构之间的映像或转换功能。这一映像功能保证了当数据的总体逻辑结构改变时，通过对映像的相应改变可以保持数据的局部逻辑结构不变。由于应用程序是依据数据的局部逻辑结构编写的，所以应用程序不必修改。这就是数据与程序的逻辑独立性，简称数据的逻辑独立性。

数据库系统的另一映像功能是数据的存储结构与逻辑结构之间的映像或转换功能。这一映像功能保证了当数据的存储结构（或物理结构）改变时，通过对映像的相应改变可以保持数据的逻辑结构不变，从而应用程序也不必改变。这就是数据与程序的物理独立性，简称数据的物理独立性。

4. 数据由数据库管理系统统一管理和控制

DBMS 提供以下几方面的数据管理与控制功能。

（1）数据安全性

数据安全性（Security）是指保护数据，防止不合法使用数据造成数据的泄密和破坏，使每个用户只能按规定权限对某些数据以某种方式进行访问和处理。例如，部分用户对学生成绩只能查阅不能修改。

（2）数据完整性

数据完整性（Integrity）是指数据的正确性、有效性、相容性和一致性，即将数据控制在有效的范围内，或要求数据之间满足一定的关系。

（3）并发控制

当多用户的并发（Concurrency）进程同时存取、修改数据库时，可能会发生相互干扰而得到错误的结果，并使得数据库的完整性遭到破坏，因此必须对多用户的并发操作加以控制和协调。

（4）数据库恢复

计算机系统的硬件故障、软件故障、操作员的失误以及故意的破坏都会影响数据库中数据的正确性，甚至造成数据库部分或全部数据的丢失。DBMS 必须具有将数据库从错误状态恢复到某一已知的正确状态（也称为完整状态或一致状态）的能力，这就是数据库的恢复（Recovery）功能。

1.2.3　数据库的发展过程

美国学者詹姆斯·马丁在其《信息工程》和《总体数据规划方法论》中，将数据环境分为 4 种类型，阐述了数据管理即数据库的发展过程。

（1）数据文件

在数据库管理系统出现之前，程序员根据应用的需要，用程序语言分散地设计应用所需要的各种数据文件。数据组织技术相对简单，但是随着应用程序的增加，数据文件的数量也在不断增加，最终会导致很高的维护成本。数据文件阶段，会为每一个应用程序建立各自的数据文件，数据是分离的、孤立的，并且随着应用的增加，数据被不断地重复，数据不能被应用程序所共享。

（2）应用数据库

意识到数据文件带来的各种各样的问题，于是就有了数据库管理系统。但是各个应用系统的建立依然是"各自为政"，每个应用系统建立自己的数据库文件。随着应用系统的建立，孤立的数据库文件也在增加，"数据孤岛"产生，数据仍然在被不断地重复，数据不能共享，并且导致了数据的不一致和不准确。

（3）主题数据库

主题数据库是面向业务主题的数据组织存储方式，即按照业务主题重组有关数据，而不是按照原来的各种登记表和统计报表来建立数据库。它强调信息共享（不是信息私有或部门所有）。主题数据库是对各个应用系统"自建自用"数据库的彻底否定，强调各个应用系统"共建共用"的共享数据库；所有源数据一次一处输入系统（不是多次多处输入系统）。同一数据必须一次一处进入系统，保证其准确性、及时性和完整性，经由网络-计算机-数据库系统，可以多次、多处使用；主题数据库由基础表组成，基础表具有如下特性：原子性（表中的数据项是数据元素）、演绎性（可由表中的数据生成全部输出数据）和规范性（表中数据结构满足三范式要求）。

（4）数据仓库

数据仓库是从多个数据源收集的信息存储，存放在一个一致的模式下。数据仓库通过数据清理、数据变换、数据集成、数据装入和定期数据刷新来构造。建立数据仓库的目的是进行数据挖掘。

数据挖掘是从海量数据中提取出知识。数据挖掘是以数据仓库中的数据为对象，以数据挖掘算法为手段，最终以获得的模式或规则为结果，并通过展示环节表示出来。

1.2.4 数据管理技术的发展

计算机数据管理随着计算机硬件、软件技术和计算机应用范围的发展而不断发展，经历了人工管理阶段、文件系统阶段和数据库技术阶段 3 个阶段。对数据管理是为了对数据进行处理，数据处理的过程包括数据收集、存储、加工和检索等过程。

1. 人工管理阶段

20 世纪 50 年代中期以前，计算机主要用于数值计算。从硬件系统看，当时的外存储设备只有纸带、卡片、磁带，没有直接存取设备；从软件系统看，没有操作系统以及管理数据的软件；从数据看，数据量小，数据无结构，由用户直接管理，且数据间缺乏逻辑组织，数据依赖于特定的应用程序，缺乏独立性。人工管理数据阶段的特点如下。

- 数据不能保存：一个目标计算完成后，程序和数据都不能被保存。
- 应用程序管理数据：应用程序与数据之间缺少独立性。
- 数据不能共享：数据是面向应用的，一组数据只能对应一个程序。
- 数据不具有独立性：数据结构改变后，应用程序必须修改。

2. 文件系统阶段

20 世纪 50 年代后期到 60 年代中后期，计算机应用从科学计算发展到科学计算和数据处理。1954 年出现了第一台商业数据处理的电子计算机 UNIVACI，标志着计算机开始应用于以加工数据为主的事务处理阶段。基于计算机的数据处理系统也就从此迅速发展起来。这个阶段，硬件系统出现了磁鼓、磁盘等直接存取数据的存储设备；软件系统有了文件系统，处理方式也从批处理发展到了联机实时处理。文件系统阶段的数据管理特点如下。

- 数据可以长期保存：数据能够保存在存储设备上，可以对数据进行各种数据处理操作，包括查询、修改、增加、删除操作等。
- 文件系统管理数据：数据以文件形式存储在存储设备上，有专门的文件系统软件对数据文件进行管理，应用程序按文件名访问数据文件，按记录进行存取，可以对数据文件进行数据操作。应用程序通过文件系统访问数据文件，使得程序与数据之间具有一定的独立性。
- 数据共享差、数据冗余大：仍然是一个应用程序对应一个数据文件（集），即便是多个应用程序需要处理部分相同的数据时，也必须访问各自的数据文件，由此造成数据的冗余，并可能导致数据不一致；数据不能共享。
- 数据独立性不好：数据文件与应用程序一一对应，数据文件改变时，应用程序就需要改变；同样，应用程序改变时，数据文件也需要改变。

3. 数据库技术阶段

20 世纪 70 年代开始有了专门进行数据组织和管理的软件数据库管理系统，特别在 20 世纪 80 年代后期到 20 世纪 90 年代，由于金融和商业的需求，数据库管理系统得到了迅猛的发展。数据库管理系统管理数据具有如下特点。

- 数据结构化。
- 数据共享性高，冗余度低，易扩充。
- 数据独立性高。
- 数据由 DBMS 统一管理，DBMS 具有完备的数据管理和控制功能。

1.3 数据库系统三级模式结构

从数据库管理系统的内部体系结构角度看，数据库管理系统对数据库数据的存储和管理采用三级模式结构。数据库系统的三级模式结构是指数据库系统由模式、外模式和内模式三级构成。数据库系统的三级模式结构如图 1-2 所示。

图 1-2　数据库系统的三级模式结构

1.3.1　模式结构的概念

1. 模式

模式（Schema）又称逻辑模式，是数据库中全部数据的逻辑结构和特征的描述，是对数据的结构和属性的描述。

关系数据库用关系数据模型来描述数据的逻辑结构（数据项、数据类型、取值范围等）和数据之间的联系，以及数据的完整性规则。

在关系数据模型中，对学生数据的一组描述（学号，姓名，性别，所在学院）就是一个模式，这个模式可以有多组不同的值与其对应，每一组对应的值称为模式的实例，例如，（2008350222，钟红，女，信息学院）就是上述模式的一个实例。

数据库设计的主要任务之一就是数据库的模式设计。

2. 外模式

外模式（External Schema）又称子模式或用户视图，是用户能够看到和使用的逻辑数据模型描述的数据。外模式通常是从模式得到的子集；用户的需求不一样，用户视图就不一样，因此，一个模式可以有很多个外模式。

外模式可以很好地起到保护数据安全的作用，是数据库数据安全的一个有力措施。外模式使得每个用户只能访问到与其相关的数据，不能看到模式中的其他数据。

3. 内模式

内模式（Internal Schema）又称存储模式，是数据物理结构和存储方式的描述，一个模式只有一个内模式。

1.3.2 数据库系统三级模式与二级映像

数据库系统的三级模式对应数据的三个抽象级别，数据的具体组织由 DBMS 管理，用户可以逻辑地抽象处理数据，而无需关心数据在计算机内部的具体表示方式和存储方式。

数据库系统的三级模式提供了二级映像，从而保证了数据库系统中数据的逻辑独立性和物理独立性。

1. 外模式/模式映像

模式描述了数据的全局逻辑结构，外模式是根据用户需求描述的数据局部逻辑结构。

对应一个模式可以有任意多个外模式。对应于每一个外模式，都有一个外模式/模式映像，它定义了该外模式与模式之间的对应关系。

应用程序是依据数据的外模式编写的，因此当模式改变时，应用程序不必改变，从而实现了数据与程序之间的逻辑独立性，简称数据的逻辑独立性。

2. 模式/内模式映像

数据库中，模式是唯一的，内模式也是唯一的，模式与内模式是一一对应的，模式/内模式映像也是唯一的。模式/内模式映像定义了数据全局逻辑结构与存储结构之间的对应关系，并且实现了数据的物理独立性。

1.4 数据库设计的基本步骤

数据是一个组织机构的重要资源之一，是组织积累的宝贵财富，通过对数据的分析，可以了解组织的过去，把握今天，预测未来。但这些数据通常是大量的、甚至是杂乱无章的，如何合理、有效地组织这些数据，是数据库设计的重要任务之一。

数据的 3 个范畴为现实世界、信息世界和计算机世界。数据库设计的过程，就是将数据的表示从现实世界抽象到信息世界（概念模型），再从信息世界转换到计算机世界（数据世界）。

正如前面所述，数据库是企业或组织所积累的数据的聚集，除了每一个具体数据以外，这些数据是逻辑相关的，即数据之间是有联系的。数据库是组织和管理这些数据的常用工具。数据库设计讨论的问题是：根据业务管理和决策的需要，应该在数据库中保存什么数据？这些数据之间有什么联系？

数据库设计的目的在于提供实际问题的计算机表示，在于获得支持高效存取数据的数据结构。数据库中用数据模型这个工具来抽象和描述现实世界中的对象（人或事物）。数据库设计分为 4 个步骤，如图 1-3 所示。

1. 需求分析

对需要使用数据库系统来进行管理的现实世界中对象（人或事物）的业务流程、业务规则和所涉及的数据进行调查、分析和研究，充分理解现实世界中的实际问题和需求。需求分析的策略一般有两

图 1-3　数据库设计步骤

7

种：自下向上的方法和自上向下的方法。

（1）自下向上的方法

对事物进行了解，理解实际问题的业务规则和业务流程。在此基础上，归纳出该事物处理过程中需要存放在数据库中的数据。

（2）自上向下的方法

从为描述事物最终提供的各种报表和经常需要查询的信息着手，分析出应包含在数据库中的数据。

进行需求分析时，通常会同时使用上述两种方法。自下向上的方法反映了实际问题的信息需求，是对数据及其结构的需求，是一种静态需求；自上向下的方法侧重于对数据处理的需求，即实际问题的动态需求。

2. 数据库概念设计

数据库概念设计是在需求分析的基础上，建立数据的概念模型（Conceptual Data Model）；用概念模型描述实际问题所涉及的数据以及数据之间的联系；这种描述的详细程度和描述的内容取决于期望得到的信息。一种较常用的概念模型是实体-联系模型，又称 E-R 模型（Entity-Relationship Model）。E-R 模型用实体和实体之间的联系来表达数据以及数据之间的联系。

3. 数据库逻辑设计

数据库逻辑设计是根据概念数据模型建立逻辑数据模型（Logic Data Model）。逻辑数据模型是一种面向数据库系统的数据模型，本节使用目前被广泛使用的关系数据模型来描述数据库逻辑设计：根据概念模型建立数据的关系模型（Relational Model）；用关系模型描述实际问题在计算机中的表示。关系模型是一种数据模型，用表的聚集来表示数据以及数据之间的联系。数据库的逻辑设计实际是把 E-R（实体-联系）模型转换为关系模型的过程。

E-R 模型和关系模型分属两个不同的层次，E-R 模型更接近于用户，不需要用户具有计算机知识，属于现实世界范畴；而关系模型是从计算机的角度描述数据及数据之间的联系，需要使用者具有一定计算机知识，属于计算机范畴。

4. 数据库实现（数据库物理设计）

依据关系模型，在数据库管理系统（如 Access）环境中建立数据库。

1.5　实体-联系模型

数据库设计的过程就是利用数据模型来表达数据和数据之间联系的过程。数据模型是一种工具，用来描述数据（Data）、数据的语义（Data Semantics）、数据之间的联系（Relationship）以及数据的约束（Constraints）等。数据建模过程是一个抽象的过程，其目的是把一个现实世界中的实际问题用一种数据模型来表示，用计算机能够识别、存储和处理的数据形式进行描述。在本节中，将讨论一种用于数据库概念设计的数据模型——E-R 模型。一般地讲，任何一种数据模型都是经过严格定义的。

理解实际问题的需求之后，需要用一种方法来表达这种需求，现实世界中使用概念数据模型来描述数据以及数据之间的联系，即数据库概念设计。概念模型的表示方法之一是实体-联系模型，即用 E-R 模型表达实际问题的需求。E-R 模型具有足够的表达能力且简明易懂，不需要使用者具有计算机知识。E-R 模型以图形的方式表示模型中各元素及其之间的联系，所以又称 E-R 图（Entity-Relationship Diagram）。E-R 图便于理解且易于交流，因此，E-R 模型得到了相当广泛的应用。

1.5.1　实体 – 联系模型中的基本概念

下面介绍 E-R 模型中使用的基本元素。

1．实体

实际问题中客观存在并可相互区别的事物称为实体（Entity）。实体是现实世界中的对象，实体可以是具体的人、事、物。例如，实体可以是一名学生、一位教师或图书馆中的一本书籍。

2．属性

实体所具有的某一特性称为属性（Attribute）。在 E-R 模型中用属性来描述实体，例如，通常用"姓名"、"性别"、"出生日期"等属性来描述人，用"图书名称"、"出版商"、"出版日期"等属性描述书籍。一个实体可以由若干个属性来描述。例如学生实体可以用学号、姓名、性别、出生日期等属性来描述。这些属性的集合（学号，姓名，性别，出生日期）表征了一个学生的部分特性。一个实体通常具有多种属性，应该使用哪些属性描述实体，取决于实际问题的需要或者说取决于最终期望得到哪些信息。例如，教务处关心、描述学生各门功课的成绩，而学生处可能会更关心学生的各项基本情况，如学生来自哪里，监护人是谁，如何联系等问题。

确定属性的两条原则。

1）属性必须是不可分的最小数据项，属性中不能包含其他属性，不能再具有需要描述的性质。

2）属性不能与其他实体具有联系，E-R 图中所表示的联系是实体集之间的联系。

属性的取值范围称为该属性的域（Domain）。例如，"学号"的域可以是 9 位数字组成的字符串，"性别"的域是"男"或"女"，"工资"的域是大于零的数值等。但域不是 E-R 模型中的概念，E-R 模型不需要描述属性的取值范围。

3．实体集

具有相同属性的实体的集合称为实体集（Entity Set/Entity Class）。例如，全体学生就是一个实体集。实体属性的每一组取值代表一个具体的实体。例如，（983501011，张捷，女，1978年 12 月）是学生实体集中的一个实体，而（993520200，李纲，男，1978 年 8 月）是另一个实体。在 E-R 模型中，一个实体集中的所有实体有相同的属性。

4．键

在描述实体集的所有属性中，可以唯一地标识每个实体的属性称为键（Key）或标识（Identifier）。首先，键是实体的属性；其次，这个属性可以唯一地标识实体集中每个实体。因此，作为键的属性取值必须唯一且不能"空置"。例如，在学生实体集中，用学号属性唯一地标识每个学生实体。在学生实体集中，学号属性取值唯一，而且每一位学生一定有一个学号（不存在没有学号的学生）。因此，学号是学生实体集的键。

5．实体型

具有相同的特征和性质的实体一定具有相同的属性。用实体名及其属性名集合来抽象和刻画同类实体，称为实体型（Entity Type）。实体型表示的格式是：

实体名（属性 1，属性 2，……，属性 n）

例如，学生（<u>学号</u>，姓名，性别，出生日期，所属院系，专业，入学时间）就是一个实体型，其中带有下划线的属性是键。

用图形表示这个实体集的方法如图 1-4 所示。用矩形表示实体集，矩形框中写入实体集名称，用椭圆表示实体的属性。作为键的属性，用加下划线的方式表示。

图 1-4　学生实体集图形表示

在建立实体集时，应遵循的原则如下。

1）每个实体集只表现一个主题。例如，学生实体集中不能包含教师，它们所要描述的内容是有差异的，属性可能会有所不同。

2）每个实体集有一个键属性，其他属性只依赖键属性而存在。并且除键属性以外的其他属性之间没有相互依赖关系。例如，学生实体中，学号属性值决定了姓名、性别、出生日期等属性的取值（记为：学号 → 姓名　性别　出生日期），但反之不行。

6．联系

世界上任何事物都不是孤立存在的，事物内部和事物之间是有联系（Relationship）的。实体集内部的联系体现在描述实体的属性之间的联系；实体集外部的联系是指实体集之间的联系，并且这种联系可以拥有属性。

实体集之间的联系通常有 3 种类型：一对一联系（1∶1）、一对多联系（1∶n）和多对多联系（m∶n）。

1.5.2　实体集之间的联系形式

1．一对一联系

例 1-1　考虑学校里的班级和班长之间的联系问题。每个班只有一位班长，每位班长只在一个班里任职，班长实体集与班实体集之间的联系是一对一联系。用 E-R 图表示这种一对一的联系，如图 1-5 所示。用矩形表示实体集，用菱形表示实体集之间的联系，菱形中是联系的名称，菱形两侧是联系的类型。为了强调实体集之间的联系，本图中略去了实体集的属性。

例 1-2　某经济技术开发区需要对入驻其中的公司及其总经理信息进行管理。如果给定的需求分析如下，建立此问题的概念模型。

图 1-5　班实体集与班长实体集的联系

（1）需求分析

1）每个公司有一名总经理，每位总经理只在一个公司任职。

2）需要存储和管理的公司数据有公司名称、地址、电话。

3）需要存储和管理的总经理数据有姓名、性别、出生日期、民族。

这个问题中有两个实体对象，即公司实体集和总经理实体集。描述公司实体集的属性是公司名称、地址和电话；描述总经理实体集的属性是姓名、性别、出生日期和民族。但两个实体集中没有适合作为键的属性，因此为每一个公司编号，使编号能唯一地标识每一个公司；为每一位总经理编号，使编号能唯一地标识每一个总经理。并且在两个实体集中增加"编号"属性作为实体的键。

（2）E-R 模型

1）实体型。

公司（<u>公司编号</u>，公司名称，地址，电话）

总经理（<u>经理编号</u>，姓名，性别，出生日期，民族）

2）E-R 图如图 1-6 所示。

图 1-6　公司实体集与总经理实体集的 E-R 图

作为一个完整的数据库设计过程，还应该有数据库逻辑设计和数据库实现。

总结上面的两个例子，可以归纳出实体集之间一对一联系的定义，即对于实体集 A 中的每一个实体，实体集 B 中至多有一个实体与之联系，反之亦然，则称实体集 A 与实体集 B 具有一对一联系。记为 1：1。

2．一对多联系

例 1-3　考虑学生与班之间的联系问题。一个班有多名学生，而每个学生只属于一个班。因此，班实体集与学生实体集之间的联系是一对多联系，如图 1-7 所示。

图 1-7　班实体集与学生实体集的联系

例 1-4　一家企业需要用计算机来管理它分布在全国各地的仓库和员工信息。如果给定的需求信息如下，建立此问题的概念模型。

（1）需求分析

1）某公司有数个仓库分布在全国各地，每个仓库中有若干位员工，每位员工只在一个仓库中工作。

2）需要管理的仓库信息包括仓库名、地点、面积。

3）需要管理的仓库中员工信息包括姓名、性别、出生日期和工资。

4）此问题包含两个实体集：仓库和员工。仓库实体集与员工实体集之间的联系是一对多的联系。

5）需要为每个仓库编号，用以唯一地标识每个仓库，因此仓库实体的键是属性仓库号。

6）需要为每位员工编号，用以唯一地标识每位员工，因此员工实体的键是属性员工号。

（2）E-R 模型

1）实体型。

仓库（<u>仓库号</u>，仓库名，地点，面积）

员工（<u>员工号</u>，姓名，性别，出生日期，工资）

2）E-R 图如图 1-8 所示。

图 1-8　仓库实体集与员工实体集的 E-R 图

实体集之间一对多联系是指，对于实体集 A 中的每一个实体，实体集 B 中至多有 n 个实体（n≥0）与之联系；反之，对于实体集 B 中的每一个实体，实体集 A 中至多只有一个实体与之联系，则称实体集 A 与实体集 B 具有一对多联系。记为 1：n。

实体集之间的一对多联系是实际问题中遇到最多的情况，同时也是最重要的一种联系形式。实体集之间更复杂的联系，例如下面的多对多联系是通过分解为一对多联系来解决的。

3. 多对多联系

如果对于实体集 A 中的每一个实体，实体集 B 中有 n 个实体（n≥0）与之联系；反之，对于实体集 B 中的每一个实体，实体集 A 中也有 m 个实体（m≥0）与之联系，则称实体集 A 与实体集 B 具有多对多联系。记为 m：n。

例 1-5　考虑学校中的学生与各类学生社团之间的情况。如果给定的需求分析如下，为管理其信息建立 E-R 模型。

（1）需求分析

1）每名学生可以参加多个社团，每个社团中有多名学生。

2）需要管理的社团信息包括：社团名、地点、电话。

3）需要管理的学生信息包括：学号、姓名、性别、出生日期和所属院系。

4）需要为社团编号，用以唯一地标识每一个社团并作为社团实体集的键。

5）学生实体集的键属性是学号，它可以唯一地标识每一名学生。

（2）E-R 模型

1）实体型。

社团（编号，名称，地点，电话）

学生（学号，姓名，性别，出生日期，所属院系）

2）E-R 图如图 1-9 所示。

图 1-9　社团实体集与学生实体集的 E-R 图

例 1-6 考虑学生与课程之间的情况。学校需要对学生及其选课的信息进行管理。根据需求分析建立概念数据模型。

（1）需求分析

1）一位学生选修多门课程，每门课程也会有多个学生选择。学生实体集与课程实体集之间的联系是多对多的联系。

2）需要为课程编号，用"课程号"唯一地标识每一门课程并作为课程实体集的键。

3）学生实体集的键是属性学号。

（2）E-R 模型

1）实体型。

学生（<u>学号</u>，姓名，性别，出生日期，院系）

课程（<u>课程号</u>，课程名，开课单位，学时数，学分）

2）E-R 图如图 1-10 所示。

图 1-10　学生实体集与课程实体集的 E-R 图

如果考虑学生的成绩属性，显然这个属性放在哪个实体中都不合适，前面说过联系可以拥有属性。因此，把成绩放入联系中，作为这个多对多联系的属性。

4．多元联系

以上讨论的问题均为两个实体集之间的联系，称为二元联系。在实际问题中经常会遇到多个实体集之间的联系问题，称为多元联系或 n 元联系（n 为实体集的个数）。但无论一个问题中包含多少个实体集，实体集之间的联系类型只有 3 种：一对 联系、一对多联系和多对多联系。

例 1-7 某企业需要对其仓库、员工、订单和供应商的信息进行管理。根据需求分析建立概念模型——E-R 模型。

（1）需求分析

某公司有分布在全国各地的多个仓库。每个仓库中有多名员工。每张订单一定是与一名员工签订的。每张订单上的商品由一名供应商供货。

（2）E-R 模型

1）实体型。

仓库（<u>仓库号</u>，仓库名，地点，面积）

员工（<u>员工号</u>，姓名，性别，出生日期，婚否，工资）

订单（<u>订购单号</u>，订购日期，金额）

供应商（<u>供应商号</u>，供应商名，地址）

2）E-R 图（略去属性）如图 1-11 所示。

图 1-11　多元联系 E-R 图

例 1-8　某公司需要对其仓库、零件和供应商信息进行管理。根据需求分析，建立 E-R 模型。

（1）需求分析

某公司有分布在全国各地的数个仓库。每个仓库存放多种零件，同时一种零件也会存放在不同的仓库中；全部零件由多个供应商提供；每个供应商提供多种零件。仓库实体集与零件实体集之间的联系是多对多联系，零件实体集与供应商实体集之间的联系也是多对多联系。

（2）E-R 模型

E-R 图（略去属性）如图 1-12 所示。

图 1-12　三元多对多联系 E-R 图

实体集之间这种一对一、一对多和多对多联系不仅存在于两个实体集之间，同样存在于两个以上实体集之间。这个问题中涉及 3 个实体，实体之间的联系称为三元联系。

根据以上示例，对数据库概念设计过程进行归纳，数据库概念设计是建立在需求分析基础之上的，依据需求分析完成如下工作。

1）确定实体。

2）确定实体的属性。

在讨论属性时，已经提出了两条确定属性的原则，此外还应注意以下两点：

● 要避免在有联系的两个实体集或多个实体集中出现重复属性。例如，在公司实体集中有"公司名称"属性，在总经理实体集中就不要出现"公司名称"属性。

● 要尽量避免出现需要经过计算推导出来的属性或需要从其他属性经过计算推导出来的属性。例如，在学生实体中尽量保留"出生日期"属性，而不要保留"年龄"属性（有的数据库设计中，由于某种需要会违背这条原则）。

3）确定实体集的键。有的实体集本身已经具有可以作为键的属性，例如，学生实体集的"学号"属性；但有的实体集不具有可以作为键的属性，这时就要设立一个"编号"或"代码"之类的属性，作为该实体集的键属性，并且在建立数据库前为实体集中所有实体编码。

4）确定实体集之间的联系类型。

5）用 E-R 图和实体型表达概念模型设计结果。

数据库概念设计是一个承上启下的阶段，需要强调的是，概念模型是在理解需求分析的基础上建立的，对需求的理解不同，所建立的概念模型可能会有所不同。概念模型建立之后，需要与业务人员进行交流，以加深对需求的进一步理解，对概念模型反复推敲，以求不断完善，从而为数据库逻辑设计打下良好基础。

1.6 习题

1．选择题

1）实体-联系模型中，属性是指（　　　）。

    A．客观存在的事物 　　　　　　　　B．事物的具体描述

    C．事物的某一特征 　　　　　　　　D．某一具体事件

2）对于现实世界中事物的特征，在 E-R 模型中使用（　　　）描述。

    A．属性 　　　　　　　　　　　　　B．关键字

    C．二维表格 　　　　　　　　　　　D．实体

3）假设一个书店用这样一组属性描述图书（书号，书名，作者，出版社，出版日期），可以作为"键"的属性是（　　　）。

    A．书号 　　　　　　　　　　　　　B．书名

    C．作者 　　　　　　　　　　　　　D．出版社

4）一名作家与他所出版过的书籍之间的联系类型是（　　　）。

    A．一对一 　　　　　　　　　　　　B．一对多

    C．多对多 　　　　　　　　　　　　D．都不是

5）若无法确定哪个属性为某实体的键，则（　　　）。

    A．该实体没有键 　　　　　　　　　B．必须增加一个属性作为该实体的键

    C．取一个外关键字作为实体的键 　　D．该实体的所有属性构成键

2．填空题

1）对于现实世界中事物的特征，在 E-R 模型中使用 ＿＿＿＿＿＿ 进行描述。

2）确定属性的两条基本原则是＿＿＿＿和＿＿＿＿。

3）在描述实体集的所有属性中，可以唯一地标识每个实体的属性称为＿＿＿＿。

4）实体集之间联系的 3 种类型分别是＿＿＿＿、＿＿＿＿和＿＿＿＿。

5）数据模型是由＿＿＿＿、＿＿＿＿和＿＿＿＿三个部分组成的。

3．简答题

1）简述数据库的设计步骤。

2）举例说明现实世界事物之间的一对一联系、一对多联系和多对多联系。

3）根据自己的生活经验，找一个比较熟悉的业务，进行数据库设计。例如，银行和储蓄客户、图书借阅管理、超市管理会员制客户。

第2章 关系模型和关系数据库

本章讨论的内容是数据库逻辑设计中所使用的逻辑数据模型，是一种数据库模型，称为数据模型。数据模型是一种用来表达数据的工具。在计算机中表示数据的数据模型应该能够精确地描述数据的静态特性、数据的动态特性和数据完整性约束条件。因此数据模型通常是由数据结构、数据完整性规则和数据操作三部分内容构成。

数据结构用于描述数据的静态特性。关系数据模型的数据结构是关系，一种符合一定规则的二维表格。

数据完整性规则是一组约束条件的集合，以保证数据正确、有效和一致。

数据操作用于描述数据的动态特性。数据操作是指对数据库中各类对象的实例（值）允许执行的操作的集合，包括操作及有关的操作规则。数据库主要有查询和更新（包括插入、删除、修改）两大类操作。

2.1 数据模型

1970 年，美国 IBM 公司的研究员 E. F.Codd 首次提出了数据库系统的关系模型。在此之前，计算机中使用的数据模型有层次模型和网状模型，20 世纪 70 年代以后，关系模型逐渐取代了这两种数据模型。

1. 层次数据模型

层次数据模型（Hierarchical Data Model）的基本结构是一种倒挂树状结构，如图 2-1 所示。这种树结构很常见，例如，Windows 系统中的文件夹和文件结构、一个组织的结构等。

图 2-1　层次数据模型示例

树结构具有如下的特征（或限制条件）。

1）有且仅有一个根结点，它是一个无父结点的结点。

2）除根结点以外的所有其他结点有且仅有一个父结点。

2. 网状数据模型

取消层次数据模型的两个限制条件，每一个结点可以有多个父结点便形成了网状数据模型（Network Data Model）。

3. 关系数据模型

关系数据模型是一个满足一定条件的二维表格。通俗地讲，满足关系数据模型的二维表格是规则的二维表格，它的每一行是唯一的，每一列也是唯一的。在关系数据模型中，这样一个二维表格称为关系，表格的第一行是属性名，后续的每一行称为元组；每一列是一个属性，同一属性的取值范围相同。

2.2 关系模型的数据结构

一个关系模型的逻辑结构是一张二维表格，即关系。在关系数据模型中，实体集以及实体集间的各种联系均用关系表示。下面介绍关系模型中使用的一些基本概念。

1. 关系

关系（Relation），即一个二维表格。

2. 属性

表（关系）的每一列必须有一个名字，称为属性（Attribute）。

3. 元组

表（关系）的每一行称为一个元组（Tuple）。

4. 域

表（关系）的每一属性有一个取值范围，称为域（Domain）。域是一组具有相同数据类型的值的集合。

5. 关键字

关键字又称主属性，可以唯一地标识一个元组（一行）的一个属性或多个属性的组合。可以起到这样作用的关键字（Key）有两类：候选关键字（Candidate Key）和主关键字（Primary Key）。

（1）候选关键字

一个关系中可以唯一地标识一个元组（一行）的一个属性或多个属性的组合。一个关系中可以有多个候选关键字。

（2）主关键字

把关系中的一个候选关键字定义为主关键字。一个关系中只能有一个主关键字，用以唯一地标识元组，简称为关键字。

有的时候，关系中只有一个候选关键字，把这个候选关键字定义为主关键字后，关系中将没有候选关键字。

关系中不应该存在重复的元组（表中不能有重复的行），因此每个关系都至少有一个关键字。可能出现的一种极端情况是：关键字包含关系中的所有属性。

6. 外部关键字

如果某个关系中的一个属性或属性组合不是所在关系的主关键字或候选关键字，但却是其他关系的主关键字，对这个关系而言，称其为外部关键字（Foreign Key）。

7. 关系模式

关系模式（Relational Schema）是对关系数据结构的描述。简记为：关系名（属性1，属性2，属性3，…，属性n）。

表 2-1 是一个关系，关系名是仓库，此关系具有 4 个属性：仓库号，仓库名，地点，面积。其关系模式是：仓库（仓库号，仓库名，地点，面积）。关系的关键字是仓库号，因此仓库号不能有重复值，同时不能为空。

表2-1 "仓库" 关系

仓 库 号	仓 库 名	地 点	面 积
WH1	兴旺	上海	390
WH2	广发	长沙	460

仓 库 号	仓 库 名	地 点	面 积
WH3	红星	昆明	500
WH4	奥胜	兰州	280
WH5	高利	长春	300
WH6	中财	北京	600

综上所述，可以得出如下结论。

1）一个关系是一个二维表格。

2）二维表格的每一列是一个属性。每一列有唯一的属性名。属性在表中的顺序无关紧要。

3）二维表格的每一列数据的数据类型相同，数据来自同一个值域。不同列的数据也可以来自同一个值域。

4）二维表格中每一行（除属性名行）是一个元组，表中不能有重复的元组（元组是唯一的），用关键字（主关键字和候选关键字）来保证元组的唯一性，例如表 2-1 中的"仓库号"。元组在表中的顺序无关紧要。

数据模型中概念之间的对应关系如表 2-2 所示。

表 2-2 数据模型中概念之间的对应关系

概 念 模 型	关 系 模 型	DBMS	用 户
实体集	关系	数据库表	二维表格
实体	元组	记录	行
属性	属性	字段	列
键	关键字（主属性）	主关键字	
实体型	关系模式		

2.3 关系数据库和关系数据库规范化

按照关系数据模型建立的数据库称为关系数据库，关系数据库规范化原则是用来确保数据正确、有效的一组规则。本节讨论关系数据库的建立以及关系数据库规范化。

2.3.1 关系数据库

关系数据库是以关系模型为基础的数据库，它利用关系描述现实世界中的对象。一个关系既可用来描述一个实体及其属性，也可用来描述实体间的联系。关系数据库是由一组关系组成的，针对一个具体问题，应该如何构造一个适合于它的数据模式，即应该构造几个关系？每个关系由哪些属性组成？这就是关系数据库逻辑设计要研究的问题。

2.3.2 关系数据库规范化

关系数据库规范化（Normal Form）的目的是建立正确、合理的关系，规范化的过程是一个分析关系的过程。

实际上设计任何一种数据库应用系统，不论是层次、网状或关系模型，都会遇到如何构造合适的数据模式即逻辑结构问题。由于关系模型有严格的数学理论基础，并且可以向其他数据模型转换，因此人们往往以关系模型为背景来讨论这一问题，形成了数据库逻辑设计的一个有力工具——关系数据库规范化理论。

1．函数依赖及其对关系的影响

函数依赖是属性之间的一种联系，普遍存在于现实生活中。例如，银行通过客户的存款账号，可以查询到该账号的余额。又例如，表2-3是描述学生情况的关系（二维表格），用一种称为关系模式的形式表示

STUDENT1(学号，姓名，性别，出生日期，专业)

由于每个学生有唯一的学号，一个学号只对应一个学生，一个学生只就读于一个专业，因此学号的值确定后，姓名及其所就读专业的值也就被唯一地确定了。属性间的这种依赖关系类似于数学中的函数。因此称账号函数决定账户余额，或者称账户余额函数依赖于账号；学号函数决定姓名和专业，或者说姓名和专业函数依赖于学号，记作：学号→姓名，学号→专业；同样有学号→性别，学号→出生日期。

表2-3 STUDENT1 关系

学　号	姓　名	性　别	出 生 日 期	专　业
010001	A	F	01/01/82	会计
010002	B	F	04/11/83	注会
010003	C	M	05/18/81	会计
010004	D	F	09/12/82	会计

如果在关系 STUDENT1 的基础上增加一些信息，例如学生的"学院"及"院长"信息，如表2-4所示，有可能设计出如下关系模式：

STUDENT2(学号，姓名，性别，出生日期，专业，学院，院长)

函数依赖关系是：学号→学院，学院→院长。

表2-4 STUDENT2 关系

学　号	姓　名	性　别	出 生 日 期	专　业	学　院	院　长
010001	A	F	01/01/82	会计	会计学院	Z
010002	B	F	04/11/83	注会	会计学院	Z
010003	C	M	05/18/81	会计	会计学院	Z
010004	D	F	09/12/82	会计	会计学院	Z
010005	E	M	12/12/83	信管	信息学院	W
010006	F	F	10/11/82	信管	信息学院	W

上述关系模式存在如下 4 个问题。

1）数据冗余太大。例如，院长的姓名会重复出现，重复的次数与该学院学生的人数相同。

2）更新异常（Update Anomalies）。例如，某学院更换院长后，系统必须修改与该学院学生有关的每一个元组。

3）插入异常（Insertion Anomalies）。例如，一个学院刚成立，尚无学生，则这个学院及其院长的信息就无法存入数据库。

4）删除异常（Deletion Anomalies）。例如，某个学院的学生全部毕业了，在删除该学院学生信息的同时，也把这个学院的信息（学院名称和院长）全部删除了。

规范化是为了设计出"好的"关系模型。规范化理论正是用来改造关系模式，通过分解关系模式来消除其中不合适的数据依赖，以解决更新异常、插入异常、删除异常和数据冗余问题。

2. 规范化范式

每个规范化的关系只有一个主题。如果某个关系有两个或多个主题，就应该分解为多个关系。规范化的过程就是不断分解关系的过程。

人们每发现一种异常，就研究一种规则防止异常出现。由此设计关系的准则得以不断改进。20世纪70年代初期，研究人员系统地定义了第一范式（Fist Normal Forms，1NF），第二范式（Second Normal Form，2NF）和第三范式（Third Normal Form，3NF）。之后人们又定义了多种范式，但大多数简单业务数据库设计中只需要考虑第一范式、第二范式和第三范式。每种范式自动包含其前面的范式，各种范式之间的关系是：$5NF \subset 4NF \subset BCNF \subset 3NF \subset 2NF \subset 1NF$。因此符合第三范式的数据库自动符合第一、第二范式。

（1）1NF

关系模式都满足第一范式，即符合关系定义的二维表格（关系）都满足第一范式。列的取值只能是原子数据；每一列的数据类型相同，每一列有唯一的列名（属性）；列的先后顺序无关紧要，行的先后顺序也无关紧要。

（2）2NF

关系的每一个非关键字属性都完全函数依赖于关键字属性，则关系满足第二范式。

第二范式要求每个关系只包含一个实体集的信息，所有非关键字属性依赖于关键字属性。每个以单个属性作为主键的关系自动满足第二范式。

（3）3NF

关系的所有非关键字属性相互独立，任何属性其属性值的改变不应影响其他属性，则该关系满足第三范式。一个关系满足第二范式，同时没有传递依赖，则该关系满足第三范式。

由1NF、2NF和3NF，总结出规范化的规则如下。

1）每个关系只包含一个实体集，每个实体集只有一个主题。

2）每个关系有一个主键。

3）属性中只包含原子数据。

4）不能有重复属性。

经过不断总结，人们归纳出规范化的规则如下。

● 每个关系只包含一个实体集；每个实体集只有一个主题，一个实体集对应一个关系。

● 属性中只包含原子数据，即最小数据项；每个属性具有数据类型并取值于同一个值域。

● 每个关系有一个主关键字，用来唯一地标识关系中的元组。

● 关系中不能有重复属性；所有属性完全依赖关键字（主关键字或候选关键字）；所有非关键字属性相互独立。

● 元组的顺序无关，属性的顺序无关。

2.3.3 关系数据完整性规则

关系模型的完整性规则是对关系的某种约束条件。关系模型中的数据完整性规则包括实体完整性规则、域完整性规则、参照完整性规则和用户定义完整性规则。
- 实体完整性规则：是指保证关系中元组唯一的特性。通过关系的主关键字和候选关键字实现。
- 域完整性规则：是指保证关系中属性取值正确、有效的特性。例如，定义属性的数据类型、设置属性的有效性规则等。
- 参照完整性规则：参照完整性与关系之间的联系有关，包括插入规则、删除规则和更新规则。
- 用户定义完整性规则：是指为满足用户特定需要而设定的规则。

在关系数据完整性规则中，实体完整性和参照完整性是关系模型必须满足的完整性约束条件，被称为是关系的两个不变性，由关系系统自动支持。

在以后的章节中，将结合具体实例对数据库的数据完整性规则进行详细讨论。

2.4 E-R 模型向关系模型的转换

E-R 模型向关系模型转换要解决的问题是如何将实体以及实体之间的联系转换为关系模式，如何确定这些关系模式的属性和主关键字（这里所说的实体更确切地说是实体集）。

注意：这里包含两个方面的内容，一是实体如何转换，二是实体之间的联系如何处理。

2.4.1 实体转换为关系模式

E-R 模型的表现形式是 E-R 图，由实体、实体的属性和实体之间的联系 3 个要素组成。从 E-R 图转换为关系模式的方法是：为每个实体定义一个关系，实体的名字就是关系的名字；实体的属性就是关系的属性；实体的键是关系的主关键字。用规范化准则检查每个关系，上述设计可能需要改变，也可能不用改变。依据关系规范化准则，在定义实体时就应遵循每个实体只有一个主题的原则。实体之间的联系转换为关系之间的联系，关系之间的联系是通过外部关键字来体现的。

2.4.2 实体之间联系的转换

前面讨论过实体之间的联系通常有 3 种类型：一对一联系、一对多联系和多对多联系。下面从实体之间联系类型的角度来讨论 3 种常用的转换策略。

1. 一对一联系的转换

两个实体之间的联系最简单的形式是一对一（1：1）联系。1：1 联系的 E-R 模型转换为关系模型时，每个实体用一个关系表示，然后将其中一个关系的关键字置于另一个关系中，使之成为另一个关系的外部关键字。关系模式中带有下划线的属性是关系的主关键字。

例 2-1 本例的需求分析和 E-R 模型见第 1 章例 1-2。

根据转换规则，公司实体用一个关系表示；实体的名字就是关系的名字，因此关系名是"公司"；实体的属性就是关系的属性，实体的键是关系的关键字，由此得到关系模式：

公司（<u>公司编号</u>，公司名称，地址，电话）

同样可以得到关系模式：

总经理（<u>经理编号</u>，姓名，性别，出生日期，民族）

为了表示这两个关系之间具有一对一联系，可以把"公司"关系的关键字"公司编号"放入"总经理"关系，使"公司编号"成为"总经理"关系的外部关键字；也可以把"总经理"关系的关键字"经理编号"放入"公司"关系，由此得到下面两种形式的关系模式。

关系模式一：

公司（<u>公司编号</u>，公司名称，地址，电话）

总经理（<u>经理编号</u>，姓名，性别，出生日期，民族，*公司编号*）

关系模式二：

公司（<u>公司编号</u>，公司名称，地址，电话，*经理编号*）

总经理（<u>经理编号</u>，姓名，性别，出生日期，民族）

注意：其中斜体内容为外部关键字。

2．一对多联系的转换

一对多（1：n）联系的 E-R 模型中，通常把"1"方（一方）实体称为"父"方，"n"方（多方）实体称为"子"方。1：n 联系的表示简单而且直观。一个实体用一个关系表示，然后把父实体关系中的关键字置于子实体关系中，使其成为子实体关系的外部关键字。

例 2-2　本例的需求分析和 E-R 模型见第 1 章例 1-4。

在这个 E-R 模型中，仓库实体是"一方"父实体，员工实体是"多方"子实体。每个实体用一个关系表示，然后把仓库关系的主关键字"仓库号"放入员工关系中，使之成为员工关系的外部关键字。于是得到下面的关系模式。

关系模式：

仓库（<u>仓库号</u>，仓库名，地点，面积）

员工（<u>员工号</u>，姓名，性别，出生日期，工资，*仓库号*）

例 2-3　考虑学生毕业设计中的指导教师和学生的情况。

（1）需求分析

学校使用数据库来管理学生毕业设计时的教师和学生数据。毕业设计时，一名教师指导多位学生，每位学生必须有一名教师指导其毕业设计论文。

（2）E-R 模型

E-R 图如图 2-2 所示。实体型如下：

教师（<u>教师号</u>，姓名，院系，电话）

学生（<u>学号</u>，姓名，性别，出生日期，所属院系）

图 2-2　教师实体集与学生实体集的一对多联系

（3）关系模型的表示方法

教师（<u>教师号</u>，姓名，院系，电话）

学生（<u>学号</u>，姓名，性别，出生日期，所属院系，*教师号*）

注意：1：n 联系的 E-R 数据模型转换为关系数据模型时，一定是父实体关系中的关键字置于子实体关系中。反之不可。

3. 多对多联系的转换

多对多（m：n）联系的 E-R 数据模型转换为关系模型的转换策略是把一个 m：n 联系分解为两个 1：n 联系，分解的方法是建立第三个关系（称为"纽带"关系）。原来的两个多对多实体分别对应两个父关系，新建立第三个关系，作为两个父关系的子关系，子关系中的必有属性是两个父关系的关键字。

例 2-4 学生和社团问题。需求分析和 E-R 模型见第 1 章例 1-5。

（1）对应社团实体和学生实体分别建立社团关系和学生关系

社团（编号，名称，地点，电话）

学生（学号，姓名，性别，出生日期，所属院系）

（2）建立第三个关系表示社团关系与学生关系之间具有 m：n 联系

为了表示社团关系和学生关系之间的联系是多对多联系，建立第三个关系"成员"，把"社团"关系和"学生"关系的主关键字放入"成员"关系中，用关系"成员"表示"社团"关系与"学生"关系之间的多对多联系。"成员"关系的主关键字是"编号+学号"，同时编号和学号又是这个关系的外部关键字。

成员（编号，学号）

综上所述得到的关系模型的关系模式：

社团（编号，名称，地点，电话）

学生（学号，姓名，性别，出生日期，所属院系）

成员（编号，学号）

上述转换过程实际上是把一个多对多联系拆分为两个一对多联系。社团关系与成员关系是一个 1：n 联系；学生关系与成员关系也是一个 1：n 联系。成员关系有两个父关系：社团和学生，同样成员关系同时是学生和社团关系的子关系。子关系的关键字是父关系关键字的组合：编号+学号；学号和编号又分别是子关系的两个外部关键字。

例 2-5 学生与选修课程之间的情况。每个学生会选择多门课程，每门课程也对应多名学生选修。需求分析和 E-R 模型见第 1 章例 1-6 和图 1-9。

转换多对多（m：n）联系的策略是首先为学生实体和课程实体分别建立对应的关系，然后建立第三个关系"学生成绩"，用第三个关系表示"学生"与"课程"之间多对多的联系。第三个关系"学生成绩"中必须具有的属性是学生关系的关键字"学号"和课程关系的关键字"课程号"。根据具体情况还可能有其他属性，例如学生成绩。由此得到如下关系模式：

学生（学号，姓名，性别，出生日期，院系）

课程（课程号，课程名，开课单位，学时数，学分）

学生成绩（学号，课程号，成绩）

上述转换过程也是把一个多对多联系拆分为两个一对多联系。学生关系与学生成绩关系是一个 1：n 联系；课程关系与学生成绩关系也是一个 1：n 联系。学生成绩关系有两个父关系：学生和课程，同样学生成绩关系同时是学生和课程的子关系。子关系的关键字是父关系关键字的组合：学号+课程号；学号和课程号又分别是子关系的两个外部关键字。

综上所述，E-R 数据模型转换为关系数据模型的方法如表 2-5 所示。

表 2-5　E-R 数据模型转换为关系数据模型的方法

联 系 类 型	方　　法
1：1	一个关系的主关键字置于另一个关系中
1：n	父关系（一方）的主关键字置于子关系（多方）中
m：n	分解成两个 1：n 关系。建立"纽带关系"，两个父关系的关键字置于纽带关系中，纽带关系是两个父关系的子关系

4. 多元联系 E-R 模型转换为关系模型

例 2-6　仓库-员工-订单-供应商。需求分析和 E-R 模型见第 1 章例 1-7 和图 1-10。

本例的 E-R 数据模型转换为关系数据模型的步骤如下。

（1）首先为每个实体建立与之相对应的关系

仓库（仓库号，仓库名，地点，面积）

员工（员工号，姓名，性别，出生日期，婚否，工资）

订单（订购单号，订购日期，金额）

供应商（供应商号，供应商名，地址）

（2）分别处理每两个关系之间的联系

1）仓库关系与员工关系之间具有一对多联系（见 E-R 模型），应该把仓库关系（父关系）的关键字"仓库号"放入员工关系（子关系），员工关系有了外部关键字"仓库号"，以此表示仓库关系与员工关系之间的 1：n 联系。

2）员工关系与订单关系之间同样具有一对多联系，员工关系的关键字"员工号"放入订单关系，使订单关系有外部关键字"员工号"，以此表示员工关系与订单关系之间的 1：n 联系。

3）供应商关系与订单关系之间也具有一对多联系，供应商关系的关键字"供应商号"放入订单关系，使订单关系有外部关键字"供应商号"，以此表示供应商关系与订单关系之间的 1：n 联系。

综上所述，得到如下关系数据模型：

仓库（仓库号，仓库名，地点，面积）

员工（员工号，姓名，性别，出生日期，婚否，工资，*仓库号*）

订单（订购单号，订购日期，金额，*员工号*，*供应商号*）

供应商（供应商号，供应商名，地址）

2.5　关系数据操作基础

关系是集合，关系中的元组可以看做是集合的元素。因此，能在集合上执行的操作也能在关系上执行。

关系代数是一种抽象的查询语言，是关系数据操纵语言的一种传统表达方式，它是用对关系的运算来表达查询的。关系代数是封闭的，也就是说，一个或多个关系操作的结果仍然是一个关系。关系运算分为传统的集合运算和专门的关系运算。

2.5.1　集合运算

传统的集合运算包括并、差、交、广义笛卡尔积 4 种运算。

设关系 A 和关系 B 都具有 n 个属性，且相应属性值取自同一个值域，则可以定义并、差、交和积运算。

1. 并运算

$$A \cup B = \{t \mid t \in A \vee t \in B\}$$

关系 A 和关系 B 的并运算是指把 A 的元组与 B 的元组加在一起构成新的关系 C。元组在 C 中出现的顺序无关紧要，但必须去掉重复的元组，即关系 A 和关系 B 并运算的结果关系 C 由属于 A 和属于 B 的元组构成，但不能有重复的元组，并且仍具有 n 个属性。关系 A 和关系 B 的并运算记作：$A \cup B$ 或 $A+B$。

2. 差运算

$$A - B = \{t \mid t \in A \wedge t \notin B\}$$

关系 A 和关系 B 差运算的结果关系 C 仍为 n 目关系，由只属于 A 而不属于 B 的元组构成。关系 A 和关系 B 差运算记作：$A-B$。注意，$A-B$ 与 $B-A$ 的结果是不同的。

3. 交运算

$$A \cap B = \{t \mid t \in A \wedge t \in B\}$$

关系 A 和关系 B 交运算形成新的关系 C，关系 C 由既属于 A 同时又属于 B 的元组构成并仍为 n 个属性。关系 A 和关系 B 交运算记作：$A \cap B$。

例 2-7　设有关系 R1 和 R2，如表 2-6 和表 2-7 所示。R1 中是 K 社团学生名单；R2 中是 L 社团学生名单。

表 2-6　关系 R1

学　号	姓　名	性　别
001	A	F
008	B	M
101	C	F
600	D	M

表 2-7　关系 R2

学　号	姓　名	性　别
001	A	F
101	C	F
909	E	M

对关系 R1 和关系 R2 分别进行并、差、交运算。结果如下。

1）R1+R2 的结果是 K 社团和 L 社团学生名单，如表 2-8 所示。

表 2-8　关系 R1+R2

学　号	姓　名	性　别
001	A	F
008	B	M
101	C	F
600	D	M
909	E	M

2）R1-R2 的结果是只参加 K 社团而没有参加 L 社团的学生名单（比较 R2-R1），如表 2-9 所示。

表 2-9　关系 R1-R2

学　号	姓　名	性　别
008	B	M
600	D	M

3）R1∩R2 的结果是同时参加了 K 社团和 L 社团的学生名单，如表 2-10 所示。

表 2-10　关系 R1∩R2

学　号	姓　名	性　别
001	A	F
101	C	F

4．积运算

如果关系 A 有 m 个元组，关系 B 有 n 个元组，关系 A 与关系 B 的积运算是指一个关系中的每个元组与另一个关系中的每个元组相连接形成新的关系 C。关系 C 中有 $m \times n$ 个元组。关系 A 和关系 B 积运算记作：$A \times B$。

例 2-8　设有关系 R3 和 R4，R3 为学生基本信息表，R4 为学生成绩表。如表 2-11 和表 2-12 所示。

表 2-11　关系 R3

学　号	姓　名	性　别	学　院
001	A	F	财政
008	B	M	税务
101	C	F	会计

表 2-12　关系 R4

学　号	数　学	英　语
001	87	85
008	79	90
101	80	95

关系 R3×R4 如表 2-13 所示。

表 2-13　关系 R3×R4

R3.学号	姓　名	性　别	学　院	R4.学号	数　学	英　语
001	A	F	财政	001	87	85
001	A	F	财政	008	79	90
001	A	F	财政	101	80	95
008	B	M	税务	001	87	85
008	B	M	税务	008	79	90
008	B	M	税务	101	80	95
101	C	F	会计	001	87	85
101	C	F	会计	008	79	90
101	C	F	会计	101	80	95

2.5.2 关系运算

关系运算（操作）包括投影、选择和连接。

1. 投影

投影操作是指从一个或多个关系中选择若干个属性组成新的关系。投影操作取的是垂直方向上关系的子集（列），即投影是从关系中选择列。投影可用于变换一个关系中属性的顺序。

2. 选择

选择操作是指从关系中选择满足一定条件的元组。选择取的是水平方向上关系的子集（行）。

例 2-9 关系 student 如表 2-14 所示，在此关系上的投影操作和选择操作示例见表 2-15 和表 2-16。

表 2-14 关系 student

学 号	姓 名	性 别	出生日期	党员否	出生地
993501438	刘昕	女	02/28/81	.T.	北京
993501437	颜俊	男	08/14/81	.F.	山西
993501433	王倩	女	01/05/80	.F.	黑龙江
993506122	李一	女	06/28/81	.F.	山东
993505235	张舞	男	09/21/79	.F.	北京
993501412	李竟	男	02/15/80	.F.	天津
993502112	王五	男	01/01/79	.T.	上海
993510228	赵子雨	男	06/23/81	.F.	河南

1）从关系 student 中选择部分属性构成新的关系 st1 的操作称为投影，关系 st1 如表 2-15 所示。

表 2-15 关系 st1

学 号	姓 名	出生日期	出生地
993501438	刘昕	02/28/81	北京
993501437	颜俊	08/14/81	山西
993501433	王倩	01/05/80	黑龙江
993506122	李一	06/28/81	山东
993505235	张舞	09/21/79	北京
993501412	李竟	02/15/80	天津
993502112	王五	01/01/79	上海
993510228	赵子雨	06/23/81	河南

2）从关系 student 中选择部分元组构成新的关系 st2 的操作称为选择，关系 st2 如表 2-16 所示。

表 2-16　关系 st2

学　号	姓　名	性　别	出生日期	党员否	出生地
993501437	颜俊	男	08/14/81	.F.	山西
993505235	张舞	男	09/21/79	.F.	北京
993501412	李竟	男	02/15/80	.F.	天津
993502112	王五	男	01/01/79	.T.	上海
993510228	赵子雨	男	06/23/81	.F.	河南

3．连接

选择操作和投影操作都是对单个关系进行的操作。在有的时候，需要从两个关系中选择满足条件的元组数据，对两个关系在水平方向上进行合作。连接操作即是这样一种操作形式，它是两个关系的积、选择和投影的组合。连接操作是从两个关系的笛卡尔积中选择属性间满足一定条件的元组的运算。连接也称为 θ 连接，θ 表示连接的条件（比较运算），当 θ 比较运算为"＝"运算时，连接称为等值连接。

自然连接是一种特殊的等值连接，它是在两个关系的相同属性上进行比较（等值比较）运算的结果中，去除重复属性而得到的结果。

等值连接和自然连接是连接操作中两种重要的连接操作。

例 2-10　关系 A（如表 2-17 所示）与关系 B（如表 2-18 所示）的等值连接，结果如表 2-19 所示。

表 2-17　关系 A

A	D	F
E2	D2	6
E2	D3	8
E3	D4	10
E3	D5	16

表 2-18　关系 B

B	D
4	D1
7	D2
12	D2
2	D5
2	D6

表 2-19　关系 A 与关系 B 的等值连接

A	A.D	F	B	B.D
E2	D2	6	7	D2
E2	D2	6	12	D2
E3	D5	16	2	D5

例 2-11　关系 A（如表 2-17 所示）与关系 B（如表 2-18 所示）的自然连接，结果如表 2-20 所示。

表 2-20　关系 A 与关系 B 的自然连接

A	D	F	B
E2	D2	6	7
E2	D2	6	12
E3	D5	16	2

这种连接运算在关系数据库中为 INNER JOIN 运算，称为内连接。

关系 A 和关系 B 进行自然连接时，连接的结果是由关系 A 和关系 B 公共属性（上述例题中为 D 属性）值相等的元组构成了新的关系，公共属性值不相等的元组不出现在结果中，被筛选掉了。如果在自然连接结果构成的新关系中，保留不满足条件的元组（公共属性值不相等的元组），在新增属性值填入 NULL，就构成了左外连接、右外连接和外连接。

（1）左外连接

左外连接又称左连接，即以连接的左关系为基础关系，根据连接条件，连接结果中包含左边表的全部行（不管右边的表中是否存在与它们匹配的行），以及右边表中全部匹配的行。

连接结果中除了在连接条件上的内连接结果之外，还包括左边关系 A 在内连接操作中不相匹配的元组，而关系 B 中对应的属性赋空值。

例 2-12　关系 A 与关系 B 的左外连接，结果如表 2-21 所示。

表 2-21　关系 A 与关系 B 的左外连接

A	D	F	B
E2	D2	6	7
E2	D2	6	12
E2	D3	8	NULL
E3	D4	10	NULL
E3	D5	16	2

（2）右外连接

右外连接又称右连接，即以连接的右关系为基础关系，根据连接条件，连接结果中包含右边表的全部行（不管左边的表中是否存在与它们匹配的行），以及左边表中全部匹配的行。

连接结果中除了在连接条件上的内连接结果之外，还包括右边关系 B 在内连接操作中不相匹配的元组，而关系 A 中对应的属性赋空值。

例 2-13　关系 A 与关系 B 的右外连接，结果如表 2-22 所示。

表 2-22　关系 A 与关系 B 的右外连接

A	F	B	D
NULL	NULL	4	D1
E2	6	7	D2
E2	6	12	D2
E3	16	2	D5
NULL	NULL	2	D6

（3）全外连接

全外连接又称全连接，是左外连接和右外连接的组合应用。连接结果中包含关系 A、关系 B 的所有元组，不匹配的属性均赋空值。

例 2-14 关系 A 与关系 B 的全连接，结果如表 2-23 所示。

表 2-23 关系 A 与关系 B 的全连接

A	D	F	B
NULL	D1	6	4
E2	D2	8	7
E2	D2	10	12
E2	D3	NULL	NULL
E3	D4	NULL	NULL
E3	D5	16	2
NULL	D6	NULL	2

在以后的章节中将结合具体实例讨论与关系数据操作有关的命令。

至此，我们已经讨论了实际问题的建模方法，当一个问题的关系模型建立之后，这个关系模型在一个具体的 DBMS 中是如何实现的，包括数据结构的实现、数据完整性规则的实现和数据操作的实现，将在以后的章节中说明。

2.6 习题

1. 选择题

1）把 E-R 模型转换为关系模型时，A 实体（"一"方）和 B 实体（"多"方）之间一对多联系在关系模型中是通过（　　）来实现的。

  A. 将关系 A 的关键字放入关系 B 中　　　　B. 建立新的关键字

  C. 建立新的关系　　　　D. 建立新的实体

2）关系 S 和关系 R 集合运算的结果中既包含 S 中元组也包含 R 中元组，但不包含重复元组，这种集合运算称为（　　）。

  A. 并运算　　　　B. 交运算

  C. 差运算　　　　D. 积运算

3）设有关系 R1 和关系 R2，经过关系运算得到结果 S，则 S 是一个（　　）。

  A. 字段　　　　B. 记录

  C. 数据库　　　　D. 关系

4）关系数据操作的基础是关系代数，关系代数的运算可以分为两类：传统的集合运算和专门的关系运算。下列运算中不属于传统集合运算的是（　　）。

  A. 交运算　　　　B. 投影运算

  C. 差运算　　　　D. 并运算

5）"商品"与"顾客"两个实体集之间的联系一般是（　　）。

  A. 一对一　　　　B. 一对多

  C. 多对一　　　　D. 多对多

2. 填空题

1）关系的数据模型是一个_____。

2）关系中可以起到确保关系元组唯一的属性称为_____。

3）关系 S 和关系 R 集合运算的结果由属于 S 但不属于 R 的元组构成，这种集合运算称为_____。

4）关系中两种类型的关键字分别是_____和_____。

5）在关系模型中，把数据看成是二维表，每一个二维表称为一个_____。

3. 数据库设计

继续完成上一章的数据库设计，把 E-R 模型转换为关系模型。

第 3 章　Access 概述

Access 是 Microsoft 公司开发的关系型数据库管理系统产品。作为 Office 套件的组成部分，Access 具有与 Word、Excel、PowerPoint 等软件类似的操作界面和使用环境，深受广大用户的喜爱。

3.1　Access 的功能及特点

Access 是一个基于关系数据模型的数据库管理系统软件。它不仅为用户提供了强大的数据处理工具，而且可以帮助用户组织和共享数据库信息。对于数据库应用系统开发人员，还可以在 Access 数据库管理系统环境下编写相应的应用程序，形成满足应用需求且操作简单的应用系统，这也被称为二次开发。可以说，Access 具有良好的二次开发支持特性。

Access 数据库管理系统不仅具有传统的数据库管理系统的功能，同时还进一步增强了简单易用的特性。

1. 完备的数据库窗口

Access 数据库窗口中可以容纳并显示多种数据操作对象，增强了 Access 数据库的易用性，并与 Office 软件包中其他应用软件的界面保持一致。

2. 具有子数据表功能

Access 支持子数据表功能，并提供嵌套视图模式，可以使若干相关联的数据表显示在同一窗口中，以方便用户在同一窗口中专注于某些特定的数据，并对其进行编辑处理。

3. 提供名称自动更正功能

Access 能够解决重新定义数据库对象名称所引发的关联影响。在使用 Access 过程中，一旦用户重新定义某个数据库对象的名称，系统将自动更新与其相关对象中该对象的名称。

4. 具有数据访问页功能

Access 允许创建能与 Web 数据进行交互的数据访问页，并提供了创建绑定数据的 HTML 页，用户可以通过 HTML 页将数据库应用扩展到企业内部网络 Intranet 上，提高信息共享的效率和便捷程度。

5. 提供不同软件间的信息共享

可以将 Access 数据导出到 Word、Excel 中，这不仅为不同软件间的数据共享提供了便利，同时也为数据分析提供了更多的方法和渠道。

6. 与 SQL Server 协同工作

Access 支持 OLE DB，通过设计工具，用户可以直接访问 SQL Server 后台数据库，把数据库应用扩展到客户机/服务器环境，将 Access 界面的易用性与 SQL Server 后台数据库的可升级性完美结合。

3.2 Access 的启动与退出

所有 Access 数据库的操作都是从启动 Access 开始的，当操作完成后，需要正常关闭数据库，通常采用退出 Access 系统。

3.2.1 启动 Access

1. 通过"开始"菜单启动

启动 Access，与启动其他 Office 应用软件一样。选择"开始"菜单中的"所有程序|Microsoft Access"命令，即可进入图 3-1 所示的启动界面。

图 3-1　Access 启动界面

为了方便 Access 的启动，可以建立 Access 的桌面快捷方式。具体做法是将鼠标指针移到"开始"菜单中的"所有程序|Microsoft Access"命令上，在按住〈Ctrl〉键的同时将其拖动到桌面上。此时，桌面上将出现 Access 的快捷方式图标，双击该图标可以启动 Access。

2. 双击 Access 数据库文件启动

当需要对已存在的 Access 数据库文件进行操作时，我们可能直接双击该数据库文件，在打开该数据库文件的同时启动 Access。

3.2.2 退出 Access

单击标题栏右侧的关闭按钮"✕"、选择"文件"菜单中的"退出"命令，或按〈Alt+F4〉组合键，都可以退出 Access 系统。

无论何时退出 Access，系统都将自动保存对数据的更改。如果在最近一次的"保存"操作之后，又更改了数据库对象的设计，则 Access 将在关闭之前询问是否保存这些更改。

3.3 Access 数据库的系统结构

Access 所提供的各类对象都存放在同一个数据库文件（.mdb）中，而不是像其他数据库那样将各类对象分别存放在不同的文件中。这样做的好处是方便了数据库文件的管理。Access 中将数据库文件称为数据库对象。

数据库对象是 Access 最基本的容器对象，它是关于某个特定主题的信息集合，具有管理本数据库中所有信息的功能。在数据库对象中，用户可以将自己不同的数据分别保存在独立的存储空间中，这些空间被称为数据表；可以使用查询从数据表中检索需要的数据，也可以使用联机窗体查看、更新数据表中的数据；可以使用报表以特定的版面打印数据；还可以通过 Web 页实现数据交换。

Access 数据库对象共有 7 类不同的子对象，它们分别是表、查询、窗体、报表、数据访问页、宏和模块。不同的对象在数据库中具有不同的作用，表是数据库的核心与基础，存放着数据库中的全部数据；报表、查询都是从数据表中获得信息，以满足用户特定的需求；窗体可以提供良好的用户操作界面，通过它可以直接或间接地调用宏或模块，实现对数据的综合处理。图 3-2 为数据库"设计"视图窗口，其左侧列出了 Access 数据库的 7 类对象。

图 3-2　数据库"设计"视图窗口

3.3.1　表对象

表是数据库中用来存储数据的对象，是整个数据库系统的基础。Access 允许一个数据库包含多个表，通过在表之间建立"关系"，可以将不同表中的数据联系起来，以供用户使用。

在表中，数据以行和列的形式保存。表中的列被称为字段，字段是 Access 信息最基本的载体，说明了一条信息在某一方面的属性。表中的行被称为记录，一条记录就是一条完整的信息。

3.3.2　查询对象

通过查询，可以按照一定的条件或准则从一个或多个表中筛选出需要的字段和记录，并将它们集中起来，形成动态数据集，这个动态数据集将显示在虚拟数据表中，以供用户浏览、打印和编辑。值得注意的是，如果用户对动态数据集中的数据进行了修改，Access 会自动将修改内容反映到相应的表中。

查询对象必须基于数据表对象而建立，虽然查询结果集是以二维表的形式显示，但它们不是基本表。查询本身并不包含任何数据，它只记录查询的筛选准则与操作方式。每执行一次查询操作，其结果集显示的总是查询那一时刻数据表的存储情况，也就是说，查询结果是静态的。

可以使用查询作为窗体、报表和数据访问页的记录源。

3.3.3 窗体对象

窗体是用户和数据库进行联系的一种界面，它是 Access 数据库对象中最具灵活性的一个对象，其数据源可以是表或查询。可以将数据库中的表链接到窗体中，利用窗体作为输入记录的界面，或将表中的记录提取到窗体上供用户浏览和编辑处理；可以在窗体中使用宏，把Access 的各个对象方便地联系起来；还可以在窗体中插入命令按钮，编制事件过程代码以实现对数据库应用的程序控制。

窗体的类型比较多，概括来讲，主要有以下 3 类。

1）数据型窗体：主要用于实现用户对数据库中相关数据的操作，也是数据库应用系统中使用最多的一类窗体。

2）控制型窗体：在窗体上设置菜单和命令按钮，用以完成各种控制功能的转移。

3）提示型窗体：显示文字、图片等信息，主要用于数据库应用系统的主界面。

3.3.4 报表对象

报表是以打印格式展示数据的一种有效方式。在 Access 中，如果要打印输出数据或与数据相关的图表，可以使用报表对象。利用报表可以将需要的数据从数据库中提取出来，并在进行分析和计算的基础上，将数据以格式化的方式发送到打印机。

多数报表都被绑定到数据库中的一个或多个表和查询中。报表的记录源来自于基础表和查询中的字段，且报表无需包含每个基础表或查询中的所有字段，可以按照需要控制显示字段及其显示方式。利用报表不仅可以创建计算字段，而且还可以对记录进行分组以便计算出各组数据的汇总值。除此以外，报表上所有内容的大小和外观都可以人为控制，使用起来非常灵活。

3.3.5 数据访问页对象

数据访问页对象用于支持数据库应用系统的 Web 访问方式。在 Access 数据库应用系统中设计数据访问页（即网页），是为了方便用户通过 Internet 或 Intranet 查看和处理数据，这些数据可能存储在 Access 数据库或 SQL Server 数据库中，也可能存储在 Excel 等其他数据源中。

在 Access 提供的可视化环境中，可以在"页设计视图"中进行数据访问页的设计，所形成的数据访问页是一个独立文件，保存在 Access 数据库文件以外，其中的数据直接链接到Access 数据库文件。用户可以 Internet Explorer 为工具，通过数据访问页实现对 Access 数据库中数据的操作，从而形成一个完善的网络数据库应用系统。

当用户利用 Internet Explorer 显示数据访问页时，他们看到的都是属于自己的页副本。值得注意的是，虽然用户在页副本中既可以进行格式改动，也可以进行数据改动，但它们的作用范围却很不相同。任何格式改动（包括筛选、排序和改变数据显示方式等操作），都只影响用户自己的数据访问页副本；对数据本身的改动（如：修改值、添加或删除数据等）都将存储于基础数据库中，对查看该数据访问页的所有用户都将起作用。

3.3.6 宏对象

宏的意思是指一个或多个操作的集合，其中每个操作都可以实现特定的功能。宏可以使需要多个指令连续执行的任务能够通过一条指令自动完成，这条指令就被称为宏。

宏可以是包含一个操作序列的宏，也可以是由若干个宏组成的宏组。Access 中，一个宏的执行与否还可以通过条件表达式予以控制，即可以根据给定的条件决定在哪些情况下运行宏。

利用宏可以简化操作，使大量重复性的操作得以自动完成，从而使管理和维护 Access 数据库更加方便和简单。

3.3.7 模块对象

模块是将 VBA 的声明和过程作为一个单元进行保存的集合，即程序的集合。设置模块对象的过程也就是使用 VBA 编写程序的过程。尽管 Access 是面向对象的数据库管理系统，但其在针对对象进行程序设计时，必须使用结构化程序设计思想。每一个模块由若干个过程组成，而每一个过程都应该是一个子程序（Sub）过程或一个函数（Function）过程。

需要说明的是，尽管 Microsoft 在推出 Access 之初就将产品定位为不用编程的数据库管理系统，但实际上，只要用户试图在 Access 的基础上进行二次开发以实现一个数据库应用系统，就必须用 VBA 编写应用程序。总之，在开发 Access 数据库应用系统时，必然需要使用 VBA 模块对象。

3.4 Access 的功能选项设置

Access 的结构属性是指数据库的打开模式、各类对象的显示模式、数据库文件夹的默认存储位置、是否在启动 Access 时显示任务窗格等内容的设置情况。数量达到 107 个的结构属性，全由 Access 的功能选项默认值确定。同时，Access 也提供了修改这些默认值的操作环境，使用户定义自己所需的 Access 结构特征界面。

如果需要修改 Access 的功能选项值，可以在 Access 的"工具"菜单中选择"选项"命令，打开图 3-3 所示的"选项"对话框。

Access 的"选项"对话框由 12 个选项卡组成，它们分别是"视图"、"常规"、"编辑/查找"、"键盘"、"数据表"、"窗体/报表"、"页"、"高级"、"国际"、"错误检查"、"拼写检查"和"表/查询"。用户可以在不同的选项卡上进行相应的功能选项值设置。其中，"视图"、"常规"、"编辑/查找"、"键盘"、"国际"、"错误检查"、"拼写检查"选项卡上设置的参数将对整个数据库应用系统产生作用；"数据表"、"窗体/报表""页"和"表/查询"选项卡上设置的参数将对数据表视图中的表、窗体、查询和页对象的显示格式产生作用;"高级"选项卡上设置的参数主要与多用户数据库的性能有关。下面以"视图"选项卡为例说明功能选项的设置。

图 3-3 Access 的"选项"对话框

"视图"选项卡用于定义 Access 应用窗口的外观形式,设置参数共有 10 个,且被分为 3 组。表 3-1 列出了这 10 个参数的功能。

表 3-1 "视图"选项卡参数

选 项 组	选 项	功 能
	状态栏	如果被选中,则在 Access 应用窗口底部显示状态栏
	启动任务窗格	如果被选中,则在启动 Access 时显示任务窗格
	新建对象的快捷方式	如果被选中,则在数据库窗口"对象"列表中显示用于创建新对象的快捷方式,如"使用设计器创建表"、"使用向导创建表"等
显示外观组	隐藏对象	如果被选中,则在数据库窗口显示隐藏的对象
	系统对象	如果被选中,则在数据库窗口显示系统对象
	任务栏中的窗口	如果被选中,则每个打开的数据库对象或窗口都有一个图标显示在任务栏中(若要使用该功能,必须安装 Microsoft Internet Explorer 活动桌面)
宏设计组	名称列	如果被选中,则在新建宏时显示名称列
	条件列	如果被选中,则在新建宏时显示条件列
数据库窗口的单击选项组	单击打开	如果被选中,则可以通过单击打开数据库对象
	双击打开	如果被选中,则需要通过双击打开数据库对象(默认设置)

如果想了解"视图"选项中的某些选项的功能,可以在图 3-3 所示界面获得帮助。具体做法是右击需要了解的选项,并在弹出的快捷菜单中选择"这是什么?"命令,Access 帮助系统会提供相应选项的功能介绍。

修改 Access 其他功能选项值的方法与"视图"选项卡类似,这里不再赘述。

3.5 Access 的帮助系统

Access 的帮助系统功能强大。在使用 Access 的过程中，如果遇到问题，可以采用多种方法获得帮助。

1. 全面系统地了解 Access 系统

选择 Access "帮助"菜单中的"Microsoft Office Access 帮助"命令，进入图 3-4 所示的帮助界面。在任务窗格中单击"目录"按钮，将出现 Access 帮助的目录列表，如图 3-5 所示，它的形式就像一本书的目录，用户可以通过单击需要的目录项，链接到相应内容进行浏览和阅读。

图 3-4 Access 的帮助界面

图 3-5 Access 帮助的目录列表

2．了解某方面具体内容

如果需要了解 Access 某方面的具体内容，可以在图 3-4 所示界面中任务窗格的"搜索"文本框中输入需要了解问题的关键词，并单击"开始搜索"按钮➡，以获得相应帮助。

3．获得在线帮助

在图 3-4 所示界面中任务窗格的"Microsoft Office Online"选项组中，通过在线连接，可以从 Internet 上获得 Access 的最新新闻和其他帮助。

4．示例数据库

Access 提供了示例数据库，供用户在学习 Access 时使用。下面以罗斯文数据库为例，说明示例数据库的使用。

罗斯文商贸公司的业务是进行世界范围内的特色食品进出口，示例中的罗斯文数据库就是根据该公司的业务管理需要而设计的。罗斯文数据库的文件名为 Northwind.mdb，通过查看罗斯文数据库，初学者可以获得对 Access 数据库系统的直观认识。

在 Access "帮助"菜单中选择"示例数据库|罗斯文示例数据库"命令，打开罗斯文数据库的"主切换面板"对话框如图 3-6 所示。在"主切换面板"对话框中单击"显示数据库窗口"按钮，可以进入罗斯文数据库 Northwind.mdb 的设计窗口，用户不仅可以查看罗斯文数据库中的所有对象，而且还可以使用存储在罗斯文中的数据创建窗体、报表等数据库对象。如图 3-7 所示为罗斯文数据库的数据关系图。

图 3-6　罗斯文数据库的"主切换面板"对话框

图 3-7　罗斯文数据库的数据关系图

3.6　习题

1．选择题

1）下列不属于 Access 功能及特点的是（　　）。

  A．子数据表功能　　　　　　　　　B．与 SQL Server 协同工作

  C．不支持二次开发　　　　　　　　D．名称自动更正功能

2）下列不属于 Access 对象的是（　　）。

  A．表　　　　　　B．文件夹　　　　　C．模块　　　　　D．窗体

3）下列属于 Access 对象的是（　　）。

  A．文件　　　　　B．字段　　　　　　C．记录　　　　　D．查询

4）下列叙述不正确的是（　　）。

A．Access 数据库文件的扩展名为.mdb

B．Access 数据库的各类子对象分别存放在不同的文件中

C．除数据访问页以外，Access 的各类对象都存放在同一个数据库文件中

D．无论何时退出 Access，系统都将自动保存对数据的更改

5）以下操作中，不能退出 Access 的是（　　）。

A．按〈Alt+F4〉组合键

B．单击 Access 窗口标题栏右侧的"关闭"按钮⊠

C．选择"文件"菜单中的"关闭"命令

D．选择"文件"菜单中的"退出"命令

2．填空题

1）Access 数据库共有_____类不同的子对象，它们分别是_____
_____。

2）Access 中，不同的对象在数据库中起不同的作用，其中_____是数据库的核心与基础，存放着数据库中的全部数据。

3）Access 允许一个数据库包含多个表，并通过在表之间建立_____将不同表中的数据联系起来，以供用户使用。

4）Access 中，文本型字段的默认大小为_____。如果需要，可以通过"工具"菜单中的"选项"命令进行修改。

5）Access 提供了供用户学习使用的示例数据库，打开罗斯文示例数据库的操作过程为
_____。

第4章 数据库与表

Access 是一个功能强大的关系数据库管理系统，可以组织、存储并管理大量各种类型的信息。本章主要介绍 Access 数据库和数据表的基本操作和使用方法。

4.1 创建数据库

创建 Access 数据库，首先应根据用户需求对数据库应用系统进行分析、研究、规划，再根据数据库系统的设计规范创建数据库。

4.1.1 创建空数据库

启动 Access，选择"文件"菜单的"新建"命令，或在"开始工作"任务窗格中单击"新建文件"链接，进入"新建文件"工作状态，在任务窗格的"新建"选项组中单击"空数据库"链接，即可根据要求创建空数据库了。如图 4-1 所示为空数据库的操作过程。

图 4-1　创建"空数据库"

在创建 Access 数据库时，系统会以"我的文档"作为数据库文件的默认保存位置，如果文档需要保存在其他位置，则需要进行位置选择。数据库文件名默认为 db1.mdb、db2.mdb…。

注意：在 Access 2003 中，数据库文件的默认格式为 Access 2000 文件格式。该格式的文件可以在 Access 2000 或更高版本中打开。如果选择 Access 2002-2003 格式的文件，则只能在 Access 2002 或更高版本中打开。

如果要更改数据库文件的默认格式，可以在 Access 窗口的"工具"菜单中选择"选项"命令，在打开的"选项"对话框的"高级"选项卡中，对"默认文件格式"进行相应的设置，如图 4-2 所示。

图 4-2　设置"默认文件格式"

4.1.2　利用向导创建数据库

在 Access 中，系统设计了一些基本的数据库模板供用户使用，利用这些模板用户可以方便地创建数据库。在使用数据库模板前，需要了解该模板与需要创建的数据库是否管理模式相似，如果有不同，在创建过程中或创建后是可以进行修改的。

例 4-1　利用向导创建一个"讲座管理"主题的数据库。具体的操作过程如图 4-3 所示。

① 打开"新建文件"窗口，单击任务窗格的"模板"选项组中的"本机上的模板"链接

② 在"模板"对话框的"数据库"选项卡中选中"讲座管理"，单击"确定"按钮。

④ 单击"创建"按钮，打开"数据库向导"对话框

③ 打开"文件新建数据库"对话框，选择文件保存位置

图 4-3　利用向导创建数据库

⑤ 单击"下一步"按钮，在向导中对所有
的数据表及字段进行设置

⑥ 在对所有有关数据表进行了
设置后，即可单击"下一步"按
钮，对数据库的格式进行设置

⑦ 在格式设置结束后，单击"下一
步"按钮，设置数据库的标题

⑧ 单击"下一步"按钮

⑨ 单击"完成"按钮，系统自动
生成数据库

在对相关信息进
行设置后，即生成了相关
主题的数据库

⑩ 在对相关信息进
行设置后，即生成了
相关主题的数据库

图 4-3　利用向导创建数据库（续）

4.1.3　数据库简单操作

1. 打开数据库

在对数据库进行操作前，通常需要打开数据库文件。在 Access 环境中打开数据库的操作
方法有如下几种。

- 在"我的电脑"中双击要打开的数据库文件，打开数据库。
- 在 Access 环境中，单击工具栏上的"打开"按钮，或选择"文件"菜单的"打开"命
令，在弹出的"打开"对话框中找到要打开的数据库文件，单击"打开"按钮。
- 在 Access 环境中，在"开始工作"任务窗格的"打开"选项组中，单击要打开的数
据库。

注意：在打开数据库文件时，如果由于计算机中安装了防病毒软件，系统提示打开的

文件会对计算机系统造成破坏，是否阻止时，请单击"否"；否则可能会导致数据库非正常工作。

2．关闭数据库

如果数据库使用完毕后需要关闭，可采用如下几种操作方法。

- 单击数据库窗口的"关闭"按钮⊠。
- 选择"文件"菜单的"关闭"命令。
- 双击数据库窗口的"控制"按钮▣。
- 关闭 Access 工作窗口。
- 按〈Alt+F4〉组合键。

4.2 创建数据表

数据表是 Access 数据库的基础，是存储数据的地方，它在数据库中占有重要的地位。在 Access 数据库中，数据表包括表结构和表内容两部分。在创建数据表时，需要先创建表结构，然后输入数据表内容。表结构包括了构成数据表的字段，这些字段的数据类型和格式等。

4.2.1 Access 数据类型

在设计数据表结构时，需要定义表中字段所使用的数据类型。Access 常用的数据类型有文本、备注、数字、日期/时间、货币、自动编号、是/否、OLE 对象、超级链接和查阅向导等。

1．文本型

文本数据类型所使用的对象是文本、数字和其他可显示的符号及其组合。如地址、姓名；或是用于不需要计算的数字，如邮政编码、学号、身份证号等。

文本数据类型是 Access 系统的默认数据类型，默认的字段大小是 50，最多可以容纳 255 个字符。字段的最多可容纳字符数可以通过"字段大小"属性来进行设置。

注意：在数据表中不区分中西文符号，即一个西文字符或中文字符均占一个字符长度。同时，数据表在对文本字段的数据进行保存时，只保存已输入的符号，即非定长字段。

2．备注型

备注数据类型可以解决文本数据类型无法解决的问题，用于长文本和数字的存储。如注释或说明等。

备注型字段最多可存储 65 536 个字符。

注意：备注型字段不保存带格式的文本，如果要保存格式，应使用 OLE 对象数据类型。备注型字段与文本型字段一样，只保存输入的文本，不保存字段中未用的空格。备注型字段也可进行排序和分组，但在根据"备注"字段进行排序和分组时，Access 仅使用前 255 个字符。

3．数字型

数字数据类型可以用来存储需要进行算术运算的数据类型。数字数据类型可以通过"字段大小"属性来进行进一步的设置。系统默认的数字类型是长整型，但 Access 可以对多种数据类型进行设置，具体示数范围如表 4-1 所示。

表 4-1　数字数据类型表

数 字 类 型	值 范 围	小 数 位 数	字 段 长 度
字节	$0\sim255$	无	1
整型	$-32\,768\sim32\,767$	无	2
长整型	$-2\,147\,483\,648\sim2\,147\,483\,647$	无	4
单精度	$-3.4\times10^{38}\sim3.4\times10^{38}$	7	4
双精度	$-1.797\,34\times10^{308}\sim1.797\,34\times10^{308}$	15	8
小数	有效数值位为 18 位		8

4．日期/时间型

日期/时间数据类型是用于存储日期、时间或日期时间组合的。日期/时间字段的长度为 8 字节。

日期/时间数据可以在"格式"属性中根据不同的需要进行显示格式的设置。可设置的类型有常规日期、长日期、中日期、短日期、长时间、中时间和短时间等。

5．货币型

货币数据类型是用于存储货币值的。在数据输入时，不需要输入货币符号和千分位分隔符，Access 会自动显示相应的符号，并添加 2 位小数到货币型字段中。

货币型字段的长度为 8 字节。在计算过程中禁止四舍五入。

6．自动编号型

自动编号数据类型是一个特殊的数据类型，用于在添加记录时自动插入唯一的顺序号（每次递增 1）或随机编号。

自动编号型字段的长度为 4 字节，保存的是一个长整型数据。每个表中只能有一个自动编号型字段。

注意：自动编号数据类型一旦指定，就会永久地与记录连接。如果删除表中含有自动编号字段的一条记录后，Access 不会对表中自动编号型字段进行重新编号，当添加一个新记录时，被删除的编号也不会被重新使用。用户不能修改自动编号字段的值。

7．是/否型

是/否数据类型是针对只包含两种不同取值的字段而设置的。是/否（**Yes/No**）、真/假（**True/False**）、开/关（**On/Off**），又称为布尔型数据。

是/否型字段数据常用来表示逻辑判断的结果，字段长度为 1 位。

8．OLE 对象型

OLE 对象数据类型是指字段允许链接或嵌入其他应用程序所创建的文档、图片文件等，例如，Word 文档、Excel 工作表、图像、声音或其他二进制数据等。链接是指数据库中保存该链接对象的访问路径，而链接的对象依然保存在原文件中；嵌入是指将对象放置在数据库中。

OLE 对象字段最大长度为 1GB，但它受磁盘空间的限制。

9. 超级链接型

超级链接数据类型用于存放超级链接地址。超级链接型字段包含作为超级链接地址的文本或以文本形式存储的字符与数字的组合。

超级链接地址可以是 UNC 路径（在局域网中的一个文件地址）、URL 和对象、文档、Web 页或其他目标路径等。

10. 查阅向导

查阅向导用于为用户提供一个字段内容列表，可以在组合框中选择所列内容作为字段内容。

查阅向导可以显示如下两种数据来源。

- 从已有的表或查询中查阅数据列表，表或查询中的所有更新均会反映到数据列表中。
- 存储一组不可更改的固定值列表。

查阅向导字段的数据类型和大小与提供的数据列表相关。

4.2.2 创建表

在 Access 中，常用的创建数据表的操作方法有如下几种。

- 数据表视图创建表。
- 设计视图创建表。
- 表向导创建表。
- 导入表创建表。
- 链接表创建表。

1. 字段名命名规则

1）由字母、汉字、数字、空格及其他非保留字符组成，不得以空格开头。保留字符包括圆点（.）、惊叹号（!）、方括号（[ ]）、重音符号（`）和 ASCII 码值在 0~31 的控制字符。

2）字段名长度不得超过 64 个字符。

3）同一个数据表的字段名称不能相同。

字段名的命名规则虽然允许使用空格和一些其他符号，但通常在定义数据表时，为了方便使用，字段名中不要使用空格。

2. 使用"数据表视图"

使用"数据表视图"创建数据表的操作，也可在"表"对象卡中双击"通过输入数据创建表"进入表视图创建表。

"数据表视图"是按行和列显示表中数据的视图。在该视图下，可以对字段进行编辑、添加、删除和数据查找等操作。

例 4-2　利用"数据表视图"创建一个数据表。具体的操作方式如图 4-4 所示。

① 单击"新建"按钮，打开"新建表"对话框

② 单击"数据表视图"，单击"确定"按钮，或双击"数据表视图"，即可打开数据表视图

③ 在数据表中输入数据

④ 单击数据表的"关闭"按钮，打开"另存为"对话框，输入数据表名称，单击"确定"按钮

⑤ 在打开的提示信息框中单击"否"按钮，并完成数据表的保存

图 4-4　利用"数据表视图"创建数据表

注意：利用"数据表视图"创建数据表，由于没有对各列字段进行类型的设置，因此系统均默认为文本型字段，显然与实际的需求是不相符的。同时，由于字段名是系统自动的编号如字段1，字段2，…，不能体现字段的内容，还需要进行字段名的修改。

3. 使用"设计视图"

"设计视图"是显示表结构的常用视图，在该视图下，可以看到数据表的字段构成，同时还可查看各个字段的数据类型和相应的属性设置。"设计视图"是最常用也是最有效的表结构设计视图。

利用"设计视图"创建数据表的操作，可在"表"对象卡中双击"使用设计器创建表"进入表视图创建表，也可在"新建表"对话框中通过"设计视图"进入。在"设计视图"下创建数据表，需要对表中每一个字段的名称、数据类型和它们各自的属性进行设置。

例 4-3　利用"设计视图"创建学生基本情况表。具体的操作方法如图 4-5 所示。

图 4-5 利用"设计视图"创建数据表

在"设计视图"下，左侧的第一列按钮即为字段选定器，如需要对某一字段进行修改，均可单击字段选定器，使该字段成为当前字段，再进行修改。在表中设定主键时，先选定该字段为当前字段，再单击工具栏中的"主键"按钮 🔑 即可完成。

4. 使用"表向导"

在 Access 中，系统设计人员预先设计了一些格式的数据表，在创建表时，如果需要创建相似格式的表时，可以利用"表向导"来实现。

使用"表向导"创建数据表的操作，可在"表"对象卡中双击"使用向导创建表"进入表视图创建表，也可在"新建表"对话框中通过"表向导"进入。系统提供的"表向导"主要有商务和个人两类，每一类都有多个表模板供用户使用。各个表模板中均提供了多个字段，用户可以根据需要选择相应的字段，同时，字段的名称也是可以改变的。

在创建表的过程中，如果数据库中已经有其他的数据表，则在向导中系统会要求用户对本表与其他表的关系进行设置。如果不进行相关性的设置，可直接在设定主键后单击"完成"按钮完成表的创建。

例4-4　利用"表向导"创建一张数据表。具体的操作如图4-6所示。

① 双击"使用向导创建表"

② 打开"表向导"对话框，在选择"商务"，在"示例表"列表框中选择"学生"

③ 在"示例字段"中选中需要的字段，按右向箭头或双击该字段名，使其出现在右侧的"新表中的字段"列表中

④ 在新字段列表中选中要修改名称的字段，单击"重命名字段"按钮，在弹出的"重命名字段"对话框中进行更名，单击"确定"按钮

⑤ 单击"下一步"按钮，指定表名称

⑥ 单击"下一步"按钮，指定主键的数据类型

⑦ 单击"完成"按钮，进入"数据表视图"，即可输入数据

图 4-6　利用"表向导"创建数据表

5．使用"查阅向导"

在创建数据表时，对于一些字段的输入值范围是固定的，为了保证数据的一致性和准确性，常常通过定义字段的输入数据列表的方式来保证数据输入的有效性，在 Access 中可采用"查阅向导"的方式来实现。

例 4-5 使用"查阅向导"创建字段的数值列表。具体的操作步骤如图 4-7 所示。

图 4-7　使用"查阅向导"创建字段的数值列表

注意："查阅向导"是用于在数据输入时产生数据列表的，所产生的字段的数据类型与数据列表的类型有关。

通过"查阅向导"创建数据列表，除了输入固定的值以外，还可在"查阅向导"中选择"使用查阅列查阅表或查询中的值"单选按钮，让数据列表的值来源于已经存在的表或查询中，这样的好处是当需要数据表中的值发生变化时，只需要修改提供数据列表的表或查询的值即可，而不需要修改表结构。

值列表的产生，除了使用"查阅向导"产生外，还可在"表设计视图"中，在"字段属性"的"查阅"选项卡的"显示控件"属性列表中选择"组合框"或"列表框"。此时，"查阅"选项卡的下方则会出现多个属性对本字段的列表进行设置。如，在"行来源类型"属性列表中选择"值列表"，在下方的"行来源"属性中输入相应的值列表，如上的职称字段，可输入值列表""教授";"副教授";"讲师";"助教""。注意，值列表用常量表示，值之间用西文的分号";"分隔。

4.2.3 字段的属性设置

1. 字段大小

字段大小用于规定字段中最多存放的字符个数或数值范围，主要用于文本或数字型字段。

对于文本型字段，系统规定的文本型字段最多可放置 255 个字符，默认的为 50 个字符。这里定义的字段大小是规定放置的最多个数，如果某条记录中该字段的个数没有达到最多时，系统只保存输入的字符，文本型字段是一个非定长字段。

对于数字型字段，字段的大小分为字节型、整型、长整型、单精度和双精度，它确定了数字型数据占据存储空间的大小和精度。

注意：当字段大小设计好后，即可进行数据的输入。如果字段大小要进行修改，如文本型字段的长度减小，就有可能造成原来输入的数据发生丢失。因此，除非必要，一般不要将数据表中的文本型字段的长度减小。

2. 格式

规定数据的显示格式，格式设置仅影响显示和打印格式，不影响表中的实际存储的数据。

（1）预定义格式

对于数字型、货币型、日期/时间型和是/否型字段，Access 提供了预定义的格式设置，可以选择适合的数据格式进行显示。预定义格式见表 4-2 所示。

表 4-2　字段预定义格式表

字段数据类型	（预定义）格式	说　明
数字型	常规数字	按照用户的输入显示。"小数位数"属性无效
	货币	显示货币符号，使用分节符，"小数位数"属性有效
	欧元	显示欧元货币符号，"小数位数"属性有效
	固定	显示数值不使用分节符，"小数位数"属性有效
	标准	显示数值使用分节符，"小数位数"属性有效
	百分比	数值使用百分数显示，"小数位数"属性有效
	科学记数	数值用科学计数法显示，"小数位数"属性有效
货币型	常规数字	按用户输入显示，如小数位数超过 4 位，只保留 4 位，第 5 位四舍五入，"小数位数"属性无效
	货币	显示货币符号，使用分节符，"小数位数"属性有效
	欧元	显示欧元货币符号，"小数位数"属性有效
	固定	不显示货币符号，显示数值不使用分节符，"小数位数"属性有效
	标准	不显示货币符号，显示数值使用分节符，"小数位数"属性有效
	百分比	不显示货币符号，数值使用百分数显示，"小数位数"属性有效
	科学记数	不显示货币符号，用科学计数法显示，"小数位数"属性有效
日期/时间型	常规日期	显示：11-10-22 16:02:20（显示日期、时间）
	长日期	显示：2011 年 10 月 22 日（显示日期）
	中日期	显示：11-10-22（显示日期）
	短日期	显示：2011-10-22（显示日期）
	长时间	显示：16:02:20（显示时间，24 小时制，显示秒）
	中时间	显示：PM 4:02（显示时间，12 小时制，不显示秒）
	短时间	显示：16:02（显示时间，24 小时制，不显示秒）

字段数据类型	（预定义）格式	说　　明
是/否型	是/否	"是"表示真值，显示"Yes"；"否"表示假值，显示"No"
	真/假	"真"表示真值，显示"True"；"假"表示假值，显示"False"
	开/关	"开"表示真值，显示"On"；"关"表示假值，显示"Off"

注意： 假设日期/时间型数据的值为 2011-10-22 16:2:20。

例 4-6 是/否型字段的显示方式设置。具体操作如图 4-8 所示。

在是/否型数据的显示格式，系统默认的数据表视图下显示的均为复选框，选中表示真，未选表示假。是/否型字段在数据表视图下的显示方式也可改为文本框方式，显示逻辑值。对于逻辑型数据，如果字段"显示控件"是"文本框"方式时，不管显示格式是什么，在数据输入时逻辑真输入-1（输入数据时，也可输入任何非 0 值即可表示"真"），逻辑假输入 0。若"显示控件"是"复选框"方式时，则选中即表示逻辑真，不选表示逻辑假。

① 新建一个是/否型字段

② 切换到"数据表视图"，输入值

③ 切换到"设计视图"，再切换到"字段属性"的"查阅"选项卡，在"显示控件"列表中选择"文本框"

④ 切换到"数据表视图"

图 4-8　是/否型字段的显示方式设置

（2）自定义文本与备注字段格式

对于文本型和备注型，Access 没有给出预定义的格式，允许用户自定义格式设置。在自定义时可使用的格式符号如下。

- @：不足指定长度，自动在数据前补空格，右齐。输入信息超过格式符长度时，格式符无效。
- &：不足指定长度，忽略，左齐。输入信息超过格式符长度时，格式符无效。
- <：在该字段中输入的所有大写字母均转换为小写字母显示。
- >：在该字段中输入的所有小写字母均转换为大写字母显示。

自定义格式规则为

格式符号 [[;]"符号串"]

其中：[[;]"符号串"]为可选项，如果选择了此项，则未向该字段输入数据时所显示的默认值。

例如，"学生基本情况表"中的"姓名"字段，如果格式设置为"&;"先生"",则在数据表中所有该字段未输入信息的记录值均显示"先生"，此符号串仅为显示符号。自定义文本格式符号表如表4-3所示。

表4-3 自定义文本格式符号表

格 式 设 置	输 入 数 据	显 示 数 据
(@@@)@@@@@@@@	01012345678	(010)12345678
(@@@)@@@@@@@@	1234	(___)____1234
(@@@)@@@@@@@@	1234123412345678	12341(234)12345678
(&&&)&&&&&&&&	01012345678	(010)12345678
(&&&)&&&&&&&&	1234	( )1234
(&&&)&&&&&&&&	1234123412345678	12341(234)12345678
>	Morning	MORNING
<	Morning	morning
@;"女士" &;"女士"	王红	王红
@;"女士" &;"女士"	不输入任何数据	女士
@"女士" &"女士"	王红	王红女士
@"女士" &"女士"	不输入任何数据	（不显示任何信息）

注意：格式设置只改变在数据表中的显示效果，不会改变数据的实际输入情况，当插入光标置于该单元格时，只显示输入的内容。当格式设置取消后，即可看到实际输入的字符。

（3）自定义数字字段格式

自定义数字字段的字段格式符号如表4-4所示。

表4-4 自定义数字字段的字段格式符号

符 号	说 明
.（西文圆点）	小数分隔符
,（西文逗号）	千分位分隔符
0	显示一个数字，无数字则显示0
#	显示一个数字，无数字则不显示
$	显示货币符号"$"
%	将数字乘以100，并附加一个百分比符号
E-或e-	负指数显示负号（-），正指数不显示符号。此符号必须与其他符号同时使用，如#.##E-##或 0.00E-00
E+或e+	负指数显示负号（-），正指数显示正号（+）。此符号必须与其他符号同时使用，如#.##E+##或 0.00E+00

自定义格式规则为

<格式符号>[<\符号串>]

其中，[<\符号串>]是可选择的，如果选择了符号串，则将在字段数据后面显示"符号串"。

例如，在"教师基本工资表"的"岗位工资"字段是单精度的，在格式中设置如下格式符号串"#.00\元"，则在数据表中输入基本工资为"1230"时，单元格中显示"1230.00 元"；

若格式符号串为"#,###.00\元",则显示为"1,230.00 元"。

（4）自定义日期/时间字段格式

自定义日期/时间字段的字段格式符号如表 4-5 所示。

表 4-5　自定义日期/时间字段的字段格式符号

符　　号	说　　明
：（西文冒号）	时间分隔符
/	日期分隔符
C	与常规日期预定义的格式相同
D	一个月中的日期用一位或两位显示（1~31）
dd	一个月中的日期用两位显示（01~31）
ddd	星期名称用前三个字符（Sun~Sat）
dddd	星期名称用全称（Sunday~Saturday）
ddddd	与短日期预定义的格式相同
dddddd	与长日期预定义的格式相同
w	一周中的第几天（1~7），周日为 1，其他顺推
ww	一年中的第几周（1~53）
m	一年中的月份用一位或两位数显示（1~12）
mm	一年中的月份用两位数显示（01~12）
mmm	月份名称用前三个字母（Jan~Dec）
mmmm	月份名称用全称（January~December）
q	一年中的季度数（1~4）
y	一年中的日期数（1~365）
yy	不含世纪信息的年份数（01~99）
yyyy	含世纪信息的年份数（0000~9999）
h	小时，以一位或两位数显示（0~23）
hh	小时，以两位数显示（00~23）
n	分钟，以一位或两位数显示（0~59）
nn	分钟，以两位数显示（00~59）
s	秒，以一位或两位数显示（0~59）
ss	秒，以两位数显示（00~59）
ttttt	与长时间预定的格式相同
AM/PM	以 AM 或 PM 显示 12 小时时间
am/pm	以 am 或 pm 显示 12 小时时间
A/P	以 A 或 P 显示 12 小时时间
a/p	以 a 或 p 显示 12 小时时间

自定义格式规则为

<格式符号>

例如，在日期/时间型字段的"格式"属性中输入格式符"dd"，如果输入的日期/时间是"2011-10-22 16:24:32"，若在日期/时间型字段的"格式"属性中输入格式符"dd"，则数据表

中显示的数据是"22"；若格式符是"mmm"，数据表中显示的数据值是"Oct"。

3．小数位数

只有数字型、货币型字段有"小数位数"。若"小数位数"属性设置为"自动"，则默认保留两位小数。

对于数字型字段，当"格式"属性设置为"常规数字"时，"小数位数"属性无效；当"格式"属性设置为其他预定义格式时，"小数位数"属性有效。单精度类型的数据，整数和小数部分的有效数字最多 7 位；双精度时，有效数字位数最多 15 位。

对于货币型字段，当"格式"属性设置为"常规数字"时，"小数位数"属性无效；当"格式"属性设置为其他预定义格式时，小数位数可设置 0~15 位，但只要小数位数超过 4 位时，只保留 4 位有效数字，其余位显示为 0。

4．输入掩码

为了减少数据输入时的错误，Access 还提供了"输入掩码"属性对输入的个数和字符进行控制。只有文本型、日期/时间型、数字型和货币型字段有"输入掩码"属性。字段的"输入掩码"属性可以通过"输入掩码向导"来进行设置。

掩码分为三部分：第一部分是掩码字符；第二部分是数字 0、1 和空格，如果该位为 0，则所有显示字符全部保存，如果该位为 1 或空，则只保存输入的数值项，不保存格式符中的其他符号；第三部分是占位符。三部分由分号分隔。掩码字符及功能说明如表 4-6 所示。

表 4-6　掩码字符及功能说明

掩 码 字 符	功　　能
0	可输入 0~9 的数字，不可输入空格，每一位都必须输入
9	可输入 0~9 的数字或空格，不是每一位都必须输入
#	可输入 0~9 的数字、空格、加号、减号，不是每一位都必须输入
L	可输入大小写英文字母，不可输入空格，每一位必须输入
?	可输入大小写英文字母、空格，不是每一位必须输入
A	可输入大小写英文字母、数字，每一位都必须输入
a	可输入大小写英文字母、数字、空格，不是每一位都必须输入
&	可输入任意字符、空格，每一位都必须输入
C	可输入任意字符、空格，不是每一位都必须输入
<	将"<"符号右侧的所有字母转换为小写字母显示并保存
>	将">"符号右侧的所有字母转换为大写字母显示并保存
密码（PASSWORD）	输入字符时不显示输入的字符，显示"*"，但输入的字符会保存在表中
\	将"\"符号右侧的字符原样显示
" "	将" "中的多个符号原样显示
. , : -	在掩码中使用这几个符号时，这些符号原样显示

注意：① 掩码字符的大小写作用不相同。② 不要将"输入掩码"属性与"格式"属性相混淆。如出生日期字段，输入掩码设置为"0000-99-99;;*"，将"格式"属性设置为"长日期"，在光标进入该字段时，单元格中显示的是"****-**-**"，输入完毕数据后（如输入 20111022），光标离开后，单元格中显示"2011 年 10 月 22 日"。

例4-7 利用"输入掩码向导"设置"输入掩码"属性。具体操作如图4-9所示。

图4-9 "输入掩码向导"操作示例

5. 输入法模式

输入法模式可以设置为随意、开启、关闭和其他特殊的输入法状态。当设置为"开启"时，切换到该字段中输入数据时，系统会自动打开中文输入法。

6. 字段标题

如果在字段属性中未设置标题，则数据表视图下显示的字段标题即为字段名称；否则，则显示所设置的标题。

注意：字段标题通常是用来明示字段的内容的，它只是在"数据表视图"下列出标题所显示的名称，并不是字段本身的名称。如果一个字段设置了标题，在其他对象中要访问该字段时，仍然要使用字段的名称，而不能使用它的标题；否则，会导致字段不能访问。

7. 默认值

字段的默认值即为在新增记录时，尚未输入数据就会出现在字段中的值。通常会是表中大多数记录都使用的值。如果不需要该值，直接修改即可。

注意：默认值的数据类型必须与字段类型一致，同时，如果设置了有效性规则，则默认值必须符合有效性规则的要求。

8. 有效性规则

在输入数据时，为了防止输入错误，可进行"字段有效性规则"属性的设置。例如，在性别字段的"有效性规则"属性中设置""男" Or "女"",在输入数据时,如果输入的数据不是"男"或"女",则系统拒绝接收数据,光标不能移出该字段,并提示错误信息。

例4-8　设置"性别"字段数据有效性操作。具体操作如图4-10所示。

有效性规则通常由关系表达式或逻辑表达式构成。有效性规则的设置可以直接在该属性后面的文本框中输入表达式来表示字段值的有效范围,同时也可将插入光标置于"有效性规则"文本框中,在文本框的右侧将出现一个"生成器"按钮，单击该按钮,在弹出的"表达式生成器"对话框中设置有效性规则即可。

图4-10　"表达式生成器"操作示例

在"表达式生成器"中有一行常用的运算符按钮可供使用,在下方也提供了3个列表框,在列表框中提供了函数、常量和操作符,如果需要使用相关的函数、常量和操作符,可直接在列表框中双击使用,也可直接在表达式框中输入。

9. 有效性文本

有效性文本是指在设置有效性规则后,如果输入数据出错,系统显示的提示信息。如果设置了有效性规则而没有设置有效性文本,当输入数据错误时,Access使用系统提示信息。

一般情况下,设置有效性规则后,均应设置有效性文本对使用人员进行提示,系统提示信息无法明确表达有效性规则的含义。

10. 索引

索引用于对数据表中的数据按照字段的值排序记录,方便数据的查找,从而提升记录检索的速度。字段的索引属性有三类无、有(有重复)和有(无重复)。

11. 必填字段

在数据表中,对于所设置的字段,如果要求某些字段的信息是必须要获取的,则可将该字段的"是否必填字段"属性设置为"是",这样在输入数据时,系统要求必须输入字段的值,否则不能进入后面的操作。这样就避免了该字段的数据被漏填。

4.2.4　表维护

表维护包括修改字段名、增加或删除字段、修改字段类型等。

1. 修改字段名

当数据表设置好后,如果希望修改字段名,可以在两种状态下实现。

（1）数据表视图

在"数据表视图"下，将鼠标指针指向字段列标题位置双击，就可选中字段名，输入新的字段名保存即可。也可将鼠标指针指向要修改字段的列标题处右击，在弹出的快捷菜单中选择"重命名列"命令，选中列标题名即可进行修改。

注意：在同一张表中不能出现两个相同的字段名。当字段名修改后，如果要撤销当前的修改，一定要在保存操作之前；一旦执行了保存操作，修改操作就不能被撤销。撤销操作可用〈Ctrl+Z〉组合键或单击工具栏上的"撤销"按钮 ，或选择"编辑"菜单的"撤销"命令。

（2）表设计视图

在"表设计视图"下，将插入光标置于要修改的字段处，即可进行修改。修改后单击"保存"按钮将所作的修改保存到数据库中。

2．增加或删除字段

在"表设计视图"或"数据表视图"下，均可增加或删除数据表字段。

（1）在"表设计视图"状态

增加字段：如果表需要增加的字段是放在所有字段之后，则只要将光标置于最后字段的下一行，即可输入新字段。如果要增加的字段要放置在已有字段的中间，则单击要插入字段的位置，选择"插入"菜单的"行"命令，或单击工具栏中的"插入行"按钮 ，在指定位置插入一个空行，即可输入新字段。

删除字段：要删除字段，则单击该字段的行任意位置，使之成为当前行，选择"编辑"菜单的"删除行"命令或单击工具栏中的"删除行"按钮 ，将弹出的对话框询问是否永久地删除所选定的字段和相应的数据，如果单击"是"按钮，即可删除指定的字段；单击"否"按钮，则放弃字段的删除操作。

（2）在"数据表视图"状态

增加字段：要在字段前插入新字段，将光标置于该字段列，选择"插入"菜单的"列"命令，即在光标所在列的左侧插入一个新列，字段名为"字段1"，字段数据类型为文本型。双击列标题，可修改字段名；如果需要修改数据类型，可切换到"表设计视图"进行修改。要修改字段名，也可在该列上右击，在弹出的快捷菜单中选择"重命名列"命令，选中列名，输入新的字段名即可。

删除字段：将插入光标置于要删除的字段所在的列，选择"编辑"菜单的"删除列"命令或右击从弹出的快捷菜单中选择"删除列"命令，在弹出的对话框中根据提示选择是否要删除，选择"是"即可删除。

3．修改字段类型

表设计好后如果发现字段的类型不合适，可进行修改。字段类型的修改必须在"表设计视图"下实现，即在设计视图下，将插入光标置于要修改类型的字段行的"数据类型"框中，单击下拉按钮，在打开的列表中选择正确的数据类型，保存数据表即可。

注意：在进行数据类型修改时，有可能会造成由于数据类型的变化而使表中的数据丢失。

4.2.5　表数据操作

1．打开与关闭表

在Access中，可以在"数据表视图"打开表，也可以在"设计视图"打开表。在表对象卡下，选中要打开的表，单击工具栏中的"打开"按钮 <img>打开(O)</img>，或在表对象卡中双击要打开的数据表名，即可在数据表视图下打开数据表，如果单击"设计"按钮 <img>设计(D)</img>，则在设计视图下打开数据表。

"设计视图"切换到"数据表视图"，只需要单击工具栏中的"视图"按钮 <img>田·</img>；从"数据表视图"切换到"设计视图"，只需要单击工具栏中的"视图"按钮 <img>☑·</img>。

在数据表操作结束后要关闭数据表，不管表处于"设计视图"还是"数据表视图"，均可选择"文件"菜单的"关闭"命令，或单击表窗口的"关闭"按钮 <img>✕</img>，就可以将表关闭。

注意：如果在表打开后对表的结构或布局进行了修改，关闭表时会弹出一个对话框询问是否对所作的修改进行保存，单击"是"按钮保存所作的修改；单击"否"按钮，放弃所作的修改。在数据表中增加或修改了记录，系统会自动保存的，不会在关闭表时对所作的修改进行提示。

2. 使用"数据表视图"输入数据

在建立了数据表结构后，即可进行数据的输入操作。数据的输入操作是在数据表视图状态下进行的。数据的录入顺序是按行录入，即输入一条记录后再输入下一条记录。

打开"数据表视图"有两种方法：一种是在表对象卡下双击表名；一种是在"表设计视图"下单击工具栏的"视图"按钮 <img>田·</img>。数据的录入是从第一个空记录的第一个字段开始分别输入相应的数据，每输入完一个字段值时，按〈Enter〉键或〈Tab〉键转到下一字段，也可利用鼠标单击进入下一个字段。当一条记录的最后一个字段输入完毕后，按〈Enter〉键或〈Tab〉键转到下一下条记录。

在输入数据时，当开始输入一条新记录后，在表的下方均会自动添加一条新的空记录，且记录选择器上会显示一个星号 <img>*</img>，表示该记录为一条新记录；当前准备输入的记录选择器上会显示一个右向的箭头 <img>►</img>，表示此记录为当前记录；在输入数据时，该条记录左侧的记录选择器上会有一个笔型符号 <img>✎</img>，表示该记录为正在输入或修改的记录。

对于是/否型字段，如果字段在数据表中显示的是"复选框"形式时，则需要用鼠标单击复选框表示选中 <img>☑</img>，即逻辑真（True），不选 <img>☐</img>表示逻辑假（False）。

数据表中的 OLE 对象的数据录入需要通过插入对象的方式来实现。插入对象有两种方式：新建和由文件创建。如果选择"新建"方式，则右侧的"对象类型"列表框中列有 Access 允许插入的所有对象类型的应用程序列表，选中应用程序，单击"确定"按钮，即可新建相关对象。若选择"由文件创建"方式，则需要单击"浏览"按钮，打开"浏览"对话框，在对话框中定位需要插入的 OLE 对象文件。

例 4-9 OLE 对象字段的数据录入操作。具体的操作方式如图 4-11 所示。

注意：在数据表中插入 OLE 对象，如果该对象是新建的，则新建的对象一定是嵌入在数据表中的；如果对象是由已存在的文件创建的，则该文件可以嵌入到数据库中，也可采用链接的方式，对象文件仍然保存在原来的位置，而数据库中只保存该文件的访问路径。此方式的优点是如果要插入的对象文件太多太大，嵌入方式会使数据库文件变得很大，而链接就不会有太大的影响，但如果对象文件是链接方式，则必须保证对象文件的位置不变，否则再打开数据表时会造成数据的错误，相关对象访问不到。

① 在 OLE 对象字段上右击，在弹出的快捷菜单中选择"插入对象"命令

② 在打开的对话框中，选择"由文件创建"单击按钮，单击"浏览"按钮

③ 打开"浏览"对话框，找到图片文件所在位置，选中要插入的图片文件

④ 单击"确定"按钮，返回到插入对象的对话框，再击"确定"按钮，即将该图片插入到当前记录中

图 4-11　插入 OLE 对象操作

3. 修改数据

数据表中数据的修改必须在"数据表视图"下完成。

（1）增加记录

新记录只能在原有记录的尾部添加。选择"插入"菜单的"新记录"命令，或单击工具栏中的"新记录"按钮，插入光标自动转到新记录的第一个字段处，即可开始新记录的输入。

在输入新记录时，选择"记录"菜单的"数据项"命令，可使数据表原来的记录不显示，只显示新记录行。要使所有数据恢复显示，可选择"记录"菜单的"取消筛选/排序"命令。

注意： 在增加记录时，如果表中存在关键字段，则关键字段不能为空或出现重复值；否则，系统不允许增加新记录。如果发生此种情况，则必须仔细查看相关的数据，以保证关键字段的值符合要求。另外，如果在关系中创建参照完整性，则主表和子表的数据的输入和删除均会受到参照完整性的约束，输入的数据必须符合参照完整性规则的要求。

（2）删除记录

选定要删除的一条或多条记录，选择"编辑"菜单的"删除记录"命令，或单击工具栏中的"删除记录"按钮，屏幕出现提示信息要求确认删除操作时，单击"确定"按钮，即

可删除选中的记录，单击"取消"按钮，则取消删除操作。

（3）修改单元格中的数据

要修改某个单元格中的数据，将鼠标指针指向该单元格边框，鼠标指针为空心十字形状时，单击选中该单元格，输入新的数据，则原有数据被新数据覆盖。

要修改单元格中数据的部分内容，将鼠标指针指向要修改内容的单元格，鼠标指针显示为空心箭头时，单击单元格，将插入光标置于要修改的位置，即可开始进行内容的修改。

注意：当状态栏右侧显示"OVR"时，表示当前状态为"改写"状态，插入光标显示为一个小黑块，此时输入内容时会自动覆盖原单元格中的内容；按〈Insert〉键，则"OVR"消失，当前状态为"插入"状态，插入光标显示为竖线，此时输入的内容将插入到光标位置。

当修改数据后，如果要撤销所作的修改，可有如下几种情况。

● 如果修改数据后插入光标尚未移到其他单元格，则按〈Esc〉键、选择"编辑"菜单的"撤销"命令或单击工具栏中的"撤销"按钮，可撤销对当前单元格的修改。

● 若对当前记录的字段值（一个或多个）修改后，光标已经移出同一记录的其他字段，但尚未保存，也可采用"撤销"命令来取消修改操作。如果修改了多个字段的值，可通过多次撤销操作来取消修改。

● 若对当前记录修改后已经保存了数据表，但尚未对其他记录进行修改，也可利用"撤销"操作来取消修改。但如果又对其他记录进行了修改或编辑，则前一条记录的修改就不能被撤销。

4．数据导入

在 Access 创建数据表时，可以通过导入获取一些已经存在的数据表，如 Excel、Louts、DBASE 或 FoxPro 等应用程序创建的表，也可导入其他 Access 数据库中已创建的数据表。

例4-10　将 Excel 数据表中的数据导入到数据库中。

操作方法可通过选择"文件"菜单的"获取外部数据|导入"命令，也可在表对象卡下通过选择快捷菜单的"导入"命令，根据"数据表导入向导"的步骤来实现数据的导入操作。图 4-12 所示为将 Excel 数据表导入到 Access 数据库中的操作方法。

注意：在数据表导入时，有两种选择方式，一种是将导入的数据放置到已存在的数据表中，此情况要求数据表的结构要与导入的数据结构相同，如果字段名不同时，则该字段的数据不能正确导入；另一种方式是生成一个新的数据表，原始数据中的所有字段和数据均能正常导入，系统会自动按照原始数据来设置新表的字段和类型。

在获取外部数据时，除了可采用导入表的方式将其他文档中的数据表导入到当前数据库中之外，Access 还可以通过链接表的方式获取外部数据。操作方法与导入表相似。区别是链接表时，被链接的数据表仍然在原来的文档中保存，没有被放入到当前数据库中。该方式的缺点是如果链接的数据文件位置移动或被删除，则将导致该链接数据丢失；优点是如果链接的数据文件中的数据更新了，在数据库中使用到的数据就会保持最新的数据，保证了数据的一致性。

图 4-12 导入 Excel 数据表

链接表的操作方式有两种：通过选择"文件"菜单的"获取外部数据|链接表"命令或在表对象卡上右击，在弹出的快捷菜单中选择"链接表"命令，在打开的"链接表"对话框中

选择链接表的所在的位置，然后根据提示对要链接的表进行相应的设置，操作方式与导入表相似。

5．数据导出

Access 数据库中的数据表可以导出到其他数据库，如 Excel 文件、文本文件和 HTML 文件等，一旦数据导出后，目标文件中的数据与原数据库的数据就无关联了。

操作方式是打开数据库后，选中要导出的数据表，选择"文件"菜单中的"导出"命令，打开"导出"对话框，在"导出"对话框中选择导出的文件类型，并为文件重命名，单击"导出"按钮即可将当前数据表的数据导出到目标文件中。

4.2.6 创建索引与主键

1．索引

索引是按索引字段或索引字段集的值使表中的记录有序排列的方法。索引有助于快速查找记录和对记录进行排序。

在 Access 数据表中要查找某个数据时，先在索引中找到该数据的位置，即可在数据表中访问到相应的记录。Access 可建立单个字段索引或多个字段索引。多字段索引能够区分开第一个字段值相同的记录。

在数据表中通常对经常要搜索的字段、要排序的字段或要在查询中连接到其他表中字段的字段（外键）建立索引。

注意：索引可以提高数据查询的速度，但在数据表中更新记录时，由于已建立索引的字段的索引需要更新，所以索引会降低数据更新的速度。

在 Access 中，数据表的主键系统将自动设置索引。通常情况下，满足如下条件时，可以考虑创建索引：

● 字段的数据类型为"文本"、"数字"、"货币"或"日期/时间"。

● 准备搜索字段中保存的值。

● 准备对字段中的值进行排序。

注意：数据表中 OLE 对象类型字段不能创建索引。多字段索引最多允许有 10 个字段。

（1）单字段索引

在字段属性列表中有一个"索引"属性，设置为"有（有重复）"和"有（无重复）"，则该字段就设置了索引。"有（有重复）"即为该字段的值进行索引，允许在同一个表中有重复值出现；"有（无重复）"即为该字段的值进行索引，不允许在同一个表出现两个或两个以上的记录的值相同，通常是主键或候选关键字才会设置该索引方式。

（2）多字段索引

如果经常需要同时搜索或排序两个或更多个字段，可以为该字段组合创建索引。在使用多字段索引排序表时，Access 将首先使用定义在索引中的第一个字段进行排序。如果在第一个字段中出现有重复值的记录，则会使用索引中定义的第二个字段进行排序，以此类推。

多字段索引的操作方式是在"表设计视图"下，单击工具栏上的"索引"按钮，打开"索引"对话框，如图 4-13 所示。在"索引"对话框中设置多字段索引，也可设置单字段索引。对话框中还可利用"排序次序"功能对索引的排序方式进行设置，有"升序"和"降序"两种方式。

注意：在"设计视图"下，通过字段属性设置单字段索引时，不能对索引的排序方式进行设置，只能是默认的"升序"。

图 4-13 "索引"对话框

2. 主键

在数据表中能够唯一确定每个记录的一个字段或字段集被称为表的主键。主键可以保证关系的实体完整性。一个数据表中只能有一个主键。

Access 中可以定义 3 种主键。

（1）"自动编号"主键

当向表中添加每一条记录时，Access 将为"自动编号"字段自动输入连续数字的编号。这些编号与记录绑定，值唯一。

如果在保存新建的表之前未设置主键，则 Access 会询问是否要创建主键。如果回答为"是"，将自动在表中添加"自动编号"主键。

（2）单字段主键

如果字段中包含的都是唯一的值，如学号或部门编号等，则可以将该字段指定为主键。只要某字段包含数据，且不包含重复值或 Null 值，就可以将该字段指定为主键。

单字段主键的设置可在"设计视图"下，将要设置为主键的字段选中，单击工具栏中的"主键"按钮，字段选择器上出现标志，则该字段被设置为主键。

（3）多字段主键

在不能保证任何单字段包含唯一值时，可以将两个或更多的字段指定为主键。在多字段主键中，字段的顺序非常重要。多字段主键中字段的次序按照它们在"表设计视图"中的顺序排列。如果需要改变顺序，可在"索引"对话框中设置多字段主键字的排列顺序。

多字段主键的设置可在"索引"对话框中进行设置，也可在"设计视图"中，选中要成为主键的所有字段，再单击工具栏中的"主键"按钮，选中字段的字段选择器上出现标志时，则多字段主键设置完成。

多字段选择的方式：连续的字段，可选单击第一个字段选择器，再按住〈Shift〉键单击最后一个字段的记录选择器，则连续的多字段反选显示，表示被选中；如果要选择不连续的多个字段，则先选中第一个字段，再按住〈Ctrl〉键去单击各个要选中字段的字段选择器，当要选中字段均反相显示时，即表示字段被选中。

4.2.7　建立表之间的关系

在 Access 中，要想管理和使用好表中的数据，就应建立表与表之间的关系，这样才能将不同的数据表关联起来，为后面的数据查询、窗体和报表等建立数据基础。

1. 数据表间的关系

在 Access 中，创建的数据表是相互独立的，每一个表都有一个主题，是针对对象的不同特点和主题而设计的，它们同时又存在关联性。学生管理数据库中，在不同的表中有相同的字段名存在。如"学生基本情况表"中有"学号"字段，在"学生成绩表"中也存在"学号"字段，通过这个字段，我们可以将学生基本情况表与学生成绩表联系起来，从而找到需要的相关数据。

在 Access 中，表和表之间的关系主要有两种：一对一和一对多。如果在两个表中建立联系的字段均不是主键时，此时创建的关系类型将显示为未定，即通常所说的多对多的关系。

在实际使用时，常将多对多的表拆分成两个或多个一对多的关系，以方便数据的查询和使用。

2. 建立表之间的关系

关系是参照两个表之间的公共字段建立起来的。在"关系"面板中创建的关系是永久关系。通常情况下，如果一个表的主键与另一个表的外键之间建立联系，则就构成了这两个表之间的一对多的关系。如果建立联系的两个表的公共字段均为两个表的主键时，则这两个表之间的关系为一对一的关系。在建立表之间的关系时，存在主表与相关表两种情况。一对多的关系通常是一端为主表，多端为相关表，如"学生基本信息表"和"学生成绩表"建立一对多的联系，"学生基本信息表"为主表，"学生成绩表"为相关表；一对一的关系，通常会以主体表作为主表，派生表为辅助表，如"教师信息表"和"教师基本工资表"，这两个表的主键均为"教师编号"，建立一对一的关系，应以"教师基本信息表"为主表，"教师基本工资表"为相关表。

建立数据表之间的关系是在数据库的"关系"窗口中实现的。操作步骤分中如下几个步骤。

1）建立主关键字。为数据库中所有要创建关系的数据表设定主关键字，并为外键设置索引。

2）将数据表添加到关系面板中。将要建立关系的数据表添加到"关系"面板，即通过选择"工具"菜单的"关系"命令或单击工具栏上的"关系"按钮，打开"关系"面板。如果数据库中尚未定义过关系，则会自动弹"显示表"对话框，在"表"选项卡中会显示本数据库中存在的所有数据表，将需要建立关系的数据表选中，再单击"添加"按钮添加到"关系"面板中，也可在"显示表"窗口中双击要添加的数据表，即可将该表添加到"关系"面板中。

如果数据库中曾经打开过"关系"面板进行关系设置，则系统不会自动弹出"显示表"对话框，此时，在"关系"面板中右击，在弹出的快捷菜单中选择"显示表"命令，也可打开"显示表"对话框。如果不小心将一个表多次添加到"关系"面板，该表会在面板上多次显示，同时在表名后自动产生序号 1、2…。要删除多选的表，可在面板单击选中该表，按〈Del〉键删除。

3）创建关系。将鼠标指针置于主表的联系字段，按下鼠标左键，将该字段拖至相关表的对应字段上，松开鼠标左键，将弹出"编辑关系"对话框。在对话框中将显示建立关系的两个表的联系字段，同时在下方显示这两个表的关系类型，如果正确无误，单击"创建"按钮，即"关系"面板中两个表之间将出现一条连线。

注意：在建立关系时，一定要从主表的关键字段拖到相关表的对应字段上，拖动是有方向的。

例 4-11 为学生管理数据库中的学生基本情况表和学生成绩表创建关系。具体的操作步骤如图 4-14 所示。

关系创建完成后，需要保存并关闭"关系"面板，此时已经建立好的关系会保存在数据库中。

图 4-14　创建"关系"的操作步骤

例 4-12　查看数据表和子数据表。

当两个表建立了关系后，打开"数据表"窗口，在每条记录的"记录选定器"右侧都可以看到 +，单击 + 会变成 -，同时展开子数据表，子数据表中显示的是与当前表的当前记录相匹配的记录。因为"学生基本信息表"与"学生成绩表"是一对多的关系，因此，在子表中可以看到多条记录相匹配。如图 4-15 所示。

单击 -，子数据表被关闭。如果选中多条记录，单击 +，则显示所有选定记录的子数据表。选择"格式"菜单的"子数据表"级联菜单中的"全部展开"命令，将打开所有记录的子数据表，如果选择"格式"菜单的"子数据表"级联菜单中的"全部折叠"命令，子数据表全部被关闭。

图 4-15 建立关系的数据表

3. 修改或删除关系

（1）修改关系

当关系创建完毕后，发现关系设定错误或未实施参照完整性，可以对已经设定好的关系进行修改。在修改前需要先关闭数据表，然后将鼠标指针指向关系连线，双击，即可弹出"编辑关系"对话框，在对话框中对关系进行修改，修改完成后单击"确定"按钮，完成关系的修改。

（2）删除关系

当关系建立好以后发现错误时，可选中该关系连线，即鼠标指针单击连线，当连线变粗时表示选中，按〈Del〉键即可删除关系，在删除时系统会弹出对话框提示"确实要从数据库中永久删除选定的关系吗？"，单击"确定"按钮，即可删除关系。此时，关系窗口中的连线也就自动消失。

图 4-16 "学生管理"数据库关系图

4. 参照完整性与相关规则

在数据表的关系建立以后，如果希望数据表之间存在一定的约束关系，以保证数据库中数据的有效性。在 Access 中，可以建立参照完整性来建立主表与相关表在增、删、改记录时相关字段数据的约束规则。图 4-16 所示为"学生管理"数据库关系图。

数据表之间的约束性规则包括如下 3 种情况。

（1）建立关系后未实施参照完整性

在主表中增加、删除、修改关联字段的值时不受限制；同样，相关表中进行相同的操作时也不受主表的影响。

（2）建立参照完整性但未实施级联更新和级联删除规则

在主表中增加记录不受限制；修改记录时，若该记录在相关表中有匹配记录，则不允许修改；删除记录时，若该记录在相关表中有匹配记录，则不允许删除。

在相关表中，增加或修改记录时，关联字段的值必须在主表中存在；删除记录时不受影响。

（3）建立参照完整性并实施了级联更新和级联删除规则

在主表中增加记录不受限制；修改记录时，若该记录在相关表中有匹配记录，若修改主表的关联字段的值，则相关表中匹配记录的关联字段的值自动修改；删除记录时，若该记录在相关表中有匹配记录，则匹配记录同时被删除。

在相关表中，增加或修改记录时，关联字段的值必须在主表中存在；删除记录时不受影响。

关系的参照完整性的设置方法是在"编辑关系"对话框中，选中"实施参照完整性"复选框，需要实施相关规则，则可选中相应的规则；不需要实施规则，单击"创建"按钮即可创建关系。当表与表之间创建了关系并实施了参照完整性后，则数据表之间的连线的两头会显示关系的方式，"1"表示一方，"∞"表示多方。如果未实施参照完整性，则连线的两头不会有"1"或"∞"出现。

注意：在创建关系时，如果连接的两个表的关联字段均不是主键或唯一索引，则在"编辑关系"对话框中显示的关系类型是"未定"，这种情况下是不能实施参照完整性的；参照完整性不能实施还有一种情况，当相关表中的关联字段的值在主表中找不到对应的记录与之相匹配时，参照完整性也不能实现。此时，必须要查看是数据错误，还是主表与相关表弄反了。

4.3 表操作

当数据表建立后，根据需要的不同，还可对表的外观进行设置，如行高列宽、字体字号、网格线等。当需要在一个大表中对数据进行浏览或查找时，可对表的列进行隐藏、冻结等；并可以对数据进行筛选或设置条件进行查找，以方便数据的操作和查看。

4.3.1 调整表的外观

调整表的外观是为了使表更清楚、美观，便于查看。调整表的外观，包括改变字段的次序、调整字段的宽度和高度、隐藏和显示列、冻结列、设置数据表格式、设置字体格式等。

1. 改变字段的次序

默认情况下，数据表视图中字段的显示顺序与表结构的顺序相同，如果需要，可以将"数据表"视图的字段显示顺序进行调整。操作方法：在"数据表"视图下，将鼠标指针指向列标题处，鼠标指针变成实心的黑色向下箭头，单击，选中该列字段（即整列字段黑色反向显示），按下鼠标左键拖动到目标位置，松开鼠标，则该字段被移动到目标位置处。在拖动过程中，列间有一条黑色粗线，表示被拖动列的位置所在。

注意：此拖动方法改变的仅是数据表的显示顺序，表的结构没有发生变化。

2. 调整字段的宽度和高度

在"数据表"视图下，有时会因为字段的数据过长而被切断，没有在单元格中完全显示，有时因为字体过大而不能在一行中显示完全，此时，均可以通过调整宽度和高度来使数据正常显示。

（1）调整字段高度（行高）

数据表中各记录行的行高是一致的，改变任意一行的行高，都会使整个数据表的行高作相应的调整。操作方法分为利用鼠标拖动调整和精确调整两种方式。

1）利用鼠标拖动调整。将鼠标指针移到数据表左侧的"记录选定器"处，将鼠标指针移到两条记录的"记录选定器"中间位置时，鼠标指针变成一个双向箭头，按下鼠标左键向下或向上调整，即可将记录行的高度变大或变小。

2）精确调整。即是利用"行高"对话框进行设置。打开"行高"对话框的方法是选择"格

图4-17 "行高"和"列宽"对话框

式"菜单的"行高"命令，打开"行高"对话框，如图4-17（左）所示。输入需要的行高值，单击"确定"按钮，即当前数据表的行高均变成相应的行高。在"行高"对话框中如果选中"标准高度"复选框，则所选的行高变为系统的默认行高。

（2）调整字段宽度（列宽）

与行高不同，字段的列宽的改变只影响当前字段的宽度，对表中其他字段的宽度没有影响。操作方式也有用鼠标拖动和精确调整两种。

1）利用鼠标拖动调整。将鼠标指针移到要改变列宽的两列字段名中间，鼠标指针变成一个左右的双向箭头时，按下鼠标左键拖动列中间的分隔线，向左，则减小左侧字段的列宽；向右，则加大该字段的列宽。

2）精确调整。调整方式与调整行高的方式相同。选定要设置列宽的数据表，利用"格式"菜单的"列宽"命令，在打开的"列宽"对话框（如图4-17右所示）中进行相应的设置。如果单击"最佳匹配"按钮，则选定的各列的列宽度正好能容纳所有的数据。如果设置字段列宽的宽度为0，将会隐藏该列字段。

注意：改变字段的列宽仅会影响该字段在数据表视图下的显示宽度，对表的结构没有任何影响。

3．隐藏和显示列

在数据表视图下，可以根据需要将部分字段的数据暂时隐藏起来，在需要的时候再进行显示。操作方法：选定要隐藏的数据列，选择"格式"菜单的"隐藏列"命令，则选中的字段列被隐藏起来。

取消列的隐藏，是利用"格式"菜单的"撤销隐藏列"命令来实现的。如果数据表中有多个列被隐藏，可在打开的对话框中选中要撤销隐藏的列字段，单击"关闭"按钮，即可将选中的字段重新显示。

4．冻结列

在使用较大的数据表时，有时整个数据表不能完整地在屏幕上显示出来，需要拖动滚动条将未显示的数据显示出来。在拖动滚动条时，一些关键字段的值也无法显示，影响了数据的查看。

Access 允许将部分字段采用冻结的方式永远显示在数据表窗口中，不会因为滚动条的拖动而隐藏。操作方式：通过列选择器选中要保留在窗口中的重要字段，选择"格式"菜单的"冻结列"命令，选中的列字段会出现在数据表的最左边，拖动滚动条，则可以发现冻结的列

一直保持在数据表的最左侧，不会被隐藏。

如果要取消冻结，可用"格式"菜单的"取消对所有列的冻结"命令。

注意：在数据表中对字段进行冻结，不会改变表的结构。

5．设置数据表格式

在"数据表"视图下，数据表的单元格是以银色网格线的方式进行显示的。可以根据需要对数据表的显示方式和颜色等进行更改。操作方式：选择"格式"菜单的"数据表"命令，打开"设置数据表格式"对话框，如图 4-18 所示。在对话框中可以对单元格效果、网格线显示方式、背景颜色、网格线颜色、边框和线条样式等进行设置。

6．设置字体格式

可以对数据表中数据的字体进行设置。操作方式是：单击"格式"菜单的"字体"命令，打开的"字体"对话框，如图 4-19 所示。在对话框中可以对数据的字体、字号、字形和特殊效果等进行设置。

图 4-18 "设置数据表格式"对话框

图 4-19 "字体"对话框

4.3.2 数据的查找和替换

Access 可以帮助用户在整个数据表中或某个字段中查找数据，并可将找到的数据替换为指定的数据，或将找到的数据删除。数据的查找与替换操作是在数据表视图下进行的。

打开要进行数据查找的数据表视图，将光标置于要查找的数据所在的字段列，选择"编辑"菜单的"查找"命令，或在工具栏上单击"查找"按钮 🔍，打开"查找和替换"对话框，对话框有"查找"和"替换"两个选项卡，如图 4-20a 和 b 所示。

a)

b)

图 4-20 "查找和替换"对话框

a) "查找"选项卡　b) "替换"选项卡

（1）"查找"选项卡

在"查找"选项卡中，在"查找内容"文本框中输入要查找的值，其输入的数据，可以使用通配符。通配符及其功能如表 4-7 所示。

表 4-7　通配符及其功能

通　配　符	用　　法	示　　例
*	匹配任意字符串，可以是 0 个或任意多个字符	hi*，可以找到 hit、hi 和 hill
#	匹配一个数字符号	20#8，可以找到 2008、2018，找不到 20A8
?	匹配任何一个字符	w?ll，可以找到 wall、well，找不到 weell、wll
[]	匹配括号内任何一个字符	t[ae]ll，可以找到 tell 和 tall，找不到 tbll
!	匹配任何不在括号内的字符	f[!bc]ll，可以找到 fall 和 fell，找不到 fbll 和 fcll
-	匹配指定范围内的任何一个字符，必须以递增排序来指定区域（A-Z）	b[a-e]d，可以找到 bad 和 bed，找不到 bud

在"查找范围"框中显示的是当前字段名，如果要查找的值的查找范围要扩大到整个数据表，可单击下三角按钮在列表中设置；在"匹配"右侧的列表框中系统默认的是"整个字段"，如果要查找的数据是字段中的一部分，可在列表中进行选择，可供选择的项有"整个字段"、"字段任何部分"和"字段开头"；"搜索"设置的是搜索的方向和范围，有"向上"、"向下"和"全部"。

在查找英文字母时如果区分大小写，则需要选中"区分大小写"复选框，否则不区分大小写。若选中"按格式搜索字段"复选框，则查找数据时会按照数据在单元格中的显示格式来查找，对于设置了显示格式的字段，查找时需要注意。例如，要在"学生基本信息表"中查找"出生日期"字段，而该字段格式为"长日期"，要查找 1988 年 10 月 5 日出生的学生，在"查找内容"文本框中必须输入"1988 年 10 月 5 日"，才能找到。如果不选中"按格式搜索字段"复选框，则在"查找内容"文本框中输入"88-10-5"就可找到。

（2）"替换"选项卡

"替换"选项卡的设置与"查找"选项卡相似，只是增加了"替换为"数据项，在"替换为"文本框中输入要替换的数据，则查找到后单击"替换"按钮即可完成替换，如果要删除找到的数据，在"替换为"文本框中不输入任何数据，单击"替换"按钮，即可。

若找到的数据不需要替换，单击"查找下一个"按钮即可放弃替换；如果要将所有满足条件的数据一次都替换，可单击"全部替换"按钮，则不需要逐一查找到再替换。

4.3.3　排序记录

使用数据表时，可能希望表中的记录按照一个字段、多个字段或表达式的值进行排序。排序可以按升序或降序排列。

排序的规则如下。

- 西文字符按 ASCII 码值顺序排序，英文字符不区分大小写。
- 中文按拼音字母的顺序排序。
- 数字按数值的大小排序。
- 日期和时间字段按日期的先后顺序排序，日期在前的小，日期在后的大。

排序时要注意的问题。

1）对"文本型"字段，如果值中有数字符号，排序时将视为字符，将按 ASCII 码值进行排序。

2）按升序排列字段时，如果字段的值为空值，则空值的记录排列到数据表的最前面。

3）数据类型为备注、超级链接或 OLE 对象的字段不能进行排序。其中备注型字段可参加排序，但排序只对该字段的前 255 个字符有效。

4）排序后，排序的次序与表一起保存。

1. 单字段排序

按单字段排序时，可将插入光标置于要排序的字段，单击工具栏的"升序排序"按钮 ![icon] 或"降序排序"按钮 ![icon]，或选择"记录"菜单的"排序"级联菜单中的"升序排序"或"降序排序"命令，则数据表就会按照指定的方式进行排序。

如果希望按其他的字段排序，即可将要排序字段设置为当前字段，单击相应的排序按钮即可。

如果要取消排序，则可选择"记录"菜单中的"取消筛选/排序"命令，数据恢复到原始的状态。

2. 多字段或表达式排序

如果要按多个字段或表达式进行排序，可采用"数据表"视图和"高级筛选/排序"窗口来实现。

（1）"数据表"视图

在"数据表"视图状态下，选定要排序的多个字段，单击"升序排序"按钮或"降序排序"按钮或利用排序命令，数据表即可按照指定的顺序进行排序。在多字段排序时，排序的顺序是有先后的。Access 先对最左边的字段进行排序，然后依次从左到右进行排序，保存数据表时排序方式也同时保存。

注意：使用"数据表"视图进行多字段排序时，操作虽然简单，但有一个缺点，即所有的字段只能按照同一种次序进行排序，而且，要排序的多个字段必须是相邻的。

（2）"高级筛选/排序"窗口

例 4-13 按学生性别降序排列，性别相同时按出生月份升序排列。

选择"记录"菜单的"筛选"级联菜单中的"高级筛选/排序"命令，打开"筛选"对话框，在对话框中可以进行排序条件的设置。如图 4-21 所示，实现的是先按"性别"降序排序，然后按出生月份升序排序的操作方法。

除了利用"筛选"菜单的"应用筛选/排序"命令外，还可在快捷菜单中选择"应用筛选/排序"命令来应用排序。

如果要取消当前的排序，可选择"记录"菜单中的"取消筛选/排序"命令，则数据表记录恢复到原始的顺序。

① 选择"记录"菜单的"筛选"
级联菜单的"高级筛选/排序"命令，
在"字段"中设置排序字段和表达
式，对排序方式进行相应的设置

② 选择"筛选"菜
单的"应用筛选/
排序"命令，得到
排序后的结果

图 4-21　设置多字段排序

4.3.4　筛选记录

当数据表中存在大量记录时，如果希望只显示部分符合条件的记录，而将不符合条件的记录隐藏起来时，可采用筛选方式来实现。Access 提供的筛选方法有按选定内容筛选、内容排除筛选、按窗体筛选、目标筛选和高级筛选几种方法。

1．按选定内容筛选

在数据表中，如果需要筛选出某特定条件的记录，可按选定的内容进行筛选。例如，在"学生基本信息表"中要将所有的男学生筛选出来，将女学生的记录隐藏起来，则可以打开"学生基本信息表"的"数据表"视图，选中"性别"字段中的"男"，单击工具栏的"按选定内容筛选"按钮，或选择"记录"菜单的"筛选"级联菜单中的"按选定内容筛选"命令，即数据表中将显示所有男学生的记录，女学生的记录将被隐藏。

如果要将所有记录都显示出来，可单击工具栏中的"取消筛选"按钮，或选择"记录"

菜单中的"取消筛选/排序"命令。

注意：在采用"按选定内容筛选"参式筛选相应记录时，必须先在表中找到一个在筛选产生的记录中必须包含的值。如果此值不容易查找，最好不要使用此种方式。

2．内容排除筛选

内容排除筛选的方法与按选定内容筛选的方法相同，唯一的区别是结果相反。筛选的结果是将满足选定内容条件的记录隐藏起来，不满足条件的记录保留。

具体的操作方式是在"数据表"中选中要隐藏的记录的条件，选择"记录"菜单的"筛选"级联菜单中的"内容排除筛选"命令，将满足条件的记录隐藏起来。

3．按窗体筛选

按窗体筛选时，系统会先将数据表变成一条记录，且每个字段都是一个下拉列表框，用户可以在下拉列表中选取一个值作为筛选内容。如果对于某个字段选取的值是两个以上时，还可以通过窗体底部的"或"来实现；在同一个表单下不同字段的条件值的关系是"与"的关系。

在使用窗体进行筛选时，包括两大部分：在窗体视图下设置筛选的条件，应用筛选后可查看筛选后的效果。具体操作步骤是：打开要进行筛选的数据表，单击工具栏上的"按窗体筛选"按钮，或选择"记录"菜单的"筛选"级联菜单中的"按窗体筛选"命令，打开筛选窗体视图，在相关字段下拉列表中设置筛选条件，如果筛选的条件是多个字段的"与"关系，则所有条件均在窗体的"查找"中设置，设置结束后，单击工具栏中的"应用筛选"按钮，即可看到筛选后的结果。如果需要在当前基础上进行进一步筛选条件的设置，可单击工具栏上的"按窗体筛选"按钮，再次进入筛选窗体，先前设置的筛选条件可在窗体上看到。如果新的条件与当前条件的关系是"或"的关系，则新筛选条件的设置应该在窗体下方单击"或"标签，切换到一个新的筛选条件设置窗体，设置好条件后再单击"应用筛选"按钮，可查看到筛选的结果。

如果要取消筛选，在数据表视图下可单击工具栏上的"取消筛选"按钮，或选择"记录"菜单中的"取消筛选/排序"命令，如果是在筛选设置窗体状态，也可单击工具栏中的"关闭"按钮，恢复到普通数据表视图状态，以取消当前的筛选。如果要彻底删除所设置的筛选条件，可在筛选窗体状态下，单击工具栏中的"清除网格"按钮即可。

例4-14 如图4-22所示为利用"按窗体筛选"功能，显示会计学院的女学生和金融学院男学生的具体操作示例。

4．目标筛选

目标筛选即是根据筛选条件来查找满足指定的值或表达式的所有记录的筛选方式。

具体的操作方法：将光标置于要设定筛选条件的字段列中，右击，在打开的快捷菜单中将出现 筛选目标(F): ，将光标置于"筛选目标"右侧的文本框中，输入筛选条件，如要查找所有姓王的学生的记录，添加条件"left([姓名],1)="王"" 或"like "王*""，如 筛选目标(F): like "王*" ，按〈Enter〉键回到"数据表"视图，实现数据表的条件筛选。

① 打开数据表

② 单击工具栏上的"按窗体筛选"按钮

③ 在"性别"字段列表中选中"女",单击"应用筛选"按钮

④ 单击"按窗体筛选"按钮,在"所属院系"列表中选中"会计学院"

⑤ 单击"应用筛选"按钮

⑥ 单击窗体下方的"或"按钮,设置筛选条件性别为男和金融学院

⑦ 单击"应用筛选"按钮

图 4-22 "按窗体筛选"操作示例

5．高级筛选

在前面的筛选方法中,筛选条件相对都比较单一,如果要进行复杂条件的记录筛选,则需要通过高级筛选来实现。操作方法:打开要进行筛选的数据表,选择"记录"菜单级联菜单中的"高级筛选/排序"命令,打开"筛选"窗口,即可进行筛选条件的设置。

例 4-15 筛选出所有 1989 年和 1990 年出生的、爱好游泳或书法的女学生的信息。可使用高级筛选进行筛选条件的设置,然后应用筛选。具体操作如图 4-23 所示。

① 打开学生基本情况数据表

② 使用"高级筛选/排序"命令,打开"筛选"窗口

③ 按照要求设置筛选条件

④ 选择"筛选"菜单的"应用筛选/排序"命令,得到筛选结果

图4-23 "高级筛选"操作示例

注意：在设置筛选条件时，如果条件间的关系是"与"的关系，则条件设置在同一行，如果条件之间的关系是"或"的关系，则条件放置在不同行。

如果要恢复所有数据的显示，则可单击工具栏上的"取消筛选"按钮，即数据表中所有数据将恢复显示，再单击"应用筛选"按钮，则重新应用筛选。

4.3.5 数据表的更名、复制与删除

1. 数据表的更名

在数据库窗口的表对象卡中，单击选中要更名的数据表，再单击表名处，或右击，在弹出的快捷菜单中选择"重命名"命令，或选择"编辑"菜单中的"重命名"命令，即可进行表名的更改。

注意：在同一个数据库中不允许出现两个同名的数据表。

2. 数据表的复制

在表对象卡中选中要复制的表，将鼠标指针指向该表，按住〈Ctrl〉键拖动到对象卡上的空白位置，松开鼠标，则产生一个表的副本，此方式即可将数据表复制一个副本。

表的复制还可通过剪贴板来实现。选中要复制的数据表，按〈Ctrl+C〉组合键，或选择"编辑"菜单中的"复制"命令，也可单击工具栏上的"复制"按钮，将数据表复制到剪贴

板上。选择"编辑"菜单的"粘贴"命令，或单击工具栏中的"粘贴"按钮 ，或按 Ctrl+V〉组合键，打开"粘贴表方式"对话框，如图 4-24 所示，选择所需的粘贴方式即可。

Access 提供 3 种粘贴方式。

- 只粘贴结构：此方式复制的是表的结构，不含数据。
- 结构和数据：实现的是表结构和数据的复制。
- 将数据追加到已有的表：实现的是将数据追加到已存在的数据表的尾部。

图 4-24　"粘贴表方式"对话框

3. 数据表的删除

如果数据库的数据表不再需要，可选中后按〈Del〉键删除。在执行删除操作时，系统会提示对删除操作进行确认，如果单击"是"按钮则删除，单击"否"按钮则放弃删除操作。

4.4　习题

1. 选择题

1）表的组成部分包括（　　　）。

　　A. 字段和记录　　　　　　　　　B. 查询和字段

　　C. 记录和窗体　　　　　　　　　D. 报表和字段

2）Access 数据库中，为了保持表之间的关系，要求在子表（从表）中添加记录时，如果主表中没有与之相关的记录，则不能在子表（从表）中添加该记录。为此需要定义的关系是（　　　）。

　　A. 输入掩码　　　　　　　　　　B. 有效性规则

　　C. 默认值　　　　　　　　　　　D. 参照完整性

3）可用来存储图片的字段类型是（　　　）。

　　A. OLE　　　　　　　　　　　　B. 备注

　　C. 超级连接　　　　　　　　　　D. 查阅向导

4）以下字符串符合 Access 字段命名规则的是（　　　）。

　　A. !address!　　　　　　　　　　B. %address%

　　C. [address]　　　　　　　　　　D. 'address'

5）在某表中，"姓名"字段的字段大小为 10，在此列输入数据时，最多可输入的汉字数和英文字符数分别是（　　　）。

　　A. 5　5　　　　　　　　　　　　B. 5　10

　　C. 10　10　　　　　　　　　　　D. 10　20

2. 填空题

1）若要查找某表中"姓氏"字段所有包含"sh"字符串的姓，则该在查找内容框中输入_____。

2）在 Access 中的"数据表"视图方式下，使用_____菜单中的命令可以对"数据表"中的列重新命名。

3）能够唯一标识表中每一条记录的字段称为_____。

4）必须输入 0～9 符号的输入掩码是_____。

5）Access 库中，表与表之间的关系分为_____、_____和_____。

第5章 查　询

在数据库中创建数据表，是为了将众多的数据有效地进行保存，但这不是创建数据库的最终目的，其最终目的是为了灵活、方便、快捷地使用它们，对数据库中的数据进行各种分析和处理，从中提取需要的数据和信息。查询就是将一个或多个数据表中满足特定条件的数据检索出来。查询不仅可以基于数据表来创建，还可基于查询来创建，同时，查询不仅可以根据指定条件来进行数据的查找，还可对数据进行计算、统计、排序、筛选、分组、更新和删除等操作。

5.1　查询概述

查询是对数据库表中的数据进行查找，产生动态表的过程。在 Access 中可以方便地创建查询，在创建查询的过程中需要定义查询的内容和规则。运行查询时，系统将在指定的数据表中查找满足条件的记录，组成一个类似数据表的动态表。

5.1.1　查询的功能

基于查询的目的不同，可以将查询的功能总结为如下几种。

1．选择字段

在查询中，可以选择表中的部分字段，建立一个新表，相当于关系运算中的投影运算。例如，利用查询可以在"学生基本情况表"中选择学号、姓名、所在学院组成一个新的表。

2．选择记录

通过在查询中设定条件，可以查找满足条件的记录，这相当于关系运算中的选择运算。例如，在"学生基本情况表"中查找所有性别为"女"的记录。

3．编辑记录

编辑记录主要包括添加记录、修改记录和删除记录等。在 Access 中，可以利用查询添加、修改或删除表中的记录，例如，将"学生基本情况表"中的"汉族"改为"汉"。

4．计算

查询不仅可以查找满足指定条件的记录，还可以通过查询建立各种统计计算，例如，统计学生人数、各门课程的平均成绩等。

5．建立新表

利用查询结果可以建立一个新的表，并且永久保存。例如，将信息学院的所有学生存放在一个新的数据表中。

6．建立基于查询的报表和窗体

为了将一个或多个表中合适的数据生成报表或在窗体中显示，可以先根据需要建立一个所需数据的查询，将查询的结果作为报表或窗体的数据源。在每次运行报表或窗体时，查询就会从基础数据表中获取最新的数据提供给报表或窗体。

5.1.2　查询的类型

Access 数据库提供的查询种类较多，通常会根据查询在执行方式上的不同，将查询分为如下几种类型。

1. 选择查询

选择查询是最常用的查询类型，它是根据用户定义的查询内容和规则，从一个或多个表中提取数据进行显示。

在选择查询中，还可以对记录进行分组，并对分组后的记录进行总计、计数、平均及其他类型的计算等。

选择查询能够帮助用户按照希望的方式对一个或多个表中的数据进行查看，查询的结果显示与"数据表"视图相同，但查询中不存放数据，所有的数据均存在于基础数据表中，查询中看到的数据集是一个动态集。当运行查询时，系统会从基础数据表中获取数据。

2. 交叉表查询

交叉表查询是将某个数据表中的字段进行分组，一组作为查询的行标题，一组作为查询的列标题，然后在查询的行与列交叉处显示某个字段的统计值。交叉表查询是利用表中的行或列来进行数据统计的。它的数据源是数据表或查询。

3. 参数查询

选择查询是在建立查询时就将查询准则进行定义，其条件是固定的。参数查询是在运行查询时利用对话框来提示用户输入查询准则的一种查询。参数查询可以根据用户每次输入的值来确定当前的查询条件，以满足查询的要求。

如要根据"学号"来查询某个学生的基本信息。利用参数查询则可在每次查询时输入要查询的学生的学号，即可找到满足条件的记录。

4. 操作查询

操作查询的查询内容和规则的设定与选择查询相同，但它们有一个很大的不同是：选择查询是按照指定的内容和条件查找满足要求的数据，将查找到的数据进行显示；而操作查询是在查询中对所有满足条件的记录进行编辑等操作，会对基础数据表产生影响或生成新的数据表，如生成表查询，即会生成一个新的数据表，更新查询，则会根据更新条件对原数据表中的数据进行修改。

Access 的操作查询有如下几种。

（1）生成表查询

利用一个或多个表中的全部或部分数据生成一个新的数据表。生成表查询通常用于重新组织数据或创建备份表等。

（2）删除查询

删除查询是将满足条件的记录从一个或多个数据表中删除。此操作会将基础数据表中的记录删除。

（3）更新查询

更新查询是对一个或多个表中的一组记录进行修改的查询。例如，对教师基本工资表中所有副教授的基本工资涨 10%，可利用更新查询来实现。

（4）追加查询

追加查询是从一个或多个数据表中将满足条件的记录找出，并追加到另一个或多个数据表的尾部的操作。追加查询可用于多个表的合并等。

5. SQL 查询

SQL 查询就是利用 SQL 语句来实现的查询。SQL 查询将在下一章中详细介绍，此章不再赘述。

5.2 表达式

在 Access 中，表达式广泛地应用于表、查询、窗体、报表、宏和事件过程等。表达式由运算对象、运算符和括号组成，运算对象包括常量、函数和对象标识符。Access 中的对象标识符可以是数据表中的字段名称、窗体、报表名称、控件名称、属性名称等。

5.2.1 常量

常量分为系统常量和用户自定义常量。系统常量如逻辑值 True（真值）、False（假值）和 Null（空值）。用户自定义常量又称称为字面值，如数值"100"、字符串"ABCD"和日期"#08/8/8#"等。

注意：空值不是空格或空字符串，也不是 0，而是表示没有值。

Access 的常量类型包括数值型、文本型、日期型和逻辑型。

1. 数值型

数值型常量包括整数和实数。整数，如"123"；实数，用来表示包含小数的数或超过整数示数范围的数，实数既可通过定点数来表示，也可用科学计数法进行表示，如"12.3"或"0.123E2"。

2. 文本型

文本型常量是由字母、汉字和数字等符号构成的字符串。定义字符常量时需要使用定界符。Access 中字符定界符有两种形式：单引号（''）、双引号（" "），如字符串'ABC'或"ABC"。

3. 日期型

日期型常量即用来表示日期型数据。日期型常量用"#"作为定界符，如 2011 年 7 月 18 日，表示成常量即为#11-7-18#，也可表示为#11-07-18#。在年、月、日之间的分隔符也可采用"/"作为分隔符，即#11/7/18#或#11/07/18#。

对于日期型常量，年份输入为两位时，如果年份在 00~29 范围内，系统默认为 2000~2029年；如果输入的年份在 30~99 之间，则系统默认为 1930~1999 年。如果要输入的日期数据不在默认的范围内，则应输入 4 位年份数据。

4. 逻辑型

逻辑型常量有两个值，即真值和假值，用 True（或-1）表示真值，用 False（或 0）表示假值。系统不区分 True 和 False 的字母大小写。

注意：在数据表中输入逻辑值时，如果需要输入值，则应输入-1 表示真，0 表示假，不能输入 True 或 False。

5.2.2 Access 常用函数

系统设计人员提供了上百个函数以供用户使用。在 Access 使用过程中，函数名称不区分大小写。根据函数的数据类型，将常用函数分为数学型、文本型、日期时间型、逻辑型和转换函数等。本节，我们将对一部分常用函数进行介绍，如果需要更多的函数，请查阅帮助或系统手册。

1. 数学型函数

常用的数学型函数如表 5-1 所示。

表 5-1　常用的数学型函数功能及示例

函　数	功　能	示　例	函　数　值
Abs(number)	求绝对值	Abs(-12.5)	12.5
Exp(number)	e 指数	Exp(2.5)	12.1825
Int(number)	自变量为正时，返回整数部分，舍去小数部分；自变量为负时，返回不大于原值的整数	Int(8.7) Int(-8.4)	8 -9
Fix(number)	无论自变量为正或负，均舍去小数部分，返回整数	Fix(8.7) Fix(-8.4)	8 -8
Log(number)	自然对数	Log(3.5)	1.253
Rnd(number)	产生 0~1 之间的随机数。自变量可缺省	Rnd(2)	0~1 之间的随机数
Sgn(number)	符号函数。当自变量的值为正时，返回 1；自变量的值为 0 时，返回 0；自变量的值为负时，返回-1	Sgn(5) Sgn(0) Sgn(-5.6)	1 0 -1
Sqr(number)	平方根。自变量非负	Sqr(6)	2.449
Round(number, precision)	四舍五入函数。第二个参数的取值为非负整数，用于确定所保留的小数位数	Round(12.674,0) Round(12.674,2)	13 12.67

注意：number 可以是数值型常量、数值型变量、返回数值型数据的函数或数学表达式。

2. 字符型函数

常用的字符型函数如表 5-2 所示。

表 5-2　常用的字符型函数功能及示例

函　数	功　能	示　例	函　数　值
Left(stringexpr,n)	求左子串函数。从表达式左侧开始取 n 个字符。每个汉字也作为 1 个字符	Left("北京",1) Left("Access",2)	北 Ac
Right(stringexpr,n)	求右子串函数。从表达式右侧开始取 n 个字符。每个汉字也作为 1 个字符	Right(#2008-07-22#,3) Right(1234.56,3)	-22 .56
Mid(stringexpr, m[,n])	求子串函数。从表达式中截取字符，m、n 是数值表达式，由 m 值决定从表达式值的第几个字符开始截取，由 n 值决定截取几个字符。n 缺省，表示从第 m 个字符开始截取到尾部	Mid("中央财经大学",3,2) Mid("中央财经大学",3)	财经 财经大学
Len(stringexpr)	求字符个数。函数返回表达式值中的字符个数。表达式可以是字符、数值、日期或逻辑型	Len("#2008-7-22#") Len("中央财经大学") Len(True)	11 6 2
UCase(stringexpr)	将字符串中小写字母转换为大写字母函数	UCase("Access") UCase("学习 abc")	ACCESS 学习 ABC
LCase(stringexpr)	将字符串中大写字母转换为小写字母函数	LCase("Access")	access
Space(number)	生成空格函数。返回指定个数的空格符号	"@@"+Space(2)+ "@@"	@@　@@
InStr(C1,C2)	查找子字符串函数。在 C1 中查找 C2 的位置，即 C2 是 C1 的子串，则返回 C2 在 C1 中的起始位置，否则返回 0	InStr("One Dream","Dr") InStr("One Dream","Dor")	5 0
Trim(stringexpr)	删除字符串首尾空格函数	Trim(" AA"+" BB ")	AA　BB
RTrim(stringexpr)	删除字符串尾部空格函数	RTrim("　数据库　")	数据库
LTrim(stringexpr)	删除字符串首部空格函数	LTrim("　数据库　")	数据库
String(n,stringexpr)	字符重复函数。将字符串的第一个字符重复 n 次，生成一个新字符串	String(3,"你好")	你你你

注意："␣"表示空格，后文同。

3．日期时间型函数

常用的日期时间型函数功能及示例如表5-3所示。

表5-3　常用的日期时间型函数功能及示例

函　数	功　能	示　例	函　数　值
Date( )	日期函数。返回系统当前日期。无参函数	Date()	2011-10-22
Time( )	时间函数。返回系统当前时间。无参函数	Time()	下午 03:33:51
Now( )	日期时间函数。返回系统当前日期和时间，含年、月、日、时、分、秒。无参函数	Now()	2011-10-22 下午 03:33:51
Day(dateexpr)	求日函数。返回日期表达式中的日值	Day(date())	22
Month(dateexpr)	求月份函数。返回日期表达式中的月值	Month(date())	10
Year(dateexpr)	求年份函数。返回日期表达式中的年值	Year(date())	2011
Weekday(dateexpr)	求星期函数。返回日期表达式中的这一天是一周中的第几天。函数值取值范围是1～7，系统默认星期日是一周中的第1天	Weekday(date())	7
Hour(timeexpr)	求小时函数。返回时间表达式中的小时值	Hour(Time())	15
Minute(timeexpr)	求分钟函数。返回时间表达式中的分钟值	Minute(Time())	33
Second(timeexpr)	求秒函数。返回时间表达式中的秒值	Second(Time())	51
DateDiff(interval, date1,date2)	求时间间隔函数。返回值为日期2减去日期1的值。日期2大于日期1，得正值，否则得负值。时间间隔参数的不同将确定返回值的不同含义。具体使用参见表5-4所示		

注意：以上的时间均是以系统时间"2011-10-22 下午 03:33:51"为时间标准。
DateDiff 函数用法及示例如表5-4所示。

表5-4　DateDiff 函数用法及示例

时间间隔参数	含　义	示　例	函　数　值
yyyy	函数值为两个日期相差的年份	DateDiff("yyyy",#2008-07-22#,#2011-12-30#)	3
q	函数值为两个日期相差的季度	DateDiff("q",#2008-07-22#,#2011-12-30#)	13
m	函数值为两个日期相差的月份	DateDiff("m",#2008-07-22#,#2011-12-30#)	41
y, d	函数值为两个日期相差的天数，参数 y 和 d 作用相同	DateDiff("d",#2008-07-22#,#2011-12-30#)	1256
w	函数值为两个日期相差的周数（满 7 天为 1 周），当相差不足 7 天时，返回 0	DateDiff("w",#2008-07-22#,#2009-05-08#) DateDiff("w",#2011-12-25#,#2011-12-30#)	179 0

4．转换函数

常用的转换函数功能及示例如表5-5所示。

表5-5　常用的转换函数功能及示例

函　数	功　能	示　例	函　数　值
Asc(stringexpr)	返回字符串第一个字符的 ASCII 码	Asc("ABC")	65
Chr(charcode)	返回 ASCII 码对应的字符	Chr(66)	"B"
Str(number)	将数值转换为字符串。如果转换结果是正数，则字符串前添加一个空格	Str(12345) Str(-1234)	12345 -12345
Val(stringexpr)	将字符串转换为数值型数据	Val("12.3A") Val("124d.3A")	12.3 124

5.2.3 表达式

表达式是由运算符和括号将运算对象连接起来的式子。常量和函数可以看成是最简单的表达式。

通常根据运算符的不同将表达式分为算术表达式、字符表达式、关系表达式和逻辑表达式。

1. 算术表达式

算术表达式是由算术运算符和数值型常量、数值型对象标识符、返回值为数值型数据的函数组成。它的运算结果仍为数值型数据。

算术运算符功能及相关表达式如表 5-6 所示。

表 5-6　算术运算符功能及相关表达式

运 算 符	功 能	表达式示例	表 达 式 值
－	取负值，单目运算	-4^2 -4^2+-6^2	16 52
^	幂	4^2	16
* 、/	乘、除	16*2/5	6.4
\	整除	16*2\5	6
Mod	模运算（求余数）	87 Mod 9 87 Mod -9 -87 Mod 9 -87 Mod -9	6 6 -6 -6
+ 、-	加、减	8+6-12	2

在进行算术运算时，要根据运算符的优先级来进行。算术运算符的优先级顺序为：先括号，在同一括号内，单目运算的优先级最高；然后先幂，再乘除，再模运算，最后加减。

注意：在算术表达式中，当"+"号运算符的两侧的数据类型不一致，例如，一侧是数值型数据，一侧是数值字符串时，完成的是算术运算；当两侧均为数值字符串时，系统完成的是连接运算，而不是算术运算。

在使用算术运算符进行日期运算时，可进行的运算只有如下两种情况。

1）"+"运算：加号可用于一个日期与另一个整数（也可以是数字符号串或逻辑值）相加，得到一个新日期。

例如，表达式#2011-10-22#+56 的值为 2011-12-17；表达式#2011-10-22#+True 的值为 2011-10-21；表达式#2011-10-22#+"5"的值为 2011-10-27。

2）"-"运算：减号可用于一个日期减去一个整数（也可以是数字符号串或逻辑值），得到一个新日期；减号也可用于两个日期相减，差为这两个日期相差的天数。

例如，表达式#2011-10-22#-#2011-5-1#的值为 174，表达式#2011-10-22#-82 的值为 2011-08-01。

2. 字符表达式

字符表达式是由字符运算符和字符型常量、字符型对象标识符、返回值为字符型数据的函数等构成的表达式，表达式的值仍为字符型数据。字符运算符及相关表达式如表 5-7 所示。

表 5-7　字符运算符及相关表达式

运　算　符	功　能	表达式示例	表达式值
+	连接两个字符型数据。返回值为字符型数据	"123"+"123" "总计："+10*35.4	123123 # 错误
&	将两个表达式的值进行首尾相接。返回值为字符型数据	"123" & "123" 123 & 123 "打印日期：" & Date() "总计：" & 10*35.4	123123 123123 打印日期：2011-10-22 总计：354

注意：①"+"运算符的两个运算量都是字符表达式时才能进行连接运算；②"&"运算符是将两个表达式的值进行首尾相接。表达式的值可以是字符、数值、日期或逻辑型数据。如果表达式的值为非字符型，则系统先将它转换为字符，再进行连接运算。"&"运算符可用来将多个表达式的值连接在一起。

3．关系表达式

关系表达式可由关系运算符和字符表达式、算术表达式组成，它的运算结果为逻辑值。关系运算是运算符两边同类型的元素进行比较，关系成立，则表达式的值为真（True），否则为假（False）。关系运算符功能及相关表达式如表 5-8 所示。

表 5-8　关系运算符功能及相关表达式

运　算　符	功　能	表达式示例	表达式值
<	小于	25*4>120	False
>	大于	"a">"A"	False
=	等于	"abc"="Abc"	True
<>	不等于	4<>5	True
<=	小于等于	3*3<=8	False
>=	大于等于	True>False	False
Is Null	左侧的表达式值为空	"␣" Is Null	False
Is Not Null	左侧的表达式值不为空	"␣" Is Not Null	True
In	判断左侧的表达式的值是否在右侧的值列表中	"中" In ("大","中","小") Date() In (#2011-07-01#,#2011-12-31#) 20 In (10,20,30)	True False True
Between …And	判断左侧的表达式的值是否在指定的范围内。闭区间	Date() Between #2011-07-01# And #2011-12-30# "B" Between "a" And "z" "54" Between "60" And "78"	True True False
Like	判断左侧的表达式的值是否符合右侧指定的模式符。如果符合，返回真值，否则为假	"abc" Like "abcde" "123" Like "#2#" "x4e的 2" Like "x*[a-f]?[!4-7]" "n1" Like "[NPT]?"	False True True True

注意：关系运算符适用于数值、字符、日期和逻辑型数据比较大小。Access 允许部分不同类型的数据进行比较运算。在关系运算时，遵循如下规则。

1）数值型数据按照数值大小比较。

2）字符型数据按照字符的 ASCII 码比较，但字母不区分大小写。汉字默认按拼音顺序进行比较。汉字比西文符号大。

3）日期型数据，日期在前的小，在后的大。

4）逻辑型数据，逻辑值 False（0）大于 True（-1）。

5）Like 支持通配符。在模式符中可使用通配符"？"表示一个字符（字母、汉字或数字），通配符"*"表示 0 个或多个字符（字母、汉字或数字），通配符"#"表示一个数字。通配符"-"表示与某个范围内的任一字符匹配，范围需按升序指定。在模式符中使用中括号（[ ]）可为 Like 左侧该位置的字符或数字限定一个范围。如[a-d]，即表示 a、b、c、d 中的任何一个符号；若在中括号内指定的字符或数字范围前使用"！"号，则表示不在该范围内，如[!2-4]，即除 2、3、4 之外的任意数字。

6）在运算符 Like 前面可以使用逻辑运算符 Not，表示相反的条件。

4．逻辑表达式

逻辑表达式可由逻辑运算符和逻辑型常量、逻辑型对象标识符、返回逻辑型数据的函数和关系运算符组成，其运算结果仍是逻辑值。逻辑运算符功能及相关表达式如表 5-9 所示。

表 5-9　逻辑运算符功能及相关表达式

运　算　符	功　　能	表达式示例	表　达　式　值
Not	非	Not 3+4=7	False
And	与	"A">"a" And 1+3*6>15	False
Or	或	"A">"a" Or 1+3*6>15	True
Xor	异或	"A">"a" Xor 1+3*6>15	True
Eqv	逻辑等价	"A">"a" Eqv 1+3*6>15	False

注意：逻辑表达式的运算优先级从高到低是：括号、Not、And、Or、Xor、Eqv。

表达式运算的规则是：在同一个表达式中，如果只有一种类型的运算，则按各自的优先级进行运算；如果有两种或两种以上类型的运算，则按照函数运算、算术运算、字符运算、关系运算、逻辑运算的顺序来进行。

5.3　选择查询

创建查询的方法一般有查询向导和"设计视图"两种。利用查询向导，可创建不带条件的查询。如果要创建带条件的查询，则必须在查询"设计"视图中进行设置。

5.3.1　利用向导创建查询

1．基于单表的简单查询向导

切换到"查询"对象卡，单击"新建"按钮 新建(N)，或双击对象卡上的"使用向导创建查询"，也可单击"插入"菜单的"查询"命令，打开"新建"对话框，在对话框中选择"简单查询向导"，选择要查询的数据表，此时数据表的所有字段将出现在"可用字段"列表中，将要查询的字段选中，单击按钮 > 添加到"选定的字段"列表中，若单击按钮 >>，则将所有可用字段添加到选定字段列表中。如果字段选择错误，则可单击按钮 < 或按钮 << 从选定列表中删除。当要查询的字段选择结束后，单击"下一步"按钮，对查询进行命名，单击"完成"按钮，从而完成查询的设置。

例 5-1 在"学生基本情况表"中查询学生的学号、姓名、出生日期和所属院系。如图 5-1 所示为查询上述要求的具体操作过程。

图 5-1　利用向导创建查询

2．基于多表的查询向导

在查询中，如果查询的字段涉及多个表，而且表之间存在"一对多"的关系时，在使用查询向导时，系统会在查询向导中提示查询是采用明细显示还是汇总方式显示。

例 5-2 查询已选课学生的学号、姓名、所选课程的名称和成绩。图 5-2 所示为具体的操作过程。

学生的学号和姓名在"学生基本情况表"中，"学生成绩表"中有学生的学号和成绩，而课程名称则存在于"课程信息表"中。因此，数据来源于学生基本情况表、课程信息表和学生成绩表，表之间存在一对多的关系。

图 5-2 利用向导创建多表查询

注意：如果在向导的第二步选择了"汇总"方式显示数据，则需要对汇总的方式进行设置，最后的结果则是按汇总后的方式进行显示的。

查询创建完毕后会保存在查询对象卡下，要运行查询，只需双击要运行的查询，或选中要执行的查询再单击对象卡上的"打开"按钮，或右击，选择快捷菜单中的"打开"命令，即可运行查询。

5.3.2 利用"设计视图"创建查询

1. 查询"设计视图"

查询的"设计视图"如图 5-3 所示。窗口分为上下两部分，两部分的大小是可以通过鼠标拖动中间的分隔线进行调整的。当鼠标指针移至中间的分隔线时，指针变成双向箭头，按下鼠标左键拖动，即可调整上下部分的大小。

图 5-3　查询的"设计视图"

查询"设计视图"的上半部分窗口是数据表/查询显示区，用来显示当前查询的数据源，可以是数据表或查询。

查询"设计视图"的下半部分窗口是查询的设计网格，用来设置查询的要求。在查询的设计网格中，有 7 个已经命名的行，各自的作用如表 5-10 所示。

表 5-10　查询"设计网格"中行的作用

行　名	作　用
字段	用来设置与查询相关的字段（包括计算字段）
表	显示该列字段来源于哪张表或查询
总计	用于确定字段在查询中的运算方法。"总计"行在默认窗口中不出现，只有单击了"总计"工具按钮后才会出现
排序	用来设置查询输出的动态数据集是否按该字段排序，是升序还是降序
显示	用来设置输出的动态集中是否显示该字段列，选中复选框则显示，未选中则不显示
条件	用来设置查询的条件，即输出的动态数据集必须满足相应的条件
或	用来设置查询的条件。在"或"行的条件与在"条件"行的条件之间是逻辑或的关系

注意：如果要设置的准则多于两行，可在"或"行下方的行中继续输入。同一行之间的关系是逻辑"与"的关系，不同行之间的是逻辑"或"的关系。

2. 使用"设计视图"创建查询

在查询对象卡上双击"在设计视图中创建查询"或在"新建"对话框中选择"设计视图"，打开查询设计视图窗口，同时将弹出"显示表"对话框，该对话框有 3 个选项卡：表、查询和两者都有。在"表"选项卡上将显示本数据库中所有的数据表；在"查询"选项卡中将显示数据库当前已经存在的所有查询；"两者都有"选项卡中将显示所有的数据表和查询。

查询的数据源即通过"添加表"对话框进行添加，查询的数据源可以是数据表和已创建的查询两类。在对话框中选择要添加的数据表或查询，添加有两种方式：双击要添加的对象名；单击选中要添加的对象名，再单击"添加"按钮。添加的数据表或查询将出现在数据表/查询显示区。数据源添加完毕，单击"确定"按钮关闭"显示表"对话框。

注意：在添加数据源过程中，如果不小心将不相关的表或查询对象添加到了数据源中，可选中后按〈Del〉键删除，对数据库没有影响。另外，如果打开查询设计视图时没有弹出"显示表"对话框，可通过快捷菜单的"显示表"命令或单击工具栏上的"显示表"按钮 ，即可打开"显示表"对话框。

当数据源添加完毕后，即可进行查询内容和规则的设定了。首先要设置的是查询相关的字段。通常包括字段的添加、删除，插入字段，改变字段顺序等操作。

（1）添加字段

在查询设计器的设计网格中添加与查询相关的字段。添加方法如下。

1）双击字段列表框中的字段名，则该字段将被顺序添加到设计网格中。

2）在字段列表框中选中要添加的字段。如果要选中单个字段，可用鼠标单击该字段；要选中多个连续的字段，先选中第一个字段，再按住〈Shift〉键单击最后一个字段；要选中多个不连续的字段，可先选中第一个字段，再按住〈Ctrl〉键逐一单击其他要选中的字段；要选中整个表中的所有字段，只需双击字段列表框的标题栏。当字段选择结束后，按住鼠标左键将选中的字段拖动到设计网格中。

注意：以上的字段选中操作只能在一个字段列表框中实现，如果要选择多个数据表中的字段，只能多次完成。

3）在设计网格中将光标置于字段格中，单元格的右侧将出现下三角按钮，单击该按钮，则当前查询的数据源中所有的字段均会出现在列表，单击即选中所需字段。

注意：在字段列表框中的第一行是一个"*"，该符号代表该列表中的所有字段。如果要在查询中显示该数据表中的所有字段，可以将"*"字段添加到设计网格的字段格中。

（2）删除字段

在查询设计网格中删除多选的单个或多个字段，只需将插入光标置于要选定的列上方的字段选定器上，鼠标指针变为向下的黑色加粗箭头时，单击选中该列，按〈Del〉键或选择"编辑"菜单中的"删除列"命令。如果要删除多个连续的字段，将鼠标指针指向第一个要删除的字段选定器，按在鼠标左键拖过所有要求选定的字段，再删除即可。

（3）插入字段

将插入光标置于要插入字段的列位置，选择"插入"菜单中的"列"命令，即插入一个空列。

（4）改变字段顺序

在设计网格中字段的顺序即是查询结果中字段显示的顺序，如果需要调整字段顺序，可选中要调整的字段列，按住鼠标左键拖动到要插入字段位置，松开鼠标即完成字段位置的移动。

查询设计完成后，选择"文件"菜单的"保存"命令，或单击工具栏上的"保存"按钮 ，系统将弹出"另存为"对话框，在对话框中输入查询的名称，单击"确定"按钮保存查询。

查询的保存也可通过关闭查询设计器来保存，即单击"文件"菜单的"关闭"命令。或单击设计器窗口的"关闭"按钮 ，系统将弹出对话框询问是否保存查询，单击"是"按钮对查询进行保存。

保存查询后，在查询"设计视图"状态下单击工具栏的"视图"按钮 ，即可切换到数据表视图下查看查询的结果。

注意：查询保存在查询对象卡上后，如果要修改查询的名称，可在查询名上右击，在弹出的快捷菜单中选择"重命名"命令，即可修改查询名；也可慢双击查询名称，当名称反选时，输入新的查询名称即可。

例 5-3 显示学生的学号、姓名和所属院系。如图 5-4 所示即为利用查询设计器创建的相关查询操作示例。

① 双击查询对象卡上的"在设计视图中创建查询"，打开查询设计器窗口

② 将学生基本情况表添加到数据区域中，选定要查询的字段

③ 单击"保存"按钮，在弹出的对话框中设定查询的名称

④ 保存查询后，单击工具栏上的"视图"按钮，切换到数据表视图，查看查询的结果

图 5-4　利用查询设计器创建相关查询操作示例

3．查询设计网格的使用

在查询设计网格中，除了查询的内容（即选择字段）外，还可对查询规则进行相应的设定。通常会涉及的有排序、显示和条件规则等。

（1）设置排序

在查询的结果中如果希望记录按照指定的顺序排序，可以对在查询设计网格中的"排序"行进行排序设置。

如果排序的字段是多个，系统将按照字段列表的顺序进行排序，第一个字段值相同时，

再按第二个字段的值进行排序。

例 5-4 希望按照学生的所选课程的名称升序排列，如果是相同的课程，则按成绩进行降序排列。要求显示的字段包括学号、姓名、课程名称和成绩。具体操作过程如图 5-5 所示。

图 5-5 多表查询操作

注意：本查询要显示的字段涉及 3 个表，即学生基本情况表、课程信息表和学生成绩表，但在学生成绩表中没有课程编号，因此与课程信息表不能连接。而学生成绩表与课程信息表是以教师开课情况表为中间表进行连接的，因此，在数据区域中，还需要将教师开课情况表也添加到数据区域中，否则，"课程名称"字段与学生的"学号"、"姓名"和"成绩"之间没有联系，得到的数据是无意义的。在涉及多表查询时，添加到数据区域中的表一定是相互连接的，否则查询的结果意义。

（2）设置查询条件

例5-5　显示所有成绩非空的学生的学号、姓名、课程名称、成绩。具体操作如图5-6所示。

在查询过程中，还可以对查询的结果进行限定。如上所示的查询中，由于"成绩"字段中设定了"如果还未考试，成绩为空值"，因此，在查询学生成绩时不希望显示未出成绩的课程，可以通过条件限定输出数据的范围。

图5-6　设置查询条件

在"条件"行中进行条件的设置，如果成绩未出来，则字段值为Null，这样，只要"成绩"字段的值非空即可，即可在成绩字段下添加条件"Is Not Null"，可将所有"成绩"值为空的记录过滤掉。

例 5-6　查询所有女学生的选课成绩。显示信息包括学号、姓名、课程名称和成绩。具体操作见图5-7所示。

图5-7　设置查询显示

92

在前面查询的基础上进行修改，只查询所有女学生的选课成绩，在输出信息时只显示学号、姓名、课程名称和成绩。此时，查询的字段还需要加上"性别"字段，它的条件是只能为"女"，同时此字段不显示，还需要将该字段的显示属性设置为未选中。

5.3.3　查询属性

在设计好查询的内容和基本规则后，可以利用"查询属性"来对查询进行进一步的设置。在查询设计视图状态，单击工具栏上的"属性"按钮 🔲，或在设计器窗口中右击，在弹出的快捷菜单中选择"属性"命令，即可打开"查询属性"对话框，如图 5-8所示。在该对话框中可以对查询进行相应的设置。以下对一些常用的属性进行简单的介绍。

图 5-8　"查询属性"对话框

1．上限值

在查询的"数据表"视图下，将显示所有满足查询条件的数据，如果想对查询的结果进行限定，只显示部分的数据，可设定"上限值"。

上限值是对输出记录的范围进行限定的。设定上限值可在"查询属性"对话框的"上限值"属性中进行设置，也可在工具栏的"上限值" `All ▼` 中进行设置。上限值可以用百分数来限定输出记录的百分比，也可以用固定的整数来限定输出记录的条数。系统提供了一组固定的值：All 为默认的上限值，所有记录均输出；5 表示输出前 5 条记录；25%表示输出记录的前 25%等。如果要输出的记录范围是列表中没有提供的，可以直接在上限值框中输入记录条数或百分数，按〈Enter〉键即可。

2．记录集类型

该属性决定是否允许用户在查询结果中修改数据、删除和增加记录。默认的属性是"动态集"，即允许用户在查询的结果中修改数据、删除和增加记录。如果不允许用户在查询结果中对数据进行修改，则应将"记录集类型"属性设置为"快照"。

3．输出所有字段

若该属性值设置为"是"，则不论在查询设计网格中如何设置字段及它们是否显示，所有在数据源中出现的字段均会在查询结果中输出。系统默认的属性值是"否"。

4．唯一值

如果该属性值是"是"，则查询的显示结果将去掉重复的记录；如果该属性值是"否"，则查询的显示结果中即使出现了重复的记录，也会显示出来。

例如，查询"学生基本情况表"中的"性别"字段，在"查询属性"中设置"唯一值"属性的值为"是"，则查询结果只有两条记录；如果"唯一值"属性设置为"否"，则将显示重复的多条记录。

5.3.4　添加计算字段

在查询中，我们会常常关心数据表中的某些局部或综合信息，而不是数据表的某个字段的完全信息，这就需要采用添加计算字段的方式来实现。

例 5-7　查看"学生基本信息表"中所有学生的出生月份，最后显示学生的姓名和出生月份，并按出生月份升序排列。具体的操作如图 5-9 所示。

在创建查询时，由于数据表中没有学生的出生月份，但有学生的出生日期，这样可以利用 Month 函数从学生的出生日期中提取月份，作为查询的一个新字段。

① 打开查询设计视图，添加数据表，选取查询相关的字段，在字段行中添加计算字段

② 单击工具栏中的"视图"按钮，切换到数据表视图

③ 单击"视图"按钮，切换到设计视图，给计算字段命名列标题，并设置排序方式

④ 设置完成后的查询结果

图 5-9 添加计算字段查询操作示例

在查询的"设计网格"中添加一个计算字段，系统会自动给该字段命名为"表达式 1"；如果有两个计算字段，则会自动命名为"表达式 2"；若有更多的字段，则会自动按相同的规则顺序命名。若要为计算字段的列标题命名，则可采用在表达式的前面添加标题名的方式，用西文冒号将列标题与表达式分隔。如"出生月份: Month([出生日期])"。

注意：计算字段是在查询时系统利用基础数据表中的数据，通过表达式的计算而显示出来的结果，它不会影响数据表的值，同样它也不会保存在数据库中，只有运算该查询时，系统通过运算才能得到该数据列。

5.3.5 总计查询

在建立总计查询时，人们更多的是关心记录的统计结果，而不是具体的某个记录。如学生的人数、各个学院的学生人数、选课学生的平均成绩等。在查询中，除了查询满足某些特定条件的记录外，还常常需要对查询的结果进行相应的计算，如求最大值、最小值、计数、均值等。

总计查询分为两类：对数据表中的所有记录进行总计查询和对记录进行分组后再分别进

行总计查询。

注意：不能在总计查询的结果中修改数据。

1．总计项

要创建总计查询时，需要根据查询的要求选择统计函数，即在查询"设计网格"的"总计"行中选择总计项。Access 提供的总计项共有 12 个，其功能如表 5-11 所示。

表 5-11　总计项名称及功能

总 计 项			功　能
类　　别	名　　称	对应函数	
函数	总计	Sum	求某字段（或表达式）的累加项
	平均值	Avg	求某字段（或表达式）的平均值
	最小值	Min	求某字段（或表达式）的最小值
	最大值	Max	求某字段（或表达式）的最大值
	计数	Count	对记录计数
	标准差	StDev	求某字段（或表达式）值的标准偏差
	方差	Var	求某字段（或表达式）值的方差
其他总计项	分组	Group By	定义要执行计算的组
	第一条记录	First	求在表或查询中第一条记录的字段值
	最后一条记录	Last	求在表或查询中最后一条记录的字段值
	表达式	Expression	创建表达式中包含统计函数的计算字段
	条件	Where	指定不用于分组的字段准则

2．总计查询

创建总计查询的操作方式与普通的条件查询相同，唯一的区别是需要设计"总计"行，即在查询设计视图下，单击工具栏中的"总计"按钮 Σ ，在"设计网格"中添加"总计"行，在"总计"行中对总计的方式进行选择。

例 5-8　统计学生基本情况表中学生的总人数。具体操作如图 5-10 所示。

在进行总计查询时，打开查询设计器，将查询相关的数据源添加到数据区域中，单击工具栏上的"总计"按钮 Σ ，在"设计网格"中添加一个"总计"行，同时，在"总计"行中将自动出现"分组"，将插入光标置于"总计"行，在右侧将显示下三角按钮，单击该按钮，显示总计项列表，在列表中单击选项即可选中总计方式。

在设置了总计项后可单击工具栏中的"视图"按钮 ▥· ，即可查看查询结果。由于查询经过了计算，Access 将自动创建默认的列标题，即由总计项字段名和总计项名组成。若要对列标题进行定义，可在"字段"行中完成，即在总计字段名前插入要命名的新字段名，用西文冒号与原字段名分隔，如上示例中即将统计字段的列标题修改为"学生人数:学号"。

注意：如果在统计一个表中的记录条数时，可选择表中的任何一个字段作为统计字段，但要注意，如果该字段的值为空时该记录不参加总计。

① 打开查询设计器，将学生基本情况表添加到查询数据源中，单击工具栏中的"总计"按钮，添加总计行

② 在"字段"行中选择统计字段"学号"，在"总计"行中选择方式"计数"

③ 单击工具栏中的"视图"按钮，查看查询结果

④ 修改查询的结果的列名，在设计网格的"字段"行的"学号"前添加"学生人数:"

⑤ 修改列名后的查询结果

图 5-10   总计查询操作示例

例 5-9   统计女学生的人数。

在查询时，如果要对查询的记录进行条件设置，可设置条件列，在条件列中进行条件设置。如图 5-11 所示为统计女学生人数的查询设计视图，即为在学生计数的基础上添加条件列完成查询。

注意： 系统在添加条件时会自动设置它的显示状态为非显示。

3．分组总计查询

在查询中，常常不仅需要对某一个字段进行统计，还希望将记录进行分组，再对分组后的值进行统计。这样，在分组时，只需在查询中添加一列分组列，对分组后的结果进行统计。

例 5-10   对"学生基本信息表"中的学生按学院进行人数统计，如图 5-12 所示。

这就需要添加一个分组列，再对分组后的记录进行计数。

图 5-11   统计女学生人数的查询设计视图   图 5-12   按学院进行人数统计的分组查询视图

96

例 5-11 在"学生基本情况表"中按年级统计学生的人数。
具体的设计视图如图 5-13 所示。

在"学生基本情况表"中"学号"的前两位即是学生的入
学年份，因此，可以利用函数 Left（[学号],2）取出学生入学年
份，按入学年份进行分组，再对学生的"姓名"进行计数统计，
并分别对两个字段的列标题进行命名，即可得到各年级的学生

图 5-13　按年级统计学生人数

人数。在对计数的字段进行选择时，可以选择数据表中的任何一个不含空值的字段。在获取
"学号"的前两位时，可利用 Left 函数，也可用 Mid 函数，即 Mid（[学号],1,2）也可取出"学
号"字段的前两位。

在分组查询中，常常需要按照统计方式对数据进行总计，因此，分组统计在总计查询中
应用广泛。

例 5-12　查询所有已选课学生的选课门数和平均分，要求显示姓名、选课门数和平均分。
具体操作如图 5-14 所示。

① 打开查询设计视图，将相关数据表添加到查
询数据区域中

② 单击"总计"按钮，添加
"总计"行。选择查询相关字
段，按姓名分组，对成绩进行
计数和平均值计算

③ 单击"总计"按钮，添加"总计"行。选择查询相
关字段，按"姓名"分组，对"学号"计数，对"成
绩"计算平均值

按成绩
计数的
结果

按学号
计数的
结果

图 5-14　分组总计查询操作

97

在此查询中，涉及"学生基本情况表"和"学生成绩表"两个数据表。在查询设计中选择计数字段时，由于"学生成绩表"中根据表结构的设计，如果学生所选课程成绩没有出来，该字段的值为空。而 Access 规定，在总计查询中，如果某字段的值为空，则该记录不参加总计运算，因此，在查询设计时，需要考虑到统计字段的选取方式。

例 5-13 查询学生选课的每一门课程中的最高分、最低分，输出结果是课程名称、最高分和最低分。具体的查询设计视图如图 5-15 所示。

图 5-15 查询各门课程的最高分和
最低分的查询设计视图

在查询中，由于成绩是在"学生成绩表"中，课程名称是在"课程信息表"中，这两个表之间没有关系，它们之间的连接表是"教师开课情况表"。因此，在向数据区域中添加表时，需要将 3 个表都添加到数据区域中。

注意：在多表查询时，一定要注意数据表之间的关系，即在数据区域中的所有数据表一定要有关联。

5.4 交叉表查询

在 Access 中进行查询时，可以根据条件查看满足某些条件的记录，也可以根据需求在查询中进行计算。但这两方面的功能并不能很好地解决数据查询中的问题。如果我们需要查看每个学院的男女学生各自的人数，采用分组查询时，每个学院均有男生和女生，则每个学院在查询的结果中均会出现两次，同样，在同一性别中，所属学院名称也会重复出现。在 Access 中，系统提供了一种很好的查询方式解决此类问题，即交叉表查询。

交叉表查询是将来源于某个表中的字段进行分组，一组放置在数据表的左侧作为行标题，一组放置在数据表的上方作为列标题，在数据表行与列的交叉处显示数据表的计算值。这样可以使数据关系更清晰、准确和直观地展示出来。

在创建交叉表查询时，需要指定 3 种字段：行标题、列标题和总计字段。

创建交叉表查询有两种方式：交叉表查询向导和查询设计视图。

5.4.1 利用向导创建交叉表查询

使用交叉表查询向导创建查询时，要求查询的数据源只能来源于一个表或一个查询，如果查询数据涉及多表，则必须先将所有相关数据建立一个查询，再用该查询来创建交叉表。

利用交叉表查询向导的操作方式是：单击数据库对象卡上的"新建"按钮 [新建(N)]，打开"新建查询"对话框，在对话框中选中"交叉表查询"，根据向导的提示进行设置即可创建相关的查询。

例 5-14 创建一个交叉表查询，显示每个学院的男女学生人数。

该查询所涉及的数据均可取自于"学生基本信息表"，因此，可直接采用交叉表查询向导来实现。具体的操作如图 5-16 所示。

注意：在交叉表查询向导中，系统允许最多有 3 个行标题，只能有 1 个列标题。在交叉处的总计方式，系统提供了 5 个函数：最后一项、最大值、最小值、第一项和计数。

图 5-16　交叉表查询向导操作

5.4.2　利用"设计视图"创建交叉表查询

在交叉表查询中，除了运用交叉表查询向导创建交叉查询外，还可利用查询设计视图创建交叉表查询。操作的方式是：打开查询设计器，将与查询相关的数据表或查询添加到数据区域中，再选择"查询"菜单中的"交叉表查询"命令，或单击常用工具栏上的"查询类型"按钮，在打开的列表中选择"交叉表查询"选项，查询设计视图转变为交叉表设计网格。在设计网格中添加"总计"行和"交叉表"行。"总计"行用于设计交叉表中各字段的功能，是用于分组还是用于计算，在"交叉表"行用于定义该字段是"行标题"、"列标题"，"值"或"不显示"。如果某字段设置为不显示，则它将不在交叉表的数据表视图中显示，但它会影响查询的结果，通常是用来设置查询条件的。

例 5-15　查看每一门课程中选课的男女学生人数。

查看每一门课程中选课的男女学生人数。查询中所涉及的数据来源于多个表。因此在选择数据源时一定要将相关数据表均添加到数据面板中。具体操作如图 5-17 所示。

图 5-17　利用设计视图创建交叉表查询

注意：如果采用交叉表查询向导来完成此查询，首先要创建一个多表查询，将交叉表查询所涉及的字段包括进去，然后再利用该查询通过向导创建交叉表查询。

5.5　操作查询

在对数据库进行维护时，常常需要进行大量的数据操作，如备份数据表、在数据表中删除不符合条件的数据、对数据表中的数据进行批量修改等。Access 提供了相应的操作查询，可以轻松地完成相应的操作。

Access 提供的操作查询一共有 4 种：生成表查询、更新查询、追加查询、删除查询。

操作查询与选择查询、交叉表查询等的不同之处在于它会对数据表进行修改，而其他的查询是将数据表中的数据进行重新的组织，动态地显示出来。因此，在运行操作查询时一定要注意，它会对数据表进行修改，部分操作是不可逆的。

5.5.1　生成表查询

查询是一个动态数据集，关闭查询则动态数据集就不存在了，如果要将该数据集独立保存备份，或提交给其他用户，则可通过生成表查询将动态数据集保存在一个新的数据表中。生成表查询可以利用一个或多个表的数据来创建新数据表。

例 5-16　要生成一个学生体检表，在表中只需要学生的学号、姓名、性别、年龄、学院，则可利用生成表查询来产生所需要的数据表。

操作方式是，先产生一个相关数据的查询，然后利用生成表查询操作将该查询结果以数据表的方式永久地保存起来。具体操作步骤如图 5-18 所示。

① 在"查询"对象卡中单击"在设计视图中创建查询"，打开查询设计器，将"学生基本情况表"添加到查询数据区域中

② 根据数据表的数据需求，选择查询字段

③ 选择"查询"菜单的"生成表查询"命令，弹出"生成表"对话框将生成的数据表名称命名为"学生体检表"，单击"确定"按钮

④ 单击工具栏中的"运行"按钮，执行操作查询

⑤ 在弹出的对话框中单击"是"按钮，生成数据表将保存在数据库中。切换到表对象卡，双击打开生成的数据表

图 5-18　生成表查询操作

注意：在生成表查询操作中，学生的年龄字段的取值是采用表达式 Int((Now()-[出生日期])/365)来实现的，也可采用表达式(Now()-[出生日期])\365 来实现，即用整除的方式。

在创建生成表查询时，先创建一个所需数据的查询，然后在查询设计视图下单击工具栏上的"查询类型"按钮，从弹出的下拉列表中选择"生成表查询"命令，打开"生成表"对话框。在该对话框中，对要生成的数据表的名称进行定义，同时还可选择要生成的数据表的存放位置，系统默认的是当前数据库，如果要使生成的数据表保存到其他的数据库中，则选中"另一数据库"，在下方的"文件名"文本框中输入要放入的数据库名称，单击"确定"按钮即可。

生成表查询设计好后，即可将该查询保存到"查询"对象卡中，该查询名前的图标为，与普通查询不同。操作查询必须要在运行后才能生成新表，因此，在查询设计视图下单击工具栏中的"运行"按钮，或在"查询"对象卡中双击查询名，运行该查询，系统将弹出对话框提示该生成表操作是不可撤销的，问是否继续，若继续，则生成一个新数据表。

注意：操作查询每运行一次，即会生成一个新的数据表，如果原来已经生成了数据表，则再生成一次时，就会覆盖原来的数据表。

在生成表查询创建新数据表时，新表中的字段自动继承查询数据源的基表中字段的类型及字段大小属性，但不继承其他字段属性。同时，一旦新表生成了，则与原数据表无关，当基础数据表的数据发生变化时，生成的数据表的数据也不会发生变化。

5.5.2　更新查询

更新查询可以根据条件对一个或多个数据表中的一批数据进行更新，大大提高了数据的维护效率和准确性。

例 5-17　在学生体检表中添加体检时间。具体的操作步骤如图 5-19 所示。

在新创建的学生体检表中添加一个字段"时间"，用于放置学生体检的时间。这里，学生"学号"的前两位为学生所在年级。假设，06 级的学生周五上午体检，07 级的学生周五下午体检，则要完成数据表中各学生的体检时间的操作，可通过更新查询来实现。可采用先将所有学生的体检时间均设置为周五上午，然后再将 07 级的学生的体检时间更新为周五下午的方式。

注意：更新查询操作时，可以一次更新一个字段的值，也可以一次更新多个字段的值。更新操作要有效，必须运行更新查询。同时，在更新查询运行时，每运行一次，就会对目标数据表中的数据的值进行一次更改，而且该操作是不可逆的。因此，在运行更新查询时，必须要注意，在对数据表中的数据进行增值或减值更新操作时，如果多次运行，则一定会造成数据表中数据的出错。

例 5-18　利用更新查询实现数据计算。

更新查询既可以用来实现数据表中数据的更新操作，也可用于数据表中各字段之间的横向计算。如要计算"教师基本工资信息表"中的"公积金"字段的值的操作，公积金＝（岗位工资+薪级工资+岗位津贴）×13%。具体的操作如图 5-20 所示。

① 在"查询"对象卡中单击"在设计视图下创建查询"，打开查询设计器，将"学生体检表"添加到数据区域

② 选择"查询"菜单的"更新查询"命令，切换到更新查询设计视图，在"字段"行中选中要更新的"时间"字段，再"更新到"行中添加要更新的值"周五上午"

③ 单击工具栏中的"运行"按钮，在弹出的对话框中单击"是"按钮，查看新结果

④ 在查询设计器中添加一个条件列，即在"字段"行中输入表达式：Left([学号],2)，在该列的"条件"行中输入值"07"，"时间"列的"更新到"行中输入"周五下午"

⑤ 单击工具栏中的"运行"按钮，在弹出的对话框中单击"是"按钮

⑥ 更新查询后的结果

图 5-19　更新查询操作

① 在"更新查询"设计视图中，设置更新的"字段"为"公积金"，"更新到"为"([岗位工资]+[薪级工资]+[岗位津贴])*0.13"

② 单击工具栏中的"运行"按钮，运行更新查询

③ 更新后的数据

图 5-20　利用更新查询实现计算

5.5.3　追加查询

追加查询是根据条件将一个或多个表中的数据追加到另一个数据表的尾部的操作，通常可以使用该操作来实现数据的备份等。

例 5-19　利用追加查询实现将记录追加到一个空数据表中。

① 打开查询设计器，将学生基本情况表添加到数据区域，选中需要的字段：学号、姓名、性别和个人爱好，在"个人爱好"字段的"条件"行中添加条件"Like "*书法*""

② 选择"查询"菜单的"追加查询"命令，打开"追加"对话框，在表名称列表中选中目标表"学生特长表"

③ 查询设计视图切换到追加查询视图，即设计网格中出现一个"追加到"行

④ 单击工具栏中的"运行"按钮，运行查询

⑤ 目标表中的值

图 5-21　追加查询操作

假设创建一个"学生特长表",表中包含学号、姓名、性别和个人爱好4个字段。现在,要将"学生基本情况表"中的所有爱好书法的学生添加到"学生特长表"中,可利用追加查询来实现。具体的操作如图5-21所示。

注意: 在追加查询操作中,是将一个或多个数据表中的数据追加到另一个表中,既可以向空表中追加数据,也可以向已有数据表中追加数据。追加数据是否成功,在于要追加的数据是否可放入目标表的相应字段中。目标表的相应字段的字段名可以与源数据的字段名不同,但数据类型一定要一致,否则会造成数据追加过程中数据的丢失。

追加查询的数据可追加到当前数据库的表中,也追加到其他数据库表中。在追加查询中,每运行一次查询,就会向目标数据表的尾部追加一次数据,因此,追加查询的运行不能多次操作。

5.5.4 删除查询

删除查询是从一个或多个数据表中删除满足条件的记录,这里删除的是记录,而不是数据表中某个字段的值,如果要删除某个字段的值,可利用更新查询来实现。

删除查询的操作方式是打开查询设计器,将"学生特长表"添加到查询的数据区域中,再选择"查询"菜单中的"删除查询"命令,切换到删除查询设计视图,此时,在"设计网格"中会出现一个新行"删除",在该行中出现"Where",则下方的"条件"行中将设置删除条件,单击工具栏中的"运行"按钮,即可运行删除查询,将满足条件的记录从数据表中删除。

例5-20 将学生特长表中的男学生的记录删除掉。

可利用删除查询来实现。具体操作如图5-22所示。

① 打开查询设计器,将学生特长表添加到数据
区域,选择"查询"菜单的"删除查询"命令,
切换到删除查询设计视图,设置删除条件

② 设置好查询条件后,单击工具栏中
的"运行"按钮,运行删除查询

图5-22 删除查询操作

注意: 删除查询可以从一个数据表中删除记录,也可从多个相互关联的数据表中删除记录。如果要从多个表中删除相关记录,则应满足如下条件:

1)在"关系"窗口中定义相关表之间的关系。

2)在"关系"对话框中选中"实施参照完整性"复选框。

3)在"关系"对话框中选中"级联删除相关记录"复选框。

删除查询是永久删除记录的操作，此操作不可逆，因此，在运行删除查询时，一定要慎重，以免由于误操作带来不可挽回的损失。

5.6 参数查询

在前面创建的查询中，不管采用何种方式实现的查询，它的查询条件和方式都是固定的，如果希望按照某个字段或表达式不同的值来查看结果，就必须使用参数查询。

严格地说，参数查询不能算是独立的查询，它是建立在选择查询、交叉表查询或操作查询基础上的。在建立选择查询、交叉表查询和操作查询后，可将它修改为参数查询。

参数查询是利用对话框，提示用户输入参数值，并检索符合输入条件的记录。Access 可以创建单参数的查询，也可创建多参数的查询。

5.6.1 单参数查询

单参数查询是在查询"设计网格"中指定一个参数，在执行参数查询时，根据提示输入参数值完成查询。

创建参数查询的方式是在"设计网格"的"条件"行中，利用方括号将查询参数的提示信息括起来，通常也将括号内的内容称作参数名，同时将括号及其括起来的内容作为查询的条件参数。

例 5-21　创建一个查询，输入月份，显示该月出生的学生的姓名。

在前面我们已经创建了一个查看学生出生月份的查询，现在，需要创建一个参数查询，在输入一个月份值时，查询的结果显示该月所出生的学生的姓名。具体操作如图 5-23 所示。

图 5-23　单参数查询操作

查询设计完成后，如果要保存，可选择"文件"菜单中的"另存为"命令，打开"另存为"对话框，如图 5-24 所示。输入查询的名称，即可保存所建立的参数查询。

图 5-24　"另存为"对话框

注意：建立参数查询后，如果要运行该参数查询，方式与普通的查询运行是相同的，唯一不同的是在运行中会弹出一个"输入参数值"对话框，要求输入参数值，输入后单击"确定"按钮，则查询的结果是参数值限定后的结果。

5.6.2　多参数查询

我们不仅可以创建单参数查询，还可以根据需要创建多参数查询。如果创建了多参数查询，在运行查询时，则必须根据对话框提示依次输入多个参数值。

例 5-22　创建一个查询，使其显示成绩在指定范围内的学生的姓名、所选课程名称和成绩。具体操作如图 5-25 所示。

这里，成绩的范围通过指定最低分和最高分来实现，其中最高分和最低分均由参数来实现。

图 5-25　多参数查询操作

注意：在创建参数查询时，可以直接在"设计网格"的"条件"行中定义查询的参数，这是因为参数名与数据源中的字段名不同。如果定义的参数名与字段名完全相同，则参数的定义必须通过"查询参数"对话框进行定义才行，否则系统不会执行该参数。"查询参数"对话框是在查询设计视图状态下，选择"查询"菜单中的"参数"命令即可打开，如图 5-26 所示。在"查询参数"对话框中可对参数的名称和类型进行定义。

在运行多参数查询时，系统通常会根据参数在查询"设计网格"的"条件"行中的位置从左到右顺序显示参数提示，但是，如果要想改变参数值的输入顺序，是可以在"查询参数"对话框中进行调整，即需要先执行的参数先定义，后执行的参数后定义。

图 5-26 "查询参数"对话框

5.7 其他类型的查询

除了前面介绍的查询外，经常还需要进行一些特殊数据的查询，如希望查看数据表中符合某条件的记录是否有多条，两个相关表中不匹配的记录有哪些等，均可通过查找重复项和不匹配项等方式进行查询。

5.7.1 查找重复项查询

在数据维护过程中，常常需要对数据表或查询中的一些数据进行查重处理，Access 提供的查找重复项查询可以实现这个目的。

查找重复项查询是实现在数据表或查询中指定字段值相同的记录超过一个时，系统确认该字段有重复值，查询结果中将根据需要显示重复的字段值及记录条数。

例 5-23 显示男生人数、女生人数多于一个的学院名称、性别和学生人数。

要在"学生基本情况表"中按照学院和性别查找学生人数超过一人的学院名称和男女学生人数，可采用的方式是在查询对象卡上，单击"新建"按钮 ⬜新建(N)，在打开的"新建"对话框中选择"查找重复项查询向导"命令，再根据向导提示一步一步进行操作。具体操作如图 5-27 所示。

图 5-27 查找重复项查询操作

108

注意：查找重复项查询向导只能实现在一个数据表或一个查询中查找重复项的操作，如果要实现多表关联数据的重复项查询，则只能先创建一个相关数据的查询，然后再在查询中查找重复项数据。

例 5-24 显示选课人数在两人（含两人）以上的课程名称。

要查询选课人数在两人以上的课程名称，可采用的方法如下：先创建一个"选课情况查询表"，里面包含课程名称和学号，然后再创建一个查找重复项查询，这样，即可查到选课人数在两人以上的课程名称和选课人数。具体操作如图 5-28 所示。

图 5-28　多表相关数据重复项统计查询操作

5.7.2　查找不匹配项查询

在数据管理中，常常要对一些不匹配的数据进行查询，如没有选课的学生姓名，即"学生基本情况表"中存在的学生，但在"学生成绩表"中没有其记录，同样，如没有开课的教师，即"教师信息表"中有的教师，但"教师开课表"中不存在该教师的记录等。

查找不匹配项查询是在两个表或查询中完成的，即对两个视图下的数据的不匹配情况进行查询。Access 提供了"查找不匹配项查询向导"来实现该操作。

例 5-25 查找没有选过课的学生姓名及他所在学院名称。

要查找没有选课的学生的姓名和所在学院，即可采用查找不匹配项查询向导来实现。具体的操作见图 5-29 所示。

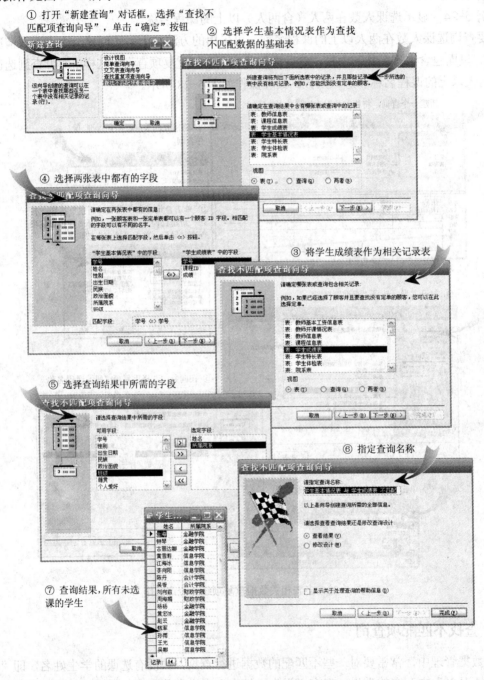

图 5-29　查找不匹配项数据的操作

注意：在查找不匹配项记录的查询中，实现的是查找第一张基础数据表中的匹配字段在第二张表中不存在的记录的操作，因此，一定要明确查找的不匹配项的目标。如果上例的查找不匹配项查询中,将"学生成绩表"作为查询的第一张表,即查询的基础表,则查询的结果会是什么呢?

5.8　查询的其他操作

查询的其他操作包括查询的更名、查询的复制、查询的删除等,查询的更名、复制与删除操作均可逆。

5.8.1　查询的更名

查询的更名操作与数据表的更名操作相同。可采用如下方法启动查询的更名操作。一是将鼠标指针指向要更名的查询单击选中,利用"编辑"菜单或快捷菜单的"重命名"命令;二是也可慢双击要更名的查询名称,此时查询名称被反选选中,输入新的查询名即可完成更名。

5.8.2　查询的复制

复制查询有两种操作方法,一种是将鼠标指针指向要复制查询的名称处,然后按住〈Ctrl〉键与鼠标左键拖动,即会复制出一个查询的副本;另一种方法是先选定要复制的查询,执行"复制"操作,将该查询复制到剪贴板中,再执行"粘贴"操作,将打开一个"粘贴为"对话框,如图 5-30 所示。在对话框中输入查询的名称,单击"确定"按钮即可完成查询的复制操作。

图 5-30　"粘贴为"对话框

5.8.3　查询的删除

选中要删除的查询,按〈Del〉键或单击对象卡上的"删除"按钮,即可将选中的查询删除。

5.9　习题

1.　单选题

1)在 Access 中,可以作为创建查询数据源的是(　　)。

　　A.查询　　　　　　B.报表　　　　　　C.窗体　　　　　　D.外部数据表

2)在 Access 中,为了在运行查询时提示输入信息(条件),可以在查询中设置(　　)。

　　A.参数　　　　　　B.条件　　　　　　C.排序　　　　　　D.字段

3)Access 中的查询设计视图下,设置筛选条件的栏是(　　)。

　　A.排序　　　　　　B.总计　　　　　　C.条件　　　　　　D.字段

4)完整的交叉表查询需要选择(　　)。

　　A.行标题、列标题和值　　　　　　B.只选行标题即可

　　C.只选列标题即可　　　　　　　　D.只选值

5)以下叙述中,错误的是(　　)。

　　A.查询是从数据库的表中筛选出符合条件的记录,构成一个新的数据集合

　　B.查询的种类有:选择查询、参数查询、交叉查询、操作查询和 SQL 查询

　　C.创建复杂的查询不能使用查询向导

D. 可以使用函数、逻辑运算符、关系运算符创建复杂的查询

2．填空题

1）函数 Right（"计算机等级考试"，4）的执行结果是_____。

2）创建交叉表查询时，必须对行标题和_____进行分组（Group By）操作。

3）在使用查询向导创建查询时，当查询的字段中包含数值型字段时，系统将会提示选择_____。

4）将表 A 的记录添加到表 B 中，且要求保持表 B 中原有的记录，可以使用的查询是_____。

5）如果在查询的条件中使用了通配符方括号"[ ]"，它的含义是_____。

第6章 结构化查询语言 SQL

SQL（Structured Query Language）是 DBMS 提供的对数据库进行操作的语言，称为结构化查询语言。SQL 已经成为关系数据库语言的国际标准。1986 年美国国家标准协会（ANSI）公布了第一个 SQL 标准 SQL-86，将 SQL 解释为 Structured Query Language。国际标准化组织通过了 SQL 并于 1989 年公布了经过增补的 SQL-89，1992 年公布了 SQL-92，即 SQL2。

SQL 支持数据操作，用于描述数据的动态特性。SQL 包括 4 个主要功能：数据定义语言（Data Definition Language）、数据查询语言（Data Query Language）、数据操纵语言（Data Manipulation Language）、数据控制语言（Data Control Language）。

SQL 语言的优点在于 SQL 不是面向过程的语言，使用 SQL 语言只需描述做什么，而不需要描述如何做，为使用者带来极大的方便。

特别说明：本章所用数据库的结构和数据与前面章节相似，只有个别字段有变化。为了命令书写方便，数据库和表的名字均为英文。如下图所示。

图　stm 数据库

6.1 数据查询语言

SQL 的核心是从一个或多个表中返回指定记录集合的 SELECT 语句。SELECT 命令的基本形式为 **SELECT…FROM…WHERE**。

【命令格式】

> **SELECT** [predicate] { * | table.* | [table.]field1 [AS alias1]
> [, [table.]field2 [AS alias2] [, ...]]}
> **FROM** table_names
> [**WHERE** search_criteria]
> [**GROUP BY** groupfieldlist

【命令说明】

1）**SELECT**：查询命令动词。参数决定包含于查询结果表中的字段（列）。如果有多个字段名，则用逗号分隔。

2）*****：表示选择全部字段。

3）**Table**：表的名称，表中包含要选择的字段。

4）**field1, field2**：字段的名称，该字段包含了用户要获取的数据。如果数据包含多个字段，则按列举顺序依次获取它们。

5）**alias1, alias2**：名称，用来作列标头，以代替 table 中原有的列名。

6）**Predicate**：可选项，是下列谓词之一：[**ALL | DISTINCT**] 或 **TOP** n [**PERCENT**]，决定数据行被处理的方式。**ALL** 指定要包含满足后面限制条件的所有行。**DISTINCT** 会使查询结果中的行是唯一的（删除重复的行）。默认为 **ALL**。**TOP** n [**PERCENT**]只返回结果集的前 n 行或 n 百分比行。

7）**FROM** table_names：指定查询的源，当查询结果来自多个表时，表名（table_names）之间用逗号分隔。

8）**WHERE** search_criteria：可选子句，指明查询的条件。search_criteria 是一个逻辑表达式。

9）**GROUP BY** groupfieldlist：可选子句，将记录与指定字段中的相等值组合成单一记录。如果使 SQL 合计函数，例如 Sum 或 Count，蕴含于 SELECT 语句中，会创建一个各记录的总计值。

10）**HAVING** aggregate_criteria：可选子句，对分组以后的记录显示进行限定。

11）**ORDER BY** column_criteria：可选子句，为查询结果排序。column_criteria 为排序关键字，当有多个关键字时，关键字之间用逗号分隔。ASC 或 DESC 选项用来指定升序或降序。默认值为升序。

6.1.1 简单查询

查询是对数据库表中的数据进行查找，产生一个动态表的过程。在 Access 中可以方便地创建查询，在创建查询的过程中定义要查询的内容和规则，运行查询时系统将在指定的数据表中查找满足条件的记录，组成一个类似数据表的动态表。

1. 选择字段

使用 SELECT 命令，可以选择表中的部分字段，建立一个新表。相当于关系运算中的投影运算。SELECT 语句的最短的语法是：**SELECT** fields **FROM** table 。

例 6-1 查询学生姓名、性别和所属院系。

SELECT 姓名, 性别, 所属院系 FROM student ;

SELECT 指出要查询的字段，FROM 指出包含这些字段的表。每一个 SELECT 命令以分号（;）结束，Jet SQL 遇到这个分号时就会认为该 SQL 语句结束。如果未添加分号，则 Access 的查询分析器会自动添加。

例 6-2 查询 student 中所有字段和记录。

    SELECT ＊ FROM student ;

例 6-3 查询已经选课的学生的学号。

    SELECT DISTINCT 学号 FROM grade;

DISTINCT 选项的作用是去掉查询结果中的重复值。

注意：DISTINCT 不能对含有备注型字段、超级链接型字段和 OLE 字段的记录进行去重操作。

例 6-4 查询学生的姓名和年龄。

    SELECT 姓名, year(now())-year(出生日期) AS 年龄 FROM student;

本例命令中查询项目使用表达式 "year(now())-year(出生日期) "，这是一个计算出每名学生年龄的表达式；其中 "AS 年龄" 表示为所有的计算结果定义一个属性名。

例 6-5 所有课程的学分数增加 50%，重新计算各门课程的学分数并列出清单。

    SELECT 课程名称, INT(学分*(1+0.5)) AS 新学分 FROM course;

比较下面的命令

    SELECT 课程名称, 学分*(1+0.5) AS 新学分 FROM course;

例 6-6 查询学生的姓名，所属院系，出生日期和性别。

    SELECT 姓名,所属院系,出生日期,性别 FROM student;

查询与表中属性顺序无关，通过查询可得到新的属性顺序。

2. 选择记录

在 SELECT 命令中设定查询条件，查找满足条件的记录，这就是关系运行中的选择运算。SELECT 命令中用于完成选择记录（查询条件）的命令子句是

    [**WHERE** search_criteria]

例 6-7 查询会计学院学生的学号，姓名和所属院系属性。

    SELECT 学号, 姓名, 所属院系 FROM student WHERE 所属院系="会计学院";

此命令由 "WHERE 所属院系="会计学院"" 构成筛选条件。命令执行时，首先从 student 中找到满足条件 "所属院系="会计学院"" 的记录，然后从中选择学号、姓名和所属院系 3 个属性构成一个新的关系。

例 6-8 查询学分少于 3（不含 3 学分）的课程名，课程性质和学分。

    SELECT 课程名称, 课程性质 ,学分 FROM course WHERE 学分 <3;

例 6-9 查询会计学院的非党员学生。

    SELECT 学号, 姓名, 所属院系, 政治面貌 FROM student

WHERE 所属院系="会计学院" and 政治面貌<>"党员";

例6-10 查询成绩在60分以下（不包括60分）、90分以上（含90分）学生的学号和成绩。

SELECT 学号,成绩 FROM grade WHERE 成绩<60 or 成绩>=90;

例6-11 查询教师中所有党员记录。

SELECT * FROM teacher WHERE 是否党员=true;

在查询中还可以使用运算符，运算符 IN 和 NOT IN 用于检索属于（IN）或不属于（NOT IN）指定集合的记录。

如果在数值的列表中找到了满足条件的值，则 IN 运算符返回 True；否则返回 False。也可以加上逻辑运算符 NOT 来计算相反的条件。

例6-12 查询所有信息学院和会计学院的学生信息。

SELECT * FROM student WHERE 所属院系 IN ('信息学院','会计学院');

例6-13 查询所有选修了课程，但没有参加考试（成绩为"空"）的学生学号。

SELECT 学号 FROM grade WHERE 成绩 IS NULL;

比较下面的命令

SELECT 学号 FROM grade WHERE ISNULL(成绩);

上述两条命令完成查询"空"值的功能，前一条命令使用了查询谓词 IS NULL，用"成绩 IS NULL"的形式构成筛选成绩为"空"（不确定）的条件；后一条命令使用了函数 ISNULL(成绩)。

6.1.2 多表查询

关系不是孤立的，所以表也不是孤立的，表之间是有联系的。多表查询是指 SELECT 命令的查询内容或查询条件同时涉及数据库中相关的多个表。

例6-14 查询会计学院学生选修的课程及成绩，要求查询结果中含学号、姓名、课程名称和成绩。

SELECT student.学号,姓名,课程名称,成绩 FROM student,course,grade
WHERE student.学号 = grade.学号 AND course.课程编号 = grade.课程编号
AND 所属院系='会计学院' AND 成绩 IS NOT NULL;

这是一个涉及 3 个表的查询任务，查询所要求的结果来自 3 个表，所以有"FROM student,course,grade"；而这 3 个表之间是有联系的，这种联系是通过父表的主关键字和子表的外部关键字建立的，所以有命令子句 WHERE 中的筛选条件"student.学号 = grade.学号"和"course.课程编号 = grade.课程编号"。由于 student 和 grade 都有学号属性，因此在 SELECT 子句中要用前缀形式"student.学号"指明取自哪个表中的学号；由于本例中是 student 表和 grade 表以"学号"相等进行的等值连接，因此，本例中用"grade.学号"的形式，查询结果是一样的。

例6-15 查询有不及格成绩的学生的学号和姓名。

SELECT DISTINCT student.学号, 姓名 FROM student, grade
WHERE student.学号=grade.学号
AND 成绩<60 AND 成绩 IS NOT NULL;

注意： DISTINCT 在这条命令中所起到的作用。

例6-16 查询所有选修了课程，但没有参加考试的学生的所属院系、姓名、课程名称和成绩。

SELECT 所属院系,姓名,课程名称,成绩 FROM student, course, grade
WHERE student.学号 = grade.学号 AND course.课程编号 = grade.课程编号
AND 成绩 IS NULL;

例6-17 查询成绩在 60 分以上（含 60 分）、90 分以下（含 90 分）学生的学号、姓名、课程名称和成绩。

SELECT student.学号, 姓名,课程名称,成绩 FROM student, course, grade
WHERE student.学号 = grade.学号 AND course.课程编号 = grade.课程编号
AND 成绩 BETWEEN 60 AND 90;

比较下面的命令

SELECT student.学号, 姓名,课程名称,成绩 FROM student, course, grade
WHERE student.学号 = grade.学号 AND course.课程编号 = grade.课程编号
AND 成绩>=60 AND 成绩<=90;

例6-18 查询经济学院开设的学分的 2~4（含 2 和 4）的所有课程的课程名称、学分和所属院系。

SELECT DISTINCT 课程名称,学分,所属院系 FROM course,teacher,teach_cour
WHERE course.课程编号=teach_cour.课程编号
AND teach_cour.教师编号=teacher.教师编号
AND 所属院系="经济学院" AND 学分 BETWEEN 2 AND 4;

例6-19 查询课程名中最后两个字是"管理"的课程信息。

SELECT * FROM course WHERE 课程名称 LIKE '*管理';
运算符 LIKE 用于模糊查询，通配符"*"代表 0 或多个字符，通配符"？"代表 1 个字符。

除此以外，运算符 LIKE 还有如表 6-1 所示的模糊查询的用法。

表 6-1 模糊查询的用法

意 义	样 例	返回 True	返回 False
字符范围	LIKE [a-z]	F, p, j	2, &
范围之外	LIKE [!a-z]	9, &, %	b, a
非数字	LIKE [!0-9]	A, a, &, ~	0, 1, 9
组合字	LIKE a[!b-m]#	An9, az0, a99	abc, aj0

例 6-20 查询课程名称中含有"理"字的所有课程信息。

SELECT * FROM course WHERE 课程名称 LIKE '*理*';

如果对上述例子中所有逻辑表达式进行非运算，就可以获得否定（不是、不等于、不包含）的查询结果。

例 6-21 查询成绩在 60 分以下（不含 60）、90 分以上（不含 90 分）学生的学号和成绩。

SELECT 学号, 成绩 FROM grade
WHERE 成绩 NOT BETWEEN 60 AND 90；

可以用 SELECT…INTO 语句将查询结果保存到一个新的表中，语句格式如下。

SELECT field1[, field2[, ...]] **INTO** newtable **FROM** source_table；

6.1.3 排序

SELECT 命令中用于对查询结果排序的命令子句

[**ORDER BY** < fieldname 1> [ASC | DESC] [, <fieldname 2> [ASC | DESC] ...]]

完成排序功能的 ORDER BY 子句只能用于 SELECT 命令的最终查询结果。如果含有子查询，只能对外层查询的结果进行排序。命令中的选项 ASC 表示升序排序，DESC 表示降序排序，默认为升序排序。排序关键字可以是属性名或属性在表中的排列序号 1、2 或 3 等。

按排序关键字在 ORDER BY 子句中出现的顺序，排序关键字分为第一排序关键字、第二排序关键字、第三排序关键字等；只有在第一排序关键字相同的情况下，第二排序关键字才会有效。依此类推，只有第二排序关键字相同时，第三排序关键字才会起作用。

例 6-22 查询所有会计学院学生的信息，查询结果按学号排序。

SELECT * FROM student WHERE 所属院系='会计学院' ORDER BY 学号 ；

例 6-23 查询所有学生的信息，查询结果按所属院系排序，同一院系按性别降序排序。

SELECT * FROM student ORDER BY 所属院系,性别 DESC;

比较下面的命令

SELECT * FROM student ORDER BY 7, 3 DESC;

例 6-24 查询学生所属院系、学号、姓名、课程名称、成绩等信息，且按所属院系升序排序，同一院系按学号升序排序，同一学生按课程名称升序排序，同一课程按成绩降序排序。

SELECT 所属院系,student.学号,姓名,课程名称,成绩
FROM student,course,grade
WHERE student.学号=grade.学号 AND grade.课程编号=course.课程编号
AND 成绩 IS NOT NULL
ORDER BY 所属院系,student.学号,课程名称,成绩 DESC ；

当仅需要查询满足条件的部分记录时，需要用到[TOP n [PERCENT]]选项与 ORDER

BY 子句共同使用，并且[TOP n　[PERCENT]]选项只能与 ORDER BY 子句共同使用，才会有效。

例 6-25　查询成绩最低的 3 名学生的课程和成绩信息。

```
SELECT　TOP　3　student.学号,姓名,课程名称,成绩　FROM　student, grade, course
WHERE student.学号=grade.学号　AND grade.课程编号=course.课程编号
　AND　NOT(ISNULL(成绩))
ORDER BY　成绩;
```

例 6-26　查询成绩从高到低排序后，前 20% 学生的课程和成绩信息。

```
SELECT TOP 20　PERCENT　*　FROM　grade, course
WHERE grade.课程编号=course.课程编号　AND　NOT(ISNULL(成绩))
ORDER BY　成绩　DESC;
```

6.1.4　子查询

在 SQL 查询语言中，一个 SELECT…FROM…WHERE 语句称为一个查询块，把一个查询块嵌套在另一个查询块的 WHERE 子句或 HAVING 子句的条件中的查询，就构成子查询。

子查询的一般求解方法是由里向外处理，即每一个子查询在上一级查询处理之前求解，子查询的结果用于建立其父查询的查询条件。外层查询依赖于内查询的结果，内层查询与外层查询无关。通常的情况，当查询的结果出自一个表，条件涉及多个表时，使用子查询。

【命令格式】

```
comparison [ANY | ALL | SOME] (sqlstatement)
expression [NOT] IN (sqlstatement)
```

【命令说明】

1）**comparison**：一个表达式及一个比较运算符，将表达式与子查询的结果进行比较。

2）**expression**：用以搜寻子查询结果集的表达式。

3）**sqlstatement**：SELECT 语句，遵从与其他 SELECT 语句相同的格式及规则。它必须放在括号之中。

例 6-27　查询所有有学生选修的课程，查询结果包含：课程名称和学分。

```
SELECT　课程名称, 学分　FROM　course
　　　　WHERE　课程编号　IN (SELECT　课程编号　FROM　grade)；
```

在这个命令中，(SELECT　课程编号　FROM　grade)是子查询，子查询的结果是 grade 表中的所有课程编号，出现在 grade 表中的课程编号都是有学生选择的课程。子查询(SELECT 课程编号　FROM　grade)的结果是一个集合，"WHERE　课程编号 IN (SELECT　课程编号　FROM　grade)"表示从 course 表中筛选出在这个集合中的课程编号。试比较下面的命令

```
SELECT DISTINCT　课程名称, 学分　FROM　course, grade
　　　　WHERE　course.课程编号=grade.课程编号；
```

例 6-28　查询没有选修课程的学生，查询结果中包含学号、姓名、所属院系。结果按学号降序排列。

```
SELECT  学号, 姓名, 所属院系 FROM  student
WHERE 学号  NOT  IN  (SELECT 学号 FROM grade )
ORDER BY 学号  DESC;
```

一个学生的学号不出现在 grade 表中，说明这名学生没有选择课程。子查询"（SELECT 学号 FROM grade）"的结果是一个集合，所有选择了课程的学生学号。"WHERE 学号 NOT IN (SELECT 学号 FROM grade)"表示学号不在这个集合中。外层查询依赖于内查询的结果，内层查询与外层查询无关。

例 6-29 查询有不及格成绩的学生信息。

```
SELECT  *  FROM  student  WHERE  学号  in
        (SELECT  学号 FROM  grade  WHERE  成绩<60);
```

例 6-30 查询与"杨杨"在同一个院系学习的学生信息。

```
SELEOCT  *  FROM  student  WHERE  所属院系=
        (SELECT  所属院系 FROM  student  WHERE 姓名='杨杨');
```

此命令的子查询结果仍然是一个集合，不过这个集合只有一个值，这个命令也可以用下面的形式完成：

```
SELECT  *  FROM  student  WHERE  所属院系 IN
        (SELECT 所属院系 FROM  student  WHERE 姓名='杨杨') ;
```

当子查询的结果是一个值时，可以用 IN 也可以用等号（=）；但是当子查询的结果是一组值时，只能用 IN。

例 6-31 查询与"杨杨"同年出生的学生信息。

```
SELECT  *  FROM  student  WHERE  YEAR(出生日期)=
(SELECT  YEAR(出生日期)  FROM  student  WHERE 姓名='杨杨');
```

例 6-32 查询所有选修课程的成绩都及格了的学生信息。

```
SELECT  *  FROM  student  WHERE  学号 NOT IN
(SELECT 学号 FROM  grade WHERE  成绩<60)
AND  学号 IN(SELECT 学号  FROM  grade)
```

请思考：如果没有加上后面的"AND 学号 IN(SELECT 学号 FROM grade)"条件，查询的结果会是什么？如果学生从来没有选修过课程，查询结果里会不会出现？

例 6-33 查询选修了"西方经济学"课程的学生信息。

```
SELECT  *  FROM  student  WHERE  学号  IN
(SELECT 学号 FROM  grade,course
WHERE grade.课程编号=course.课程编号 and 课程名称='西方经济学')
```

比较下面的命令

```
SELECT  student.*  FROM  student , grade, course
WHERE  grade.学号=student.学号  AND
```

grade.课程编号=course.课程编号 AND 课程名称='西方经济学'

本例说明有些查询既可以使用 SELECT 嵌套的形式实现，也可以使用多表之间连接的形式完成。

6.1.5 分组查询

利用 SELECT 命令还可以进行分组查询，分组查询是一种分类统计。

【命令格式】

> SELECT [ALL | DISTINCT | DISTINCTROW]
>   Aggregate_function(field_name) AS alias_name
>   [, select_list]
>   **FROM** table_names
>   [**WHERE** search_criteria]
>   **GROUP BY** groupfieldlist
>   [**HAVING** aggregate_criteria]
>   [**ORDER BY** column_criteria [ASC | DESC]]

【命令说明】

1）Aggregate_function：为聚集函数，用于对数据做简单的统计，常用的聚集函数包括：

- AVG（字段名）—计算数值字段的平均值。
- MIN（字段名）—找到指定选项的最小值。
- MAX（字段名）—找到指定选项的最大值。
- SUM（字段名）—计算数值字段的总和。
- COUNT（字段名）—计数，统计选择项目的个数。 SELECT 命令中的 COUNT(*)形式将统计查询输出结果的行数。

2）在 SELECT 命令中使用 GROUP BY 子句，可以按一个字段（列 GroupColumn）或多个字段分组（分类），并利用前面列出的聚集函数进行分类统计。

3）用 HAVING 子句可以进一步限定分组条件。HAVING 子句总是跟在 GROUP BY 子句之后，不可以单独使用。

SELECT 命令中的 HAVING 子句和 WHERE 子句并不矛盾，查询过程中先用 WHERE 子句限定元组，然后进行分组，最后用 IIAVING 子句限定分组。

例 6-34 统计各门课程的平均分。

> SELECT 课程名称, AVG(成绩)   AS 平均分 FROM grade, course
> WHERE grade.课程编号=course.课程编号 AND 成绩 IS NOT NULL
> GROUP BY 课程名称;

例 6-35 统计选修"西方经济学"课程的学生人数。

> SELECT 课程名称 , COUNT(*) AS 选修人数   FROM grade,course
> WHERE grade.课程编号=course.课程编号 AND 课程名称='西方经济学'
> GROUP BY 课程名称;

试比较命令

SELECT COUNT(*) AS 选修人数　　FROM grade,course
WHERE grade.课程编号=course.课程编号　AND　课程名称='西方经济学'

例 6-36　查询至少有两门不及格课程的学生信息。

SELECT * FROM student WHERE　学号　IN
(SELECT　学号　FROM grade WHERE　成绩<60
GROUP BY　学号　HAVING COUNT(*)>=2);

例 6-37　查询"西方经济学"课程成绩高于该门课程平均成绩的学生信息。

SELECT　student.*　FROM　student, course, grade
WHERE student.学号=grade.学号　AND　grade.课程编号=course.课程编号
AND　课程名称='西方经济学' AND　成绩
>=(SELECT AVG(成绩) AS　平均分　FROM grade,course
WHERE grade.课程编号=course.课程编号　AND　课程名称='西方经济学');

6.1.6　连接查询

关系数据操作的主要操作之一是连接操作，两个表中记录按一定条件连接后，生成第三个表。所谓两个表的连接，是用第一个表的每一条记录遍历第二个表的所有记录，当在第二个表中找到满足连接条件的记录时，把记录连接在一起，写入第三个表（连接查询的结果）。

SELECT 命令支持表的连接操作,连接的类型为普通连接（INNER　JOIN）、左连接（LEFT JOIN）和右连接（RIGHT JOIN）。

【命令格式】

SELECT　[predicate]　select_list
FROM　table1　{**INNER | LEFT | RIGHT**}　**JOIN**　table2
　　ON　join_criteria
[**WHERE**　search_criteria]
　　　　　　　　[**ORDER　BY** column_criteria　[**ASC | DESC**]]

注意： 在这个命令子句中，所要连接的表和其连接类型是由 FROM 给出的，连接的条件是由 ON 给出的。

使用 SQL 的 WHERE 子句可以创建等值连接，连接字段的表达式与 JOIN 命令的 ON 子句一样。使用 WHERE 子句编写 SQL 语句来创建关系比使用 JOIN 语句要简单得多。W HERE 子句也比 JOIN…ON 结构更灵活，原因是可以使用诸如 BETWEEN … AND、LIKE、<、>、=和 ◇等操作符。当在 JOIN 语句的 ON 子句中用等号（=）代替时，这些操作符会产生错误消息。

1. 普通连接

命令选项 INNER　JOIN 为普通连接，也称为内部连接。普通连接的结果是只有满足连接条件的记录才会出现在查询结果中。

例 6-38　完成 student 表和 grade 表的普通连接。

SELECT　*　FROM　student　INNER　JOIN　grade　ON　student.学号=grade.学号;

例 6-39　完成 student 表、grade 表和 course 表的普通连接。

SELECT　*　FROM　course INNER JOIN (student　INNER　JOIN　grade　ON　student.学号

=grade.学号) ON course.课程编号=grade.课程编号);

多表连接是通过两两连接来实现的。

2．左连接

左连接的查询结果是返回第一个表全部记录和第二个表中满足连接条件的记录。第一个表中所有没在第二个表中找到相应连接记录的记录，其对应第二个表的字段值为 NULL。

例 6-40　完成 student 表和 grade 表的左连接。结果包括所有的学生记录（student 表中全部记录），也包括没有选择课程的学生信息。

> SELECT * FROM student LEFT JOIN grade ON student.学号=grade.学号;

3．右连接

右连接的查询结果是返回第二个表全部记录和第一个表中满足连接条件的记录。同样，第二个表不满足连接条件的记录，其对应第一个表的字段值为 NULL。

例 6-41　完成 student 表和 grade 表的右连接。

> SELECT * FROM student RIGHT JOIN grade ON student.学号=grade.学号;

比较上述 3 种连接的结果。

例 6-42　完成 grade 表和 course 表的右连接。结果中包括了所有的课程（course 中的全部记录），也包括没有学生选择的课程。

> SELECT * FROM grade RIGHT JOIN course ON course.课程编号=grade.课程编号;

6.1.7　联合查询

使用联合查询可以把两个或更多个 SELECT 查询的结果集合并为一个结果集。只使用 SQL 语句就可以创建联合查询。

【命令格式】

> **SELECT**　select_statement
> **UNION SELECT**　　select_statement
> [**UNION SELECT**　　select_statement
> 　　　　　　[**UNION** ....]

例 6-43　查询学生和教师中的女性记录。

> SELECT 姓名,性别,出生日期 FROM student WHERE 性别="女"
> UNION SELECT 姓名,性别,出生日期 FROM teacher WHERE 性别="女";

6.2　数据操纵语言

数据操作语言（DML）命令实现的功能包括追加、更新和删除。

6.2.1　追加

追加就是添加一个或多个记录至一个表中。

1. 多重记录追加查询

【命令格式】

> **INSERT   INTO** target   [(field1 [, field2 [, ...]])]
>   **SELECT**   field1 [, field2 [, ...]]
>   **FROM**   tableexpression

2. 单一记录追加查询

【命令格式】

> **INSERT   INTO** target   [(field1 [, field2 [, ...]])]
>   **VALUES**   (value1 [, value2 [, ...]])

例 6-44   插入一条完整的记录。

INSERT INTO student
VALUES('053500001','齐心','女',#1988-01-01#,"汉族",'团员',
"信息学院","电商 05-1","北京市","排球","");

数据列表中各数据的排列顺序必须与目标表 student 的字段名排列顺序一致。另外请注意各种类型数据的表示方法。

6.2.2   更新

更新命令改变指定表中满足条件记录的字段值。

【命令格式】

> **UPDATE**   table_name
>   **SET** column_name = value [, column_name = value   [, ...]]
>   **WHERE**   updatecriteria

【命令说明】

1）table_name：用于指明被更新的表。如果被更新表不是当前数据库中的表，则需要用 [<数据库名>!]选项指明包含被更新表的数据库。

2）**SET** column_name = value：指明需要修改的字段（列）和新的值（表达式）。

3）**WHERE**   updatecriteria：用于指明被更新的记录。如果使用 WHERE 子句，只有满足条件的记录才会被更新。如果命令中缺省 WHERE 子句，则将更新所有记录的指定字段值。

UPDATE 命令只能够更新单个表的记录。

例 6-45   对岗位津贴低于 800 元的教师，在其原有岗位津贴的基础上增加 20%，重新计算岗位津贴（此例在操作之前，先将 salary 表复制为 salary1 表）。

UPDATE salary1 SET 岗位津贴 = 岗位津贴*(1+0.2) WHERE   岗位津贴<=800;

6.2.3   删除

删除命令删除指定表中满足条件的记录。

【命令格式】

$$\textbf{DELETE} \quad \textbf{FROM} \quad \text{table\_name}$$
$$[\textbf{WHERE} \quad \text{delete\_criteria}]$$

命令说明：

1）**FROM** table_name：指定删除记录的表。如果不是当前数据库表，需要用[数据库名!]指定数据库。

2）**WHERE** delete_criteria：指定删除记录的条件。缺省 WHERE 子句，将删除表中所有记录。

例 6-46 删除 salary1 表（见例 6-45）中教师编号首位是"0"的记录。

DELETE FROM salary1 WHERE 教师编号 LIKE "0*";

当使用删除命令删除记录之后，不能取消此操作，即删除是不能恢复的。因此，在删除记录之前，应先使用相同的条件进行选择查询，确认删除的记录，然后再删除记录。

此外，应随时注意维护数据的备份。如果误删除了记录，可以从备份副本中将数据恢复。

6.3 数据定义语言

6.3.1 创建表

创建一个新表。在创建表的同时可以定义表的字段名、字段类型、小数位数、是否支持"空"值、参照完整性规则等。

【命令格式】

CREATE [TEMPORARY] **TABLE**   table_name
(field1   type   [(size)] [NOT NULL] [index1]
[, field2   type [(size)] [NOT NULL] [index2] [, ...]]
[CONSTRAINT   multifieldindex   [, ...]])

【命令说明】

1）在定义语句中，文本型字段类型可用 TEXT、CHAR 或 VARCHAR 表示，可指定长度，也可不指定长度，默认为 255。

2）日期型字段类型用 DATETIME 表示。

3）货币型字段类型用 MONEY 表示。

4）双精度字段类型用 NUMBER，整型用 INT 或 LONG 表示。

5）OLE 对象用 IMAGE 表示。

建立 TEMPORARY 表时，只能在建立表的会话期间看见它。会话期终止时，它就被自动删除。Temporary 表能被不止一个用户访问。

例 6-47 用 CREATE 命令建立 mytable1 表。

CREATE TABLE mytable1
(FirstName TEXT, LastName TEXT,   DateOfBirth   DATETIME);

例 6-48 用 CREATE 命令建立 mytable2 表，其中 ID 字段为自动编号主键。

CREATE TABLE mytable1
(ID COUNTER PRIMARY KEY, MyText TEXT (10));

例 6-49 用 CREATE 命令建立 student 表，学号为主键，且与 grade 表以学号为连接字段建立联系。

CREATE TABLE student
(学号 TEXT(8) PRIMARY KEY, 姓名 TEXT(10), 性别 TEXT(1),出生日期 DATETIME);

例 6-50 用 CREATE 命令建立 grade 表，其中"学号"和"课程编号"为双字段主键，并与 student 表建立联系。

CREATE TABLE grade
(学号 TEXT(8) REFERENCES student(学号), 课程编号 TEXT(6),
成绩 NUMBER ,PRIMARY KEY(学号,课程编号));

6.3.2 删除表

删除表命令 DROP 用于从数据库中删除已存在的表，或从表中删除已存在的索引。

【命令格式】

DROP {TABLE table_name | **INDEX** index_name ON 表 }

【命令说明】

1）table_name：指定从数据库中删除的表。

2）index_name：指定删除的索引。

例 6-51 删除 mytable 表。

DROP TABLE mytable

这种删除是不可恢复的。

6.3.3 修改表

修改表命令 ALTER 用于修改已创建好的表。

【命令格式】

ALTER TABLE table_name {ADD {COLUMN field_name type [(size)]
[NOT NULL] [CONSTRAINT index] |
ALTER COLUMN field1 type [(size)]|
CONSTRAINT multifieldindex } |
DROP {COLUMN field_name | CONSTRAINT indexname } }

【命令说明】

1）ADD COLUMN：在表中添加新的字段。需要指定字段名、数据类型，还可以（对文本和二进制字段）指定长度。

2）ALTER COLUMN：改变字段的数据类型，需要指定字段名、新数据类型，还可以指定长度。

3）ADD CONSTRAINT：添加多重字段索引。

4）DROP COLUMN：删除字段。

5）DROP CONSTRAINT：删除多重字段索引。

例 6-52 在 mytable 表中增加一个 Notes 字段，类型为文本型，长度为 25。

ALTER TABLE mytable ADD COLUMN Notes TEXT(25)

例 6-53 将 mytable 表中的 ZipCode 字段的长度修改为 10。

ALTER TABLE mytable ALTER COLUMN ZipCode TEXT(10)

例 6-54 删除 mytable 表中的 Notes 字段。

ALTER TABLE mytable DROP COLUMN Notes

6.4 习题

1. 选择题

1）在 SQL SELECT 语句中用于实现选择运算的命令是（　　）。

    A. FOR   B. WHILE   C. WHERE   D. CONDITION

2）与表达式"工资 BETWEEN 1210 AND 1240"功能相同的表达式是（　　）。

    A. 工资>=1210 AND 工资<=1240   B. 工资>1210 AND 工资<1240

    C. 工资<=1210 AND 工资>1240   D. 工资>=1210 OR 工资<=1240

3）与表达式"仓库号 NOT IN（"wh1"，"wh2"）"功能相同的表达式是（　　）。

    A. 仓库号="wh1" AND 仓库号="wh2"

    B. 仓库号!="wh1" OR 仓库号# "wh2"

    C. 仓库号<>"wh1" OR 仓库号!="wh2"

    D. 仓库号<>"wh1" AND 仓库号<>"wh2"

4）有关 SQL SELECT 语句，下面有关 HAVING 的描述正确的是（　　）。

    A. HAVING 子句必须与 GROUP BY 子句同时使用，不能单独使用

    B. 使用 HAVING 子句的同时不能使用 WHERE 子句

    C. 使用 HAVING 子句的同时不能使用 COUNT( )等函数

    D. 使用 HAVING 子句不能限定分组的条件，使用 GROUP BY 子句限定分组条件

5）若要在某表"姓名"字段中查找以"李"开头的所有人名，则查询条件应是（　　）。

    A. like "李?"   B. like "李*"   C. like "李[ ]" D. like "李#"

2. 填空题

1）在 SQL SELECT 语句中将查询结果存放在一个表中应该使用的子句是_____。

2）CREATE TABLE 命令创建一个_____。

3）SQL 语言集数据查询、数据操纵、数据定义和数据控制功能于一体，其中 SELECT 语句实现的功能是_____。

4）SQL 语言的 SELECT 语句中，WHERE 子句中的表达式是一个_____。

5）在 SQL 语言的 SELECT 语句中，为了去掉查询结果中的重复记录，应使用关键字_____。

第7章 窗 体

窗体是 Access 数据库中的一个对象，通过窗体用户可以方便地输入数据、编辑数据和查询表中的数据。利用窗体可以将整个应用程序组织起来，形成一个完整的应用系统。

7.1 窗体概述

窗体是应用系统中最常用的人机交互的界面，它的组成结构，窗体的类型，是我们进行窗体设计之前需要了解的内容。

7.1.1 窗体的功能

窗体是 Access 数据库应用中的一个非常重要的对象，作为用户和 Access 应用程序之间的接口，窗体可以用于显示表和查询中的数据，输入和修改数据表中的数据，展示相关信息等。Access 窗体采用的是图形界面，具有用户友好的特性，它能够显示备注型字段和 OLE 对象型字段的内容。

窗体的主要作用是接收用户输入的数据或命令，编辑、显示数据库中的数据，构造简洁、美观的输入/输出界面。如图 7-1 所示为"学生选课情况表"窗体。

图 7-1 "学生选课情况表"窗体

7.1.2 窗体的结构

窗体由多个部分组成，每个部分称为一个"节"。多数窗体只有主体节，如果需要，也可包括窗体页眉、窗体页脚、页面页眉和页面页脚几个部分，如图 7-2 所示。

1）窗体页眉：位于窗体的顶部，定义的是窗体页眉部分的高度。一般用于设置窗体的标题、窗体使用说明或相关窗体及执行其他任务的命令按钮等。

2）窗体页脚：位于窗体的底部，一般用于设置对所有记录都需要的内容、使用命令的操作说明等信息。也可以设置命令按钮，以便于执行一些控制功能。

3）主体：介于窗体页眉和窗体页脚之间的节。通常用于显示表和查询中数据以及静态数据元素（例如标签和标识语）的窗体控件。

4）页面页眉：用于设置窗体在打印时的页头信息。

图 7-2 窗体设计视图

例如，标题、用户要在每一页上方显示的内容。

5）页面页脚：用于设置窗体在打印时的页脚信息。如日期、页码或用户要在每一页下方显示的内容。

注意：页面页眉和页面页脚只能在打印时输出，窗体在屏幕显示时不显示页面页眉和页面页脚内容。

在窗体的设计窗口中还包含垂直和水平标尺，用于确定窗体上对象的大小和位置。

窗体中各节之间有节分隔线，拖动该分隔线可以调整各节的高度。

7.1.3　窗体的类型

Access 提供了 6 种类型的窗体，它们分别是纵栏式窗体、表格式窗体、数据表窗体、主/子窗体、图表窗体和数据透视表窗体。

1．纵栏式窗体

纵栏式窗体是在一个窗体界面中显示一条记录，显示记录按列分隔，每列在左侧显示字段名，右侧显示字段内容。在纵栏式窗体中，可以随意地安排字段，可以使用 Windows 的多种控件操作，还可以设置直线、方框、颜色、特殊效果等。

2．表格式窗体

在窗体集中显示多条记录内容。如果要显示的数据很多，表格式窗体可以通过拖动垂直滚动条来浏览。

3．数据表窗体

数据表窗体从外观上看与数据表和查询显示数据的界面相同，通常情况下，数据表窗体主要用于子窗体，用来显示"一对多"的关系。

4．主/子窗体

窗体中的窗体称为子窗体，包含子窗体的窗体称为主窗体。主窗体和子窗体通常用于显示多个表或查询中的数据，这些表和查询中的数据具有"一对多"的关系，如图 7-1 所示。在主窗体中某一条记录的信息，在子窗体中显示与主窗体当前记录相关的记录信息。

主窗体为纵栏式的窗体，子窗体可以显示为数据表窗体，也可显示为表格式窗体。子窗体中还可包含子窗体。

5．图表窗体

图表窗体是利用 Microsoft Graph 以图表方式显示用户的数据信息。图表窗体的数据源可以是数据表，也可以是查询。

6．数据透视表窗体

数据透视表窗体是为了指定的数据表或查询为数据源产生的一个 Excel 数据分析表而建立的窗体形式。数据透视表窗体允许用户对窗体内的数据进行操作，也可改变透视表的布局，以满足不同的数据分析方式。

7.1.4　窗体的视图

窗体的视图有设计视图、窗体视图和数据表视图 3 种。

窗体视图用于显示数据的窗口，在该窗口下可以对数据表或查询中的数据进行浏览或修改。

窗体的"设计"视图用于创建窗体或修改窗体的窗口。

窗体的"数据表"视图是以行和列格式显示表、查询或窗体数据的窗口。在"数据表"视图中可以编辑、添加、修改、查找或删除数据。

7.2 利用向导创建窗体

Access 创建窗体有两种方式：利用"向导"创建窗体或利用"设计"视图创建窗体。利用"向导"创建窗体的好处是可以根据向导提示一步一步地完成窗体的创建工作。利用"设计"视图创建窗体，则是需要设计者利用窗体提供的控件工具来创建窗体，同时将控件与数据进行相应的联系，以达到窗体设计的要求。

Access 提供的制作窗体的向导有 8 种，具体为①窗体向导，②自动创建窗体：纵栏表，③自动创建窗体：表格式，④自动创建窗体：数据表，⑤自动窗体：数据透视表，⑥自动窗体：数据透视图，⑦图表向导，⑧数据透视表向导。

7.2.1 使用"自动创建窗体"

使用"自动创建窗体"创建一个选定表或查询中所有字段及记录的窗体，在建成后的窗体中，每个字段都在一个独立的行上，并且左侧以字段名作为该行的标签。Access 提供的"自动创建窗体"功能包括纵栏表、表格式和数据表 3 种方式，它们的操作方式是相同的。

例 7-1 创建一个显示学生基本情况的窗体。

可采用"自动创建窗体：纵栏表"方式来实现。具体的操作如图 7-3 所示。

① 在窗体对象卡上，单击"新建"按钮，打开"新建窗体"对话框，在上方的列表中选择"自动创建窗体：纵栏式"，在数据来源列表中选择数据来源为"学生基本情况表"

② 单击"确定"按钮，生成窗体

③ 在打开的"另存为"对话框中输入窗体的名称，单击"确定"按钮

图 7-3　利用"自动创建窗体：纵栏表"创建窗体

注意：在利用"自动创建窗体"方式创建窗体时，系统只允许选择一个数据对象作为窗体的数据源，这个数据对象可以是数据表，也可以是查询。如果要利用"自动创建窗体"功能，而相关数据来源于多个表时，需要先基于相关数据创建一个窗体所需要的数据源（如一个查询），然后再利用"自动创建窗体"功能创建窗体。

在自动创建窗体的三种方式中，操作方法虽然相同，但创建后的窗体的格式是不同的，

纵栏表是在一屏中显示一条记录，同时在数据列的左侧以该字段的字段名作为标签，将显示 OLE 对象；表格式创建的窗体是将一条记录中的所有字段在同一行中显示，同样也会显示 OLE 对象的信息；数据表则是以数据表的样式来展示数据，不显示 OLE 对象，该视图与数据表和查询视图相同。

7.2.2 使用"自动窗体"

使用"自动窗体"可以创建数据透视表和数据透视图。操作方法与"自动创建窗体"的操作方式相同。

例 7-2 利用"自动窗体"创建一个数据透视表，对课程的学习情况进行查看。具体的操作如图 7-4 所示。

① 在"窗体"对象卡上单击"新建"按钮，打开"新建窗体"对话框，选中"自动窗体：数据透视表"，在数据源列表中选中数据源为"学生成绩表"

② 单击"确定"按钮，打开学生成绩表的数据透视表

③ 将字段列表中的"学号"拖至行字段处，"课程 ID"字段拖至列字段处，将"成绩"拖至中间数据区域

图 7-4 利用"自动窗体"创建数据透视表

注意：在使用"自动窗体"时，数据源只能是一个，可以是数据表或查询。

7.2.3 使用"窗体向导"

使用"自动创建窗体"或"自动窗体"，虽然可以快速地创建窗体，但所创建的窗体仅限于简单的单列窗体，不能对数据源中的数据的显示情况进行控制，即前面的方式会自动将数据源中的所有字段按表或查询的顺序进行一一显示，不能改变顺序或减少字段的显示，同时，也不能将多个数据表或查询中的数据在同一个窗体中进行显示，有一定的局限性。如果要对拟在窗体中显示的字段进行选择，则可以利用"窗体向导"来创建窗体。

例 7-3 创建一个学生基本情况以及他选课情况的窗体。具体操作如图 7-5 所示。

可以利用"窗体向导"来完成。

① 在窗体对象卡上双击"使用向导创建窗体",打开"窗体向导"对话框。在"表/查询"列表中分别选中相关的表或查询,将需要的添加到右侧的"选定的字段"列表中,单击"下一步"按钮

② 在"请确定查看数据的方式"中选择"通过学生基本情况表"方式,即带子窗体。单击"下一步"按钮

③ 子窗体的布局采用"数据表"方式,单击"下一步"按钮

④ 在弹出的对话框中单击"下一步"按钮

⑤ 为主窗体和子窗体指定标题

⑥ 单击"完成"按钮,完成窗体的创建

图 7-5 利用"窗体向导"创建窗体

在使用"窗体向导"创建窗体时,可以在窗体对象卡上单击"新建"按钮,在打开的"新建窗体"对话框中选择"窗体向导",也可直接在对象卡上双击"使用向导创建窗体"按钮 ,打开"窗体向导"对话框。

在使用"窗体向导"创建窗体时,如果所涉及的数据源与多个表相关,则需要预先建立数据库中数据表之间的关系,否则会由于数据表之间的数据无关而使显示的数据关系错误。

如果窗体所涉及的数据字段来源于多个表,同时,它们之间存在"一对多"的关系,则在"窗体向导"中将出现"请确定查看数据的方式"向导。在此,可对数据查看的方式进行选择,如果选择按"一方"查看,则窗体会产生子窗体;如果选择按"多方"查看,则不会产生子窗体。另外,如果窗体的数据源来源于一个数据表或查询,或数据虽然来源于多个表,但表之间的关系是"一对一"的,则不会出现子窗体。

注意:如果建立的窗体中带有子窗体,则会在窗体对象卡中产生两个窗体对象,对象名

系统会根据所设定的窗体标题而定，子窗体会在对象名的后面加上"子窗体"字样。子窗体一旦建立，则不能进行更名，否则会造成与主窗体间的链接出错，当然也不能将子窗体删除，如果删除，则打开主窗体时会出现错误。

7.2.4 使用"数据透视表向导"

数据透视表是一种交互式的表，它可以实现用户选定的计算，所进行的计算与数据在数据透视表中的排列有关。数据透视表可以水平或垂直显示字段的值，然后计算每一行或每一列的合计，数据透视表也可以根据字段的值行标题或列标题在每个行列交叉处计算各自的数值，然后计算小计或总计。

在 Access 中，提供了"数据透视表向导"用于创建数据透视表。

例 7-4 显示不同学院的学生各门课程的成绩情况。

可以采用数据透视表来实现。具体的操作如图 7-6 所示。

① 在窗体对象卡上单击"新建"按钮，打开"新建窗体"对话框。选中"数据透视表向导"，单击"确定"按钮

② 打开"数据透视表向导"视图

③ 单击"下一步"按钮，在打开的窗体中选择相关字段

④ 选择了相关字段后，单击"完成"按钮，打开数据透视图

⑤ 将相关字段拖到列字段、行字段和汇总或明细字段处

图 7-6 利用"数据透视表向导"创建窗体

在使用"数据透视表向导"创建窗体时，可以对透视表中所涉及的数据字段进行选择，这与利用"自动窗体：数据透视表"是有区别的。

7.2.5 使用"图表向导"

使用图表能够更直观地展示数据之间的关系，Access 提供了"图表向导"创建窗体的功能。

例 7-5 显示各门课程的平均成绩情况。

可采用"图表向导"来实现。具体的操作如图 7-7 所示。

图 7-7 利用"图表向导"创建窗体

134

图表制作完成后，如果对图表中的一些对象要进行修改，可以切换到"设计"视图，可以对一些不需要的对象进行删除，也可改变对象的格式等。

7.3 利用设计视图创建窗体

利用窗体向导创建窗体可以很方便地创建各种窗体，但它们都有一些固有的模式，不能满足用户的个性化的需求。因此，Access 提供了窗体设计工具，方便用户根据自身的不同要求，利用各种控件来实现各种功能。

7.3.1 窗体设计视图

窗体的设计视图是用于对窗体进行设计的视图，常常会在利用窗体向导设计好窗体后，再切换到设计视图来对它进行修改和调整。同样，也可以直接打开一个窗体设计视图进行窗体的设计。

在窗体对象卡上，双击按钮 <img> 在设计视图中创建窗体 ，即可打开窗体设计视图，在打开窗体设计视图的同时，还会打开工具箱，在工具箱中存放了窗体的常用控件。打开窗体的设计视图，还可以通过在窗体对象卡上单击"新建"按钮，在打开的"新建窗口"对话框中选中"设计视图"，单击"确定"按钮。窗体设计视图如图 7-8 所示。

图 7-8　窗体设计视图

打开窗体设计视图后，如果要关闭"工具箱"，可单击"工具箱"面板右上方的"关闭"按钮，要关闭"字段列表"，也可采用相同的操作。如果"工具箱"被关闭了，可单击常用工具栏中的"工具箱"按钮 <img> ，同样，要打开"字段列表"，也可单击常用工具栏中的"字段列表"按钮 <img> 。

如果"工具箱"覆盖在窗体的设计视图上，影响窗体的设计，可将鼠标移到工具箱的标题行上，按住鼠标左键将工具箱拖到其他的位置，松开鼠标即可。

如果要重复使用工具箱上的某个控件，可双击该控件将其锁定，则可重复使用该控件，若要取消锁定，按〈Esc〉键即可。

工具箱中还有一个常用的工具——"选取对象"按钮 <img> ，单击该按钮，鼠标指针变成空心箭头时，单击窗体上的对象，即可选中该对象，将鼠标指针划过一个矩形区域，可同时选中该区域中的所有对象。

改变窗体的大小，可以通过调整窗体的宽度和高度来实现。调整窗体的宽度，将鼠标指针置于窗体浅灰色区域的右边，当鼠标指针变成双向箭头时，按住鼠标左键左右拖动，即可调整窗体的宽度；将鼠标指针置于窗体浅灰色区域的下侧，当鼠标指针变成双向箭头时，按住鼠标左键上下拖动，即可调整节的高度；如果将鼠标指针指向窗体浅灰色区域的右下角，按下鼠标左键斜向拖动，即可调整该节窗体的高度和宽度。

当窗体存在多节时，将鼠标指针指向窗体区域的左侧滚动条上的节选择按钮位置，鼠标指针变成双向箭头时，按下鼠标左键上下拖动，则可调整节的高度。

将鼠标指针指向窗体设计视图的窗口边界，当鼠标变成双向箭头时，可调整窗体边界的大小。

7.3.2 窗体中的控件

控件是窗体上用于显示数据、执行操作、修饰窗体的对象。在窗体中添加的每一个对象都是控件。Access 窗体中常用的控件包括文本框、标签、选项组、列表框、组合框、复选框、切换按钮、命令按钮、图像控件、绑定对象框、非绑定对象框、子窗体/子报表、分页符、选项卡和线条、矩形框等。

窗体中的控件类型可分为绑定型、未绑定型与计算型。绑定型控件有数据源，主要用于显示、输入、更新表中的数据；未绑定型控件没有数据源，用于显示信息、图形或图像等；计算型控件用表达式作为数据源，表达式可以利用窗体所引用的表或查询字段中的数据，也可利用窗体上其他控件中的数据。

1．标签控件 Aa

标签控件主要用来在窗体上显示说明性文本。例如，窗体的标题、各种控件前的说明文字等都是标签控件。

标签不显示字段或表达式的值，它没有数据源。窗体中的标签常常与其他控件一起出现，如文本框前面的文字等，也可创建单独的标签。

2．文本框控件 [abl]

文本框控件主要用来输入、显示或编辑数据，它是一种交互式的控件。它具有 3 种类型：绑定型、未绑定型与计算型。绑定型文本框能够从表、查询或 SQL 语言中获得所需要的内容；未绑定型文本框，没有与任何字段相链接，通常用来显示提示信息或接收用户输入数据等；计算型文本框，与表达式相链接，用于显示表达式的值。

Access 提供了文本框控件向导，可以对文本框的格式、输入法和名称等进行定义。

3．选项组控件 [图]

选项组控件是由一个组框、一组复选框或切换按钮组成的，选项组可以提供给用户某一组确定的值以备选择，界面友好，易于操作。选项组中每次选择一个选项。

如果选项组绑定到某个字段，则只有组合框架本身绑定到该字段，而不是组框内的某一项。选项组可以设置为表达式或非绑定选项组，也可以在自定义对话框中使用非结合选项组来接收用户的输入，然后根据输入的内容来执行相应的操作。

Access 提供了选项组向导，对选项组各项的标签、默认值、各选项的值、控件类型及样式、选项组标题等进行定义。

4．复选框控件 [☑]、切换按钮控件 [□] 和选项按钮控件 [◉]

复选框控件、切换按钮控件和选项按钮控件是作为单独的控件来显示表或查询中的"是"

或"否"的值。当选中复选框或选项按钮时，设置为"是"，如果不选中则为"否"；切换按钮如果按下为"是"，否则为"否"。

5. 组合框控件▦和列表框控件▦

组合框控件和列表框控件用于在一个列表中获取数据。如果在窗体上输入的数据总是一组固定的值，列表中的一个或是取自某一个数据表或查询中的记录时，可以使用组合框或列表框控件来实现，这样既保证数据输入的快捷，同时也保证了数据输入的准确性。例如，"学生基本情况表"中的"所属院系"字段，可通过组合框或列表框控件来实现，以免造成数据输入的不唯一。

窗体中的列表框可以包含一列或多列数据，用户从列表中选择一行，而不能输入新值。组合框的列表由多行组成，但只能显示一行数据，如果需要从列表中选择数据，可单击列表框右侧的下三角按钮，在打开的列表中进行选择即可。

列表框和组合框的区别在于，列表框中的数据在列表中可以显示多条值，而组合框只显示一条值，列表框只能在列表中选择数据，而不能输入新数据；组合框可以输入新值，也可以从列表中选择值。

Access 提供了组合框向导和列表框向导，对控件的获取数据的方式或值进行定义。

6. 命令按钮控件▦

命令按钮控件是用于执行某项操作或某些操作。Access 提供了命令按钮向导，可以创建 30 多种不同类型的命令按钮。

7. 图像控件▦

图像控件用于在窗体显示图形。

8. 未绑定对象框控件▦和绑定对象框控件▦

未绑定对象框控件和绑定对象框控件用于显示 OLE 对象。绑定对象框用于绑定窗体数据源中的 OLE 对象类型字段，未绑定对象框用于显示 OLE 对象类型的文件。

在窗体中插入未绑定对象框时，Access 会弹出一个对话框对插入对象进行创建或选择插入文件等。

9. 选项卡控件▦

当窗体中要显示的内容太多，而窗体空间有限时，可采用选项卡将内容进行分类，分别放入不同的选项卡中。

在使用选项卡时，用户只需要单击选项卡标签即可进行切换。

10. 子窗体/子报表控件▦

子窗体/子报表控件是用于在主窗体/主报表中显示与其数据相关的子数据表中数据的窗体/报表。

11. 直线控件＼和矩形控件▢

在窗体中，可以利用直线或矩形控件在窗体中添加图形以美化窗体。

12. 分页符控件▦

用于在窗体上开始一个新的屏幕，或在打印窗体上开始一个新页。

13. 其他控件

在窗体中，除了常用控件外，Access 还提供了其他的控件。插入其他控件，可单击工具箱最下方的"其他控件"按钮▦，在打开的列表中选择所需要的控件。

例如，要在窗体中放置一个媒体播放器，则可在列表中找到 `Windows Media Player`，插入到窗体适当的位置，按照提示进行相应的配置即可。

7.3.3 常用控件的创建

窗体中添加控件，通常可采用两种方式：一种是将窗体数据源中的字段通过字段列表拖放到窗体的适当位置，得到与相关字段相绑定的控件；另一种是在窗体中利用工具箱添加到窗体中的控件。

通过拖放的控件是与数据源的字段相绑定的，系统也会自动给该控件选择适当的控件类型和标签。创建控件的方式取决于要创建的控件的类型是绑定型的，非绑定型的还是计算型的控件，它们的方法是不同的。

1．利用字段列表创建绑定型控件

绑定型的控件或非绑定型控件的区别是：如果要保存控件的值，通常采用绑定型控件；如果控件的值不需要保存，而只是用于展示或为其他控件提供值，则通常采用未绑定型控件来实现。

在窗体中创建绑定型控件，最简单和直接的方法就是将窗体数据源中的字段通过拖放方式放置到窗体的适当位置，系统会根据原字段的数据类型和格式选择适当的控件类型，同时，系统会自动将字段的名称作为控件的标签。

如果原字段类型是普通的文本型字段、日期型或数值型字段，则系统会使用文本框控件来绑定该字段；如果源字段的类型是 OLE 对象，则系统会提供绑定对象框；如果字段的数据来源是由数据列表或查询来构成的，则系统会使用组合框来绑定该字段；如果为是/否型字段，则系统会使用复选框控件来绑定该字段。

例 7-6 在窗体中在添加绑定型文本框控件。具体操作如图 7-9 所示。

图 7-9 在窗体中添加绑定型文本框控件

将"教师信息表"中的"教师编号"、"姓名"、"出生日期"、"参加工作日期"等字段拖放到窗体上时，Access 根据字段的类型和默认的属性设置，以文本框控件来表示该类字段。

"是否党员"是"是/否型"字段，以复选框的方式绑定此字段。"所属院系"字段虽然是文本型字段，但由于该字段的数据来源于数据表字段，因此，Access 采用组合框控件来绑定该字段。而"照片"字段为"OLE 对象"型字段，Access 采用绑定对象框来显示该字段的内容。文本型字段如果值的来源是值列表，Access 还会采用列表框控件来展示该字段的值。

2. 利用控件向导创建绑定型列表

在窗体中添加控件时，系统会对一部分控件提供向导支持，例如文本框控件、选项组控件、组合框控件、列表框控件和命令按钮等。

为窗体创建绑定型控件，还可以利用控件向导方式来实现。要使用控件向导创建控件，必须是工具箱的"控件向导"按钮 处于选中状态，选中工具箱中的控件向窗体中添加控件时，系统才会自动打开控件向导来指导控件的创建。

Access 工具箱为文本框控件、组合框控件和列表框控件等提供了控件向导。利用控件向导创建控件，即是在添加该控件时，系统会弹出相应的向导对话框，用户可根据向导的提示按照设计的要求一步一步地进行设置，直到控件创建完成。利用控件向导创建控件的方式均有相似之处。

利用控件向导创建绑定型字段的前提与利用字段列表拖放方式创建绑定型字段相同，必须是窗体当前有数据源，要添加的字段正好是数据源中的字段。

例 7-7 在窗体中添加一个绑定型组合框控件。具体操作如图 7-10 所示。

利用控件向导创建一个绑定型组合框控件以实现"职称"字段的输入控件。

图 7-10 利用向导创建绑定型组合框控件

3．利用控件向导添加非绑定型控件

向窗体中添加控件时，如果工具箱中的"控件向导"按钮🖳处于选中状态，则添加具有向导支持的控件时，系统会自动打开相应的向导以指导控件的创建过程。

利用控件向导创建控件，即在添加该控件时，系统会弹出相应的向导对话框，用户可根据向导的提示按照设计的要求一步一步地进行设置，直到控件的创建完成。

例7-8 在窗体中添加一个选项组控件。具体操作如图7-11所示。

图7-11 利用控件向导创建选项组控件

注意：利用控件向导创建绑定型控件和非绑定型控件的方式是相似的。在利用控件向导创建控件时，如果当前窗体中没有数据源，则创建的控件均为非绑定型控件，与字段无关。

但如果当窗体中存在数据源，在向导中系统会提示该控件的值存于哪一个字段，如果不绑定字段，则应选择随后使用该控件值的方式。

也就是说，如果窗体中没有数据源，则向导中就不会有选择控件与字段绑定的步骤，所创建的控件均是未绑定型控件。如果窗体当前有数据源，则向导中会出现选择控件与字段是否绑定的步骤，如果选择与字段相关，则为绑定型字段，如果选择无关，则为未绑定型控件。

4．在窗体中添加"标签"控件

在窗体中添加一个标签控件，操作方式是单击工具箱中的"标签"控件按钮，将鼠标指针移至窗体上时，指针变成"十"字形状，按下鼠标左键在窗体的相应位置画出一个方框，输入要插入的标签文本，即在该位置插入了一个标签。

例 7-9 在窗体中添加一个标签控件。具体操作如图 7-12 所示。

图 7-12 插入"标签"控件

5．在窗体中添加"命令"按钮

命令按钮是为了实现对窗体进行操作的按钮。Access 提供了一些使用向导可以加快"命令"按钮的创建过程，因为向导可完成所有基本的工作。使用向导时，Access 将提示输入所需的信息并根据用户的回答来创建"命令"按钮。通过使用向导，可以创建 30 多种不同类型的"命令"按钮。

例 7-10 在窗体中添加一个"命令"按钮。如图 7-13 所示为窗体添加"关闭窗体"的命令按钮的操作过程。

在窗体中添加"命令"按钮时，建议使用"命令按钮向导"。当 Access 使用向导在窗体或报表中创建命令按钮时，向导会创建相应的事件过程并将其附加到该按钮上。如果要了解如何编写事件过程，可以打开此事件过程查看它如何运行，并根据需要进行修改。

① 在工具箱中单击"命令按钮"控件，在窗体页脚中适当位置添加命令按钮

② 在添加命令按钮的同时，系统自动打开"命令按钮向导"对话框，选择按钮类型为"窗体操作"的"关闭窗体"，单击"下一步"按钮

③ 指定窗体的标签方式为文本，单击"下一步"按钮

④ 指定命令按钮的名称，单击"完成"按钮

⑤ 完成的命令按钮

图 7-13　利用控件向导创建"关闭窗体"命令按钮

7.3.4　窗体中控件的常用操作

1. 窗体中控件的选定

在对窗体中控件进行操作时，需要首先选定控件。可以选定单个控件，也可以选定多个控件。

（1）选定单个控件

用鼠标指针单击该控件，在控件四周出现控制点（黑色小方块）时，该控件被选中。

控件左上角的较大控制点为移动控制点，将鼠标指针移至该位置处，鼠标指针呈手形，按下鼠标左键拖动即可移动该控件；其他控制点即为大小控制点，将鼠标指针移至大小控制点时，指针变成双向箭头，按下鼠标左键拖动，即可对控件的大小进行调整。

在窗体中，控件通常由该控件的附加标签控件和控件两个部分组成。因此，在单击控件时，会同时选中标签和控件，如图 7-14 所示为文本框控件的选定操作。

单击文本框，文本框四周出行控制点，文本框与附加标签的左上角出现移动控制点

单击附加标签，附加标签四周出行控制点，文本框与附加标签的左上角出现移动控制点

图 7-14　文本框控件的选定操作

当鼠标指针移至控件区域，鼠标指针变成手型时按下鼠标左键并拖动，则将拖动该控件与其附加标签控件；如果要分别移动附加标签控件和控件时，则必须通过鼠标拖动该控件的

移动点完成。

窗体本身及窗体的各个节也可以作为控件来选定。要选定窗体本身，单击"窗体选定器"（位于窗体设计器左上角水平与垂直标尺交汇处）。要选定窗体中的各节，可单击各节区域或单击该节名称栏或节选定器（节名称栏与左标尺交汇处）。

（2）选定多个控件

选定多个控件的方法有如下几种。

- 利用〈Shift〉键。先选中第一个控件，然后按住〈Shift〉键，再选择其他要选定的控件即可完成。如果选错了某控件，也可在按住〈Shift〉键的同时，再选择该控件，即可取消该控件的选中。
- 利用标尺。将鼠标指针置于窗体的水平标尺或垂直标尺上，鼠标指针变成垂直向下或水平向右的箭头时，按下鼠标左键拖过标尺，窗体中出现垂直或水平的两条直线，则区域内的所有控件均被选中。
- 按住鼠标左键拖动。将鼠标指针指向要选定控件区域的左上角或右下角，按下鼠标左键向右下或左上拖动，鼠标指针画过的矩形区域内的控件均被选中。

2．复制控件

选定要复制的一个或多个控件（如果要复制带有附加标签的控件，需要选定控件本身而不是附加标签），再执行"复制"操作，操作方式与 Office 的复制方式相同，通过工具栏的"复制"、〈Ctrl+C〉组合键、"编辑"菜单的"复制"命令等，将选定的控件复制到剪贴板中，再将控件"粘贴"到目标节，粘贴的操作可通过工具栏上的"粘贴"按钮、编辑菜单的"粘贴"命令，也可用〈Ctrl+V〉组合键来实现。

如果控件的复制是在本节中完成，可选定该件，按住〈Ctrl〉键，用鼠标指针拖动控件到目标位置即可。

3．删除控件

在选定要删除的控件后，按〈Del〉键即可。如果控件有附加标签，也将同时被删除。如果只是想删除控件的附加标签，则应选定附加标签，即附加标签的四周出现控制点时，按〈Del〉键将标签删除。

4．调整控件的大小

控件的大小可以通过拖动控件的大小控制点来调整，也可通过设置控件的属性来完成，控件属性的设置将在后面介绍。

利用鼠标指针指向控件的大小控制点，当鼠标指针变成双向箭头时，按下鼠标左键向双方向拖动，即可调整控件的大小；如果希望控件的大小根据内容来自动调整高度和宽度，当设置完成控件的字体、字号和字形后，双击大小控制点，则控件的大小会自动调整为控件合适的大小。

5．移动控件

控件的位置可以通过属性来进行精确的定位，也可用鼠标拖动来完成。

当鼠标指针变成手形时，按下鼠标左键即可拖动该控件至目标位置。但这里需要注意，通过拖动的方式改变控件的位置只能在同节中。

如果要将某控件的标签移动到其他节，只能先选定该附加标签，然后将该控件"剪切"，到目标节中将它"粘贴"。当附加标签移到其他的节后，则与原来的控件没有关系了，成为一个独立的标签控件。

6. 对齐控件

要将窗体中多个控件对齐，可先选定控件，然后利用"格式"菜单或快捷菜单中的"对齐"命令。"对齐"命令有多种：靠上、靠下、靠左、靠右、对齐网格。

对齐控件还可以通过控件的属性来设置。

7.4　对象与属性

在面向对象的程序设计中，"对象"是系统中的基本运行实体，是具有特殊属性（数据）和行为方式（方法）的实体。建立一个对象后，其操作通过与该对象有关的属性、事件和方法来描述。

7.4.1　面向对象的基本概念

对象译自英文"Object"，Object 也可以翻译成物体，只需要理解为一样物体即可。早期编写程序时，过多地考虑了计算机的硬件工作方式，以致程序编写难度大。随着时代的发展，主流的程序语言转向了人类的自然语言，不过在程序编写的思想上仍然没有突破性的改变。面向对象编程思想以人的思维角度出发，用程序解决实际问题。对象为人对各种具体物体抽象后的一个概念，人们每天都要接触各种各样的对象，如手机就是一个对象。

在面向对象的编程方式中，对象拥有多种特性，如手机有高度、宽度、厚度、颜色、重量等特性，这些特性被称为对象的属性。对象还有很多功能，如手机可以听音乐、打电话、发信息、看电影等功能，这些功能被称为对象的方法，实际上这些方法是一种函数。而对象又不是孤立的，是有父子关系的，如手机属于电子产品，电子产品属于物体等，这种父子关系称为对象的继承性。

对象把事物的属性和行为封装在一起，是一个动态的概念，对象是面向对象编程的基本元素，是基本的运行实体。

如果把窗体看成是一个对象，则它具有一些属性和行为特征，如窗体的标题、大小、颜色、窗体中容纳的控件、窗体的事件和方法等。

命令按钮也可以看成是窗体中的一个对象，命令按钮也有相应的属性和行为，如命令按钮的标题、大小、在窗体中的位置、按钮的事件和方法等。

因此，对象是一个封闭体，它是由一组数据和施加于这些数据上的一组操作构成，表示如下。

1）对象名：是对象的名称，用来在问题域中区分其他对象。

2）数据：用来描述对象的存储或数据结构，它表明了对象的一个状态。

3）操作：即对象的行为，分为两类，一类是对象自身的操作，即操作结果修改了自身原有属性状态；另一类是施加于其他对象的操作，即将产生的输出结果作为消息发送的操作。

4）接口：主要指对外接口，是指对象受理外部消息所指定的操作的名称集合。

归纳起来，对象的特征有以下 4 点。

1）名称/标识唯一，以区别于其他对象。

2）某一时间段内，有且只有一组私有数据用以表述一个状态，且状态的改变只能通过自身行为实现。

3）有一组操作，每一个操作决定对象的一种行为，操作分自动和手动两类。

4）对象内部填装数据、操作，外部以消息通信方式进行相互联系。

7.4.2 对象属性

属性（Attribute）是对象的物理性质，是用来描述和反映对象特征的参数。一个对象的属性，反映了这个对象的状态。属性不仅决定对象的外观，而且决定对象的行为。

1．利用属性窗口设置对象属性

在窗体设计器中，要设计控件的属性，可通过"属性"窗口来完成。打开控件的"属性"窗口的方法是：选中相应控件，单击"常用"工具栏的"属性"按钮，或在快捷菜单中选择"属性"命令。

如图 7-15 所示为一个标签控件的属性窗口。通常，控件的属性窗口中，系统根据类别分别对属性采用不同的选项卡进行管理，通常有"格式"、"数据"、"事件"、"其他"和"全部"，如果不能确定属性属于哪一类，则可在"全部"选项卡中进行查看。

在选项卡中，左侧为属性的中文名称，右侧则可以对该属性

图 7-15　标签控件的属性窗口

进行设置。在属性窗口中，可通过下拉列表框提供的参数设置对象属性，可由用户为对象设置属性，也可通过对话框为对象设置属性。具体采用哪种方式，可根据不同的属性要求来确定。

对象常用属性如表 7-1 所示。

表 7-1　对象常用属性

属 性 名 称	编码关键字	说　明
标题	Caption	对象的显示标题，用于窗体、标签、命令按钮等控件
名称	Name	对象的名称，用于节、控件
控件来源	ControlSource	控件显示的数据，编辑绑定到表、查询和 SQL 命令的字段，也可显示表达式的结果，用于列表框、组合框和绑定框等控件
背景色	BackColor	对象的背景色，用于节、标签、文本框、列表框等控件
前景色	ForeColor	对象的前景色，用于节、标签、文本框、命令按钮、列表框等控件
字体名称	FontName	对象的字体，用于标签、文本框、命令按钮、列表框等控件
字体大小	FontSize	对象的字体大小，用于标签、文本框、命令按钮、列表框等控件
字体粗细	FontBold	对象的文本粗细，用于标签、文本框、命令按钮、列表框等控件
倾斜字体	FontItalic	指定对象的文本是否倾斜，用于标签、文本框和列表框等控件
边框样式	BorderStyle	对象的边框显示，用于标签、文本框、列表框等控件
背景风格	BackStyle	对象的显示风格，用于标签、文本框、图像等控件
图片	Picture	对象是否用图形作为背景，用于窗体、命令按钮等控件
宽度	Width	对象的宽度，用于窗体、所有控件
高度	Height	对象的高度，用于窗体、所有控件
记录源	RecordSource	窗体的数据源，用于窗体
行来源	RowSource	控件的来源，用于列表框、组合框控件等
自动居中	AutoCenter	窗体是否在 Access 窗口中自动居中，用于窗体
记录选定器	RecordSelectors	窗体视图中是否记录选定器，用于窗体

属 性 名 称	编码关键字	说　明
导航按钮	NavigationButtons	窗体视图中是否显示导航按钮和记录编号框，用于窗体
控制框	ControlBox	窗体是否有"控件"菜单和按钮，用于窗体
最大化按钮	MaxButton	窗体标题栏中最大化按钮是否可见，用于窗体
最大/小化按钮	MinMaxButtons	窗体标题栏中最大、最小化按钮是否可见，用于窗体
关闭按钮	CloseButton	窗体标题栏中关闭按钮是否有效，用于窗体
可移动的	Moveable	窗体视图是否可移动，用于窗体
可见性	Visiable	控件是否可见，用于窗体、所有控件

　　窗体控件属性的设置可通过"属性"对话框实现。选定要设置属性的控件，打开属性窗口，在属性选项卡中选择要设置的属性，根据要求设置各属性相应的值。要对其他控件进行属性设置，可在窗体设计视图中选中该属性，也可在属性窗口的上侧的对象列表框中选择要设置的控件对象。

　　例 7-11　设置窗体和控件属性的操作。具体操作如图 7-16 所示。

① 在窗体对象卡上双击"在设计视图中创建窗体"，打开窗体的设计视图，在窗体中添加一个标签控件，输入文本"欢迎使用 Access 数据库"

② 单击常用工具栏上的"视图"按钮，切换到窗体视图

③ 打开窗体属性对话框，设置"标题"属性的值为"欢迎使用"，"记录选择器"属性为"否"，"导航按钮"属性为"否"

④ 在属性窗口上侧的列表中选择标签"Label0"，将"字体名称"设置为"华文琥珀"，"字号"为"14"

⑤ 单击"视图"按钮，切换到窗体视图

图 7-16　利用"属性"窗口设置窗体和控件属性的操作

2. 属性设置语句

对象属性值的设置，可采用属性设置的方式，也可以在编码时通过属性设置语句来实现。

【命令格式一】

> [<集合名>].<对象名>.属性名=<属性值>

【命令格式二】

> With <对象名>
>   <属性值表>
> End with

其中，<集合名>是一个容器类对象，它本身包含一组的对象，如窗体、报表和数据访问页等。

例 7-12   定义窗体中的标签（Label0）的"字体名称"为"华文琥珀"，"字号"为"14"。

采用命令格式一定义方式：

> Label0.FontName = "华文琥珀"
> Label0.FontSize = "14"

也可采用命令格式二定义：

> With Label0
>   FontName = "华文琥珀"
>   FontSize = "14"
> End with

7.4.3 对象事件和方法

1. 事件

事件（Event）就是每个对象可能用以识别和响应的某些行为和动作。在 Access 中，一个对象可以识别和响应一个或多个事件，这些事件可以通过宏或 VBA 代码定义。

利用 VBA 代码定义事件过程的命令格式如下。

【命令格式】

> Private Sub 对象名称_事件名称([(参数列表)])
>   <程序代码>
> End Sub

【命令说明】

1）对象名称指的是对象（名称）属性定义的标识符，这一属性必须在"属性"窗口定义。

2）事件名称是某一对象能够识别和响应的事件。

3）程序代码是 VBA 提供的操作语句序列。

表 7-2 为对象常用事件及功能。

表 7-2　对象常用事件及功能

事　件	触　发　时　机
打开（Open）	打开窗体，未显示记录时
加载（Load）	窗体打开并显示记录时
调整大小（Resize）	窗体打开后，窗体大小更改时
成为当前（Current）	窗体中焦点移到一条记录（成为当前记录）时；窗体刷新时；重新查询
激活（Activate）	窗体变成活动窗口时
获得焦点（GetFocus）	对象获得焦点时
单击（Click）	单击鼠标时
双击（DbClick）	双击鼠标时
鼠标按下（MouseDown）	按下鼠标时
鼠标移动（MouseMove）	移动鼠标时
鼠标释放（MouseUP）	松开鼠标时
击键（KeyPress）	按下并释放某键盘键时
更新前（BeforeUpdate）	在控件或记录更新前
更新后（AfterUpdate）	在控件或记录更新后
失去焦点（LostFocus）	对象失去焦点时
卸载（Unload）	窗体关闭后，从屏幕上删除前
停用（Deactivate）	窗体变成不是活动窗口时
关闭（Close）	当窗体关闭，并从屏幕上删除时

2．方法

方法（Method）是附属于对象的行为和动作，也可以将其理解为指示对象动作的命令。方法在事件代码中被调用。

【命令格式】

　　[<对象名>].方法名

方法是面向对象的，所以方法的调用一般要指明对象。

3．利用代码窗口编辑对象的事件和方法

打开代码窗口有两种方法：在窗口设计视图下，单击常用工具栏的"代码"按钮，或选择"视图"菜单的"代码"命令，即可打开代码的编辑窗口。

选中某一控件，在该控件的属性窗口中单击"事件"选项卡，在相关的事件属性框右侧单击"生成器"按钮，在打开的"选择生成器"对话框中选择"代码生成器"，单击"确定"按钮，打开该事件的代码窗口，即可进行代码的编辑。

例7-13　利用代码对命令按钮的事件制作进行定义。

如图 7-17 所示为在窗口中添加一个命令按钮，单击该命令按钮时改变窗体中标签的标题属性和字体的过程。

在命令按钮（Command1）的 Click()事件中，完成了标签（Label0）的标题（Caption）属性和字体（FontName）属性的设置。

在代码窗口中，如果还要对其他对象及事件进行编码，可在代码窗口的上方左侧的对象名称框处单击下三角按钮，在打开的控件列表（列表中包含本窗体中所有的对象）中选择；在其右侧的事件列表中选择需要驱动的对象，在下方的编辑窗口中就会出现该对象的事件驱动函数，即可在插入光标处输入相应的事件代码。

① 在窗体中添加一个命令按钮，将命令按钮的标题设置为"切换"

② 在"属性"窗口的"事件"选项卡中，再将插入光标置于"单击"属性中，单击右侧的"生成器"按钮

③ 在打开的"选择生成器"对话框中选择"代码生成器"

④ 打开代码编辑器

⑤ 代码编写完成后，单击工具栏中的"保存"按钮，将窗体保存

⑥ 运行窗体，单击"切换"按钮后的效果

图 7-17 利用代码编辑窗口编辑的事件

7.5 窗体设计实例

例 7-14 创建如图 7-18 所示的利用选项卡查看学生基本情况的窗体。在窗体的第一个选项卡中显示学生的基本信息，第二个选项卡中显示学生的爱好和照片。相关控件及属性如表 7-3 所示。

图 7-18 学生基本情况分页显示窗体

a)"基本信息"选项卡 b)"其他信息"选项卡

表 7-3　学生情况窗体控件属性

控 件 类 型	属 性 名 称	属 性 值
主窗体	标题	学生基本情况分页显示窗体
	记录源	学生基本情况表
	滚动条	两者均无
	分隔线	否
	记录选择器	否
	导航按钮	否
	边框样式	对话框边框
页1	标题	基本信息
	字号	11
文本框	字号	11
	控件来源	学号、姓名、性别、籍贯、班级
组合框	字号	11
	控件来源	民族、政治面貌、所属院系
标签	字号	11
	字体粗细	加粗
页2	标题	其他信息
	字号	11
绑定对象框	控件来源	照片
	缩放模式	拉伸
文本框	控件来源	爱好
	字号	11
	滚动条	垂直

　　该窗体的创建分为两个部分：主窗体的属性设置和记录源的添加，选项卡控件的添加及各选项卡上相关控件的添加。

　　选项卡控件也是一种容器控件，在选项卡控件的页上添加控件时，应该是选中该页为当前页，在页中插入控件时，页对象会显示为黑色，表示该页为当前页。在窗体中添加控件时，如果要添加在控件来源于某个表或某个查询时，最简单的方法是将该表或查询设置为窗体的记录源，然后打开记录源的字段列表，将相应的字段拖放到窗体的适当位置，再根据要求进行属性的设置即可完成。如果记录源中的字段类型是备注型时，该字段在窗体中自动为文本框控件，同时自动将"滚动条"属性设置为"垂直"，如果记录源中的某字段的来源是列表或查询时，则窗体中该控件会自动设置为"组合框"控件。如果希望采用的控件与系统的不一致时，可采用添加控件再进行设置的方法来实现。

　　本窗体的具体操作步骤如图 7-19 所示。

　　例 7-15　创建如图 7-20 所示的按学院浏览学生情况窗体，窗体左侧是列表框，窗体右侧是子窗体，在列表框中选定学院名称后，子窗体中立即显示筛选后该学院的学生基本情况。

① 在窗体对象卡中，双击"在设计视图中创建窗体"，打开窗体设计器，按照窗体属性要求设置窗体。在窗体中添加一个选项卡控件

② 设置窗体的记录源为"学生基本情况表"，在窗口中打开字段列表

③ 切换到"页1"，将选项卡标签设置为"基本信息"。从字段列表中将相应的字段拖放到选项卡中，调整大小和相应的位置，并按照要求设置字体和字号

④ 切换到"页2"，将标签设置为"其他信息"，将"个人爱好"和"照片"两个字段拖放到选项卡中，并设置绑定对象框的"缩放模式"为"拉伸"，调整各控件相应的大小和字体、字号等

图 7-19　设置分页窗体的操作过程

图 7-20　按学院浏览学生情况的窗体

　　该窗体分为两个部分，学院名称列表和子窗体，子窗体以参数查询为条件，即列表框的值作为查询的条件。按学院浏览学生情况窗体的属性如表 7-4 所示。

　　首先，创建一个参数查询："窗体查询 1"。利用查询设计器创建查询，数据源为学生基本情况表，查询条件为"所属院系"，条件为"like [List0]"，如图 7-21 所示。查询的条件即为窗体中列表框控件 List0 的值。

表 7-4 按学院浏览学生情况窗体的属性

控件类型	属性名称	属性值
主窗体	标题	按学院浏览学生情况
	滚动条	两者均无
	分隔线	否
	记录选择器	否
	导航按钮	否
	宽度	16cm
列表框	名称	List0
	行来源类型	值列表
	行来源	"全体"; "* "; "财政学院";"财政学院";"管理科学与工程学院";"管理科学与工程学院";"会计学院";"会计学院";"金融学院";"金融学院";"经济学院";"经济学院";"文化与传媒学院";"文化与传媒学院";"信息学院";"信息学院"
	绑定列	2
	默认值	*
	列数	2
	列宽	3.5cm;0cm
子窗体	记录源	窗体查询 1（参数查询）
	名称	学生基本情况子窗体

　　利用窗体设计视图新建一个窗体，根据窗体的属性要求设置窗体属性。再在窗体上添加一个列表框控件：List0，列表框控件用于显示学院名称列表。

　　这里，列表框中属性值为两列，第一列为：全体、财政学院、管理科学与工程学院、会计学院、金融学院、经济学院、文化与传媒学院、信息学院，这列数据在列表框中显示；第二列的值为：*、财政学院、管理科学与工程学院、会计学院、金融学院、经济学院、文化与传媒学院、信息学院，第二列的第一个数据为通配符"*"，这列数据不显示，是列表框的值。

　　注意，对 List0 控件的列宽设置为"3cm;0cm"，即第二列不显示；否则，在列表框中将显示第二列的信息。具体操作步骤如图 7-22 所示。

图 7-21 "窗体查询 1"设计视图

　　在窗体中添加子窗体，以"窗体查询 1"查询为记录源，将所需字段添加到子窗体中，完成窗体的创建。具体操作步骤如图 7-23 所示。

① 在窗体设计视图下添加一个列表框控件,打开"列表框向导",
选择"自行键入所需的值",单击"下一步"按钮

② 列数为2,分别输入两列列表值,注意,第一列的
第一个数值为"全体",第二列第一个数值为"*",
其余二列的值相同,输入完毕后单击"下一步"按钮

③ 选择 Col2 作为列表框,单击"下一步"按钮

④ 为列表框设置附加标签,单击"完成"按钮

图 7-22　添加列表框控件操作过程

① 在窗体中添加子窗体控件,打开"子窗体向导",
数据来源选择查询,单击"下一步"按钮

② 选择"窗体查询1"作为数据源,选择需要显示
的字段列表,单击"下一步"按钮

③ 为子窗体设置名称,单击"完成"按钮

④ 完成设计的窗体设计视图

图 7-23　为窗体添加子窗体

　　为了使控件的标签与内容有所区分,这里将所有标签的"字体粗细"属性设置为"加粗","字号"属性值均设置为"10"。在打开该窗体时,如果子窗体中的数据为空,是因为当前没有选中的列表框值,当在列表框中单击选中某一个学院名称或全体时,则在右侧的子窗体中显示

相应的记录数据。要解决这一问题，则应该对列表框的默认值进行设置，即默认值为"*"，再打开窗体时，右侧子窗体中将显示所有学生的信息，同时，列表框中将选中"全体"。

例 7-16　创建如图 7-24 所示的"学生基本信息"窗体，在窗体上显示出"学生基本情况表"中的数据，在窗体的右上方有一个"打开学生成绩窗体"命令按钮，单击该按钮弹出"学习成绩"窗体。"学习成绩"窗体中显示当前学生的各科成绩，并在课程成绩低于 60 分时，"成绩"文本框中的文字显示为红色、加粗；"学习成绩"下方显示该学生各门课程考试的平均分和已修的总学分。该窗体的设计分为两个部分："学生基本信息"窗体和"学习成绩"窗体。

a）　　　　　　　　　　　　b）

图 7-24　"学生基本信息"窗体

a）"学生基本信息"子窗体　b）"学习成绩"子窗体

首先对"学习成绩"窗体进行设计。"学习成绩"窗体的相关属性如表 7-5 所示。

表 7-5　"学习成绩"窗体属性

控件类型	属性名称	属性值	说明
窗体	记录源	学习成绩查询	利用课程信息表、学生成绩表等创建的学生成绩信息查询为窗体的数据源
	默认视图	连续窗体	窗体中可同时显示多条记录
	分隔线	否	
	宽度	9cm	
	标题	学习成绩	
主体节	高度	0.9cm	
窗体页眉	高度	0.9cm	
	背景色	12632256	
窗体页脚	高度	1cm	
	背景色	12632256	

窗体的"默认视图"属性值包含 3 种，其属性值如表 7-6 所示。

表 7-6　窗体的"默认视图"属性值

属性值	显示记录情况	页眉页脚显示情况
单个窗体	窗体中一次只能显示一条记录	窗体视图可以显示页眉页脚区域
连续窗体	窗体中可以显示多条记录	窗体视图可以显示页眉页脚区域
数据表	可同时显示多条记录	窗体视图不能显示页眉页脚区域

在创建"学习成绩"窗体时，创建一个窗体设计视图，在窗体中添加窗体页眉和页脚，然后根据窗体属性表的要求对窗体的格式进行设置，再添加窗体的记录源，利用查询设计器生成相关数据的查询，通过字段列表将相关字段拖到窗体的主体节，将各字段的附加标签"剪

切"后"粘贴"到窗体的页眉处,将字体加粗,对位置进行调整。然后在窗体的页脚添加两个文本框控件,分别对附加标签进行设置,并在属性窗口中对各文本框的"控件来源"进行设置,可用表达式生成器,也可直接输入表达式,平均分的控件来源值为"=Avg([成绩])",总学分的控件来源值为"=Sum([学分])"。具体的操作步骤如图 7-25 所示。

① 打开一个新的窗体设计视图,在"格式"选项卡下按照要求设置窗体属性

② 切换到"数据"选项卡,设置窗体的"记录源"

③ 单击"记录源"右侧的"生成器"按钮,打开查询生成器

④ 如右图所示创建查询,完成设置后关闭查询生成器,弹出提示对话框

⑤ 单击"是"按钮,关闭查询设计器,生成窗体的记录源

⑥ 在窗体设计视图下添加窗体页眉和窗体页脚,将相关数据拖放到窗体的主体中,将附加标签剪切后粘贴到窗体的页眉处,分别按要求设置窗体页眉和页脚的格式

⑦ 在窗体主体中单击"成绩"文本框,选择"格式"菜单的"条件格式"命令,打开对话框

⑧ 在窗体的页脚处添加两个文本框控件,分别输入计算表达式

⑨ 完成后的效果

图 7-25 创建"学习成绩"窗体

接下来，对"学生基本信息"窗体进行设计，"学生基本信息"窗体的内容包括"学生基本情况表"中的数据，还包括一个命令按钮，用于打开已创建的"学习成绩"窗体。"学生基本信息"窗体属性如表 7-7 所示。

表 7-7 "学生基本信息"窗体属性

控件类型	属性名称	属性值
窗体	记录源	学生基本情况表
	标题	学生基本信息
	滚动条	两者均无
	分隔线	否
	记录选择器	否
	宽度	12 厘米
主体节	高度	8 厘米
绑定对象框	缩放模式	拉伸
所有附加标签	字体粗细	加粗
命令按钮	标题	打开学习成绩窗体

参看图 7-24 所示，在窗体设计视图中创建窗体，在窗体中绑定记录源为"学生基本情况表"，将相关字段拖放到窗体的主体中，并按照窗体的相关属性要求进行属性的设置。窗体基本信息设置完成后，在窗体中添加命令按钮，利用命令按钮控件向导完成命令按钮的设置，具体操作如图 7-26 所示。

在窗体创建完成后保存窗体。在窗体选项卡中双击窗体名称，即可打开窗体，在打开窗体时单击按钮，则可打开"学习成绩"的链接窗体。

例 7-17 创建如图 7-27 所示的一个窗体，在窗体中添加一个标签控件、一个日期控件和一个媒体播放控件，媒体播放器在打开窗体时自动播放一段音乐，日历控件可以查询日期。

在控件工具箱面板中，没有媒体播放控件和日历控件，这些控件可以通过单击工具箱中的"其他控件"按钮，在打开的列表中查找需要的控件，媒体播放器可以使用 Windows Media Player，日历可以使用日历控件。在其他控件列表中，控件是以名称进行排序的，将鼠标指针移至列表的最上方或最下方，则可以滚动查看控件列表。

窗体的设计操作过程可先新建一个窗体，根据表 7-8 所示的属性要求对窗体属性进行相应的设置，再在适当的位置添加一个标签控件，对标签控件的相关属性进行设置，然后，添加一个日历控件，单击控件工具箱的"其他控件"按钮，在打开的控件列表中选定 日历控件 11.0 ，将鼠标指针移至窗体上，鼠标指针变成十字形，在窗体中画出一个矩形，即为日历控件的位置。

在窗体中添加一个媒体播放器，这里采用的是 Windows Media Player，该播放器可以播放声音文件。 Windows Media Player 是从"其他控件"列表中得到，在窗体主体的任意位置添加媒体播放控件，然后设置与该控件链接的声音文件，链接声音文件可以直接对该控件的"URL"属性进行设置，将声音文件的地址直接输入到该属性的文本框中，也可以单击"自定义"属性右侧的"生成器"按钮，在打开的对话框中对链接的声音文件进行设置。

图 7-26 创建"学生基本信息"窗体

a) b)

图 7-27 日历查询窗体

a) 窗体视图　b) 窗体设计视图

表 7-8 "万年历"窗体属性

控 件 类 型	属 性 名 称	属 性 值
窗体	标题	万年历
	滚动条	两者均无
	记录选择器	否
	导航按钮	否
	分隔线	否
	边框样式	对话框边框
	宽度	13.5cm
主体节	高度	7cm
标签	标题	欢迎使用日期查询器
	字体名称	华文琥珀
	字号	22
	前景颜色	255
媒体播放器	URL	音乐文件的存放地址
	可见性	否
日历控件	宽度	12.5cm
	高度	5cm

注意：这里的声音文件是链接到播放器中，如果将数据库文件搬移到其他机器上进行使用，会由于找不到声音文件而使播放音乐不能正常工作。

7.6 习题

1. 选择题

1）在窗体中用来输入或编辑字段数据的交互控件是（　　　）。

　　A. 文本框控件　　　　　　　　B. 标签控件

　　C. 复选框控件　　　　　　　　D. 列表框控件

2）窗体是（　　　）。

　　A．用户和用户的接口　　　　　　　　B．数据库和数据库的接口

　　C．操作系统和数据库的接口　　　　　D．用户和数据库之间的接口

3）窗体是 Access 数据库中的一种对象，以下哪项不是窗体具备的功能（　　　）。

　　A．输入数据　　　　　　　　　　　　B．编辑数据

　　C．输出数据　　　　　　　　　　　　D．显示和查询表中的数据

4）当窗体中的内容太多无法放在一面中全部显示时，可以用来分页的控件是（　　　）。

　　A．选项卡　　　　　　　　　　　　　B．命令按钮

　　C．组合框　　　　　　　　　　　　　D．选项组

5）为窗口中的命令按钮设置单击鼠标时发生的动作，应选择设置其属性对话框的（　　　）。

　　A．格式选项卡　　　　　　　　　　　B．事件选项卡

　　C．方法选项卡　　　　　　　　　　　D．数据选项卡

2．填空题

1）窗体中的数据主要来源于＿＿＿＿＿＿＿＿和＿＿＿＿＿＿＿＿＿。

2）Access 的控件对象可以设置某个属性来控制对象是否可用（不可用时显示为灰色状态）。需要设置的属性是＿＿＿＿＿＿＿＿＿。

3）在创建主/子窗体之前，必须设置＿＿＿＿＿＿＿＿＿之间的关系。

4）窗体由多个部分组成，每个部分称为一个＿＿＿＿＿＿＿＿＿。

5）在"窗体视图"中显示窗体时，窗体中没有记录选定器，应将窗体的"记录选定器"属性值设置为＿＿＿＿＿＿＿＿＿。

第 8 章 宏

8.1 Access 宏对象的概念

宏是指一个或多个操作的集合。其中，每个操作也称为宏操作，用来实现特定的功能，例如打开窗体、打印报表等。宏可以分为 3 类：操作序列宏、条件宏和宏组。

将多个宏操作按照一定的顺序依次定义，形成操作序列宏，运行宏时系统会根据前后顺序依次执行各个宏操作。对单个宏操作而言，功能是有限的，只能实现特定的简单的功能。然而将多个宏操作按照一定的顺序连续执行，就可以完成功能相对复杂的各项任务。

在宏中可以加入条件表达式形成带条件的宏，也称为"条件宏"，按照条件表达式的值决定是否执行对应的宏操作。

若干个宏可以组成一个宏组，宏组中的每个宏有单独的名称并可独立运行。当存在大量的宏时，可以将若干功能相关或相近的宏汇集在一起，形成宏组，作为独立的数据库对象存在于数据库中，方便用户对宏的管理和维护。宏组通常只作为宏引用，宏组中宏的应用格式为宏组名.宏名。

8.2 宏的创建与编辑

在 Access 中，宏的创建、修改及调试都是在宏的设计窗口中实现的。在"数据库"窗口中选择"对象"栏中的"宏"进入宏对象窗口，单击工具栏上的"新建"按钮 新建(N)，就可以打开如图 8-1 所示的"宏"设计窗口（也称为"宏"窗口）。

图 8-1 "宏"设计窗口

"宏"的设计窗口分为上下两个部分：上部是宏操作列和注释列，表中的每一行代表一个宏操作，它们从上至下按序执行；下部是当前宏操作的操作参数编辑区。设计窗口中各组成部分说明如下。

- 操作：用以输入或选择宏操作的名称。当单击"操作"列右侧向下箭头时，该列出现下拉列表框，其中列出了 Access 所包含的所有宏操作的名称，如图 8-2 所示。
- 注释：用来输入相应操作的解释性说明文字，通常是说明执行该宏操作所能实现的功能和目的。注释可以省略，其目的是为了增强宏对象和宏操作的可读性，便于以后的维护和修改。
- 操作参数：为选定的宏操作设置相应的参数，如操作对象、操作方式等。操作参数编辑区中显示当前宏操作包含的参数名和对应参数值设定框，可以输入或选择参数值，如图 8-2 所示。

在操作参数的右侧区域中自动显示当前光标所在编辑项的操作提示信息，如图 8-2 所示。

图 8-2　宏设计示例

8.2.1　操作序列宏的创建

操作序列宏按照一定的顺序依次定义宏操作，其创建步骤如下。

1）进入"宏"对象窗口，单击"新建"按钮，打开"宏"设计窗口，如图 8-1 所示。

2）将光标定位在"操作"列的第一个空白行，单击右侧向下箭头打开操作列表，从中选择要使用的操作。

3）在"注释"列中可以为操作输入一些解释性文字，此列为可选项。

4）如有必要，可以在设计窗口的下半部分设置当前宏操作的操作参数，如图 8-2 所示。

5）如需增添更多的操作，可以把光标移到下一操作行，并重复步骤 1）～4）完成新操作。

6）选择"文件"→"保存"命令（或单击"宏设计"工具栏上的"保存"按钮），命名并保存设计好的宏。

注意：如果保存的宏被命名为 AutoExec，则在打开该数据库时会自动运行该宏。要想取消自动运行，打开数据库时按住〈Shift〉键即可。

在宏的设计过程中，也可以通过将某些对象（窗体、报表及其上的控件对象等）拖动至"宏"窗体的操作行内的方式，快速创建一个在指定数据库对象上执行操作的宏。

例 8-1　在"宏"设计窗口中建立一个宏，命名为"宏 8-1"，该宏按序依次完成操作：打开窗体"学生基本信息"；弹出消息框，提示"已经打开'学生基本信息'窗体"；关闭"学生基本信息"窗体。

根据前述创建操作序列宏的操作步骤，在"宏"窗口中设计宏操作，如图 8-3 所示。表 8-1 列出了在"宏"窗口中建立的 3 个宏操作及其操作参数，未列出的参数均使用系统提供的默认值。

图 8-3　创建宏"宏 8-1"

表 8-1　"宏 8-1"的操作及参数设置

宏 操 作	操 作 参 数		说　　明
	参 数 名 称	参 数 值	
OpenForm	窗体名称	学生基本信息	打开名称为"学生基本信息"的窗体，系统默认以"窗体视图"打开
MsgBox	消息	已经打开'学生基本信息'窗体	打开消息框，该消息框标题栏显示"信息提示"，消息框提示内容为"已经打开'学生基本信息'窗体"，内容左侧的图标为消息类型
	类型	信息	
	标题	信息提示	
Close	对象类型	窗体	关闭指定的"学生基本信息"窗体。若省略操作参数，则关闭当前活动窗口
	对象名称	学生基本信息	

8.2.2 宏组的创建

可以将功能相关或相近的多个宏设置成一个宏组。宏组实际上是一种特殊的宏，其创建步骤如下。

1）进入"宏"对象窗口，单击"新建"按钮，打开"宏"设计窗口。

2）选择"视图"菜单中的"宏名"命令（或者单击"宏名"按钮），在"宏"窗口中显示"宏名"列。

3）在"宏名"列内输入宏组中的第一个宏名字。

4）添加需要该宏执行的操作，并设置操作参数，添加注释文字。如果该宏中包含多个宏操作，其宏名只能在该宏的第一项宏操作的左边"宏名"列中输入。

5）如果希望在宏组内包含其他的宏，请重复步骤3）、步骤4）。

6）选择"文件"→"保存"命令（或单击"宏设计"工具栏上的"保存"按钮），命名并保存设计好的宏组。

保存宏组时，指定的名称就是宏组的名称。宏组中的每个宏有单独的名称并可独立运行，宏组中宏的应用格式为宏组名.宏名。

例8-2 在"宏"设计窗口中建立一个名称为"宏组1"的宏组，该宏组由"宏1"、"宏2"和"宏3"组成。这3个宏的功能如下。

- 宏1：打开"学生管理"数据库中的"教师信息表"，使计算机发出"嘟嘟"的响声。

- 宏2：打开"学生管理"数据库中的"学生选课成绩查询"，弹出消息框，提示"成绩查询已打开"。

- 宏3：保存所有修改后，退出Access。

根据前述创建宏组的操作步骤，在"宏"窗口中设计宏组，如图8-4所示。如表8-2所示列出了在"宏"窗口中建立的3个宏，以及每个宏的宏操作及操作参数，未列出的参数均使用系统提供的默认值。

图8-4 "宏组"设计视图

表8-2 宏组"宏组1"的设置内容

宏 名	宏 操 作	操 作 参 数		说 明
		参数名称	参数值	
宏1	OpenTable	表名称	教师信息表	以系统默认的"数据表视图"方式，打开名称为"教师信息表"的表
		视图	数据表	
	Beep			使计算机发出"嘟嘟"声
宏2	OpenQuery	查询名称	学生选课成绩查询	以系统默认的"数据表视图"方式，打开名称为"学生选课成绩查询"的查询
	MsgBox	消息	成绩查询已打开	打开消息框，该消息框标题栏显示"信息提示"，消息框提示内容为"成绩查询已打开"，内容左侧的图标为消息类型
		类型	重要	
		标题	信息提示	
宏3	Quit	选项	全部保存	保存所有修改后，关闭Access

8.2.3　条件宏的创建

创建条件宏时，需要为指定的宏操作设置相关的条件表达式，以控制该宏操作的执行。在宏中添加条件的操作步骤如下。

1）打开"宏"设计窗口，选择"视图"菜单中的"条件"命令，或者单击工具栏上的"条件"按钮，则在"宏"设计窗口中增加一个"条件"列。条件项是逻辑表达式，其返回值（即条件表达式的结果）只有两个值（"真"和"假"），宏将会根据条件是否为真来选择执行宏操作。

2）设置宏操作及相关的操作参数和注释。

3）根据实际需要，在"条件"列中为宏操作设置条件表达式。当条件表达式的值为"真"时，执行该宏操作，否则忽略这个宏操作。如果紧接的后续操作的条件与此操作相同，只要在相应的"条件"栏输入省略号（…）即可。

4）保存所创建的条件宏。

在宏的操作序列中，如果既存在带条件的操作，也存在无条件的操作，那么带条件的操作都执行取决于条件表达式的结果，而没有指定条件的操作则会无条件地执行。

在输入条件表达式时，可能会应用窗体或报表上的控件值，可以使用语法：Forms![窗体名]![控件名]或 Reports![报表名]![控件名]）。例如，条件表达式 Forms![窗体1]![Text0]="王海"，该宏条件表示判断"窗体1"窗体中"Text0"文本控件的值是否为"王海"。

例8-3　在"条件宏练习"窗体（见图8-5）中，使用宏命令实现功能：从"对象选择"选项组中选择一个对象，然后单击"打开"按钮，则打开相应的对象。即选择"打开窗体"单选按钮，并单击"打开"按钮，则打开窗体"学生基本信息"；选择"打开查询"单选按钮，并单击"打开"按钮，则打开查询"学生选课成绩查询"；选择"打开数据表"单选按钮，并单击"打开"按钮，则打开表"教师信息表"。单击"关闭"按钮，则关闭当前窗体。

已知窗体中的选项组控件的名称为"frame0"，每个选项的值依次为1、2、3，命令按钮的名称分别为"open"和"close"。操作步骤如下。

图8-5　例8-3建立的"条件宏练习"窗体

（1）建立窗体

根据题目要求和图8-5所示的窗体视图，在"学生管理"数据库中建立"条件宏练习"窗体。建立窗体的操作步骤参见第7章。

（2）创建宏

根据前述创建宏组的操作步骤，在"宏"窗口中设计名称为"条件宏1"的宏组，如图8-6所示。如表8-3所示列出了该宏组的设置内容，未列出的设置项均使用系统提供的默认值。

图 8-6 "条件宏 1"的设计视图

表 8-3 "条件宏 1"的设置内容

| 宏 名 | 条 件 | 宏 操 作 | 操作参数 | | 说 明 |
			参数名称	参 数 值	
宏 1	[Forms]![条件宏练习]![frame0]=1	OpenForm	窗体名称	学生基本信息	打开名称为"学生基本信息"的窗体
	[Forms]![条件宏练习]![frame0]=2	OpenQuery	查询名称	学生选课成绩查询	打开名称为"学生选课成绩查询"的查询
	[Forms]![条件宏练习]![frame0]=3	OpenTable	表名称	教师信息表	打开名称为"教师信息表"的表
宏 2		Close			关闭当前窗体

（3）关联窗体和宏

关联窗体和宏，实际上就是将宏指定为窗体或窗体中控件的事件属性设置。其操作步骤如下。

1）打开"条件宏练习"窗体的设计视图，在属性窗口中，选择"open"命令按钮并在"事件"选项卡中选择"单击"属性，从下拉列表中选择"条件宏 1.宏 1"，如图 8-7 所示。

2）同理，设置"close"命令按钮的"单击"事件属性的值为"条件宏 1.宏 2"。

3）保存窗体设计，然后运行该窗体对象。

图 8-7 在"单击"属性中附加宏

8.2.4 宏的编辑

宏创建完后，可以打开进行编辑，其操作步骤如下。

1）在"数据库"窗口中，单击"对象"栏中的"宏"对象按钮。

2）在"宏"对象窗口的宏名称列表中选择要打开的宏名或宏组名。

3）单击"数据库"窗口中工具栏上的"设计"按钮 设计(D)。

4）打开"宏"设计窗口，对宏或宏组进行编辑修改。

5）保存修改过的宏或宏组。

在编辑宏时，经常要进行下面的操作。

（1）选定行

在"宏"窗口中，要选定一行，单击该行的"行选定器"；要选定多行，则需要先将鼠标置于要选定的第一行的"行选定器"处，然后按住左键拖动到要选定的最后一行，再松开左键，所选定的行反相显示，说明已经被选定。

（2）复制或移动宏操作

首先选择好要复制或移动的操作行，单击"宏设计"工具栏上的"复制"或"剪切"按钮，然后将光标置于目标行位置，单击工具栏上的"粘贴"按钮，宏操作连同操作参数同时被复制或移动到了目标位置，目标行及其后面行的内容顺序下移。当然，也可以用鼠标拖动的方式来移动宏操作行。

（3）删除宏操作

首先选定要删除的行，然后按〈Delete〉键或单击工具栏上的"删除行"按钮 （或选择"编辑"→"删除行"命令），选定行上的宏操作被删除，后面的行顺序上移。

（4）插入空行及宏操作

要插入宏操作，首先要插入空行。选定插入位置的行（一行或多行），单击工具栏上的"插入行"按钮 ，或执行"插入"→"插入行"命令，所选定的行及其后面的行顺序下移，选定行处成为空白行，即可插入宏操作。

8.3 宏的运行和调试

宏创建完成后，需要运行该宏才能产生宏操作。对于比较复杂的宏，为了保证宏运行的正确性，往往需要先调试，再运行。

8.3.1 宏的运行

宏有多种运行方式。可以直接运行某个宏，可以运行宏组里的宏，可以从另一个宏或 VBA 事件过程中运行宏，还可以为窗体、报表或其上控件的事件响应而运行宏。

1. 直接运行宏

若要直接运行宏，可执行下列操作之一。

● 从"宏"设计窗口中运行宏：单击工具栏上的"运行"按钮 。

● 从"数据库"窗口中运行宏：单击"宏"对象按钮，然后双击相应的宏名；或选择相应的宏，然后单击工具栏上的"运行"按钮 。

● 从"工具"菜单中运行宏：在"工具"菜单中选择"宏"→"运行宏"命令，打开"执行宏"对话框，如图 8-8 所示，输入要运行的宏。或者先在宏对象窗口中选择好相应的宏，然后选择"工具"→"宏"→"运行宏"命令，打开"执行宏"对话框，确认运行当前选定的宏。

图 8-8 "执行宏"对话框

2. 运行宏组中的宏

若要运行宏组中的宏，请执行下列操作之一。

● 将宏指定为窗体或报表的事件属性设置，或将宏指定为 RunMacro 操作的"宏名"参数的值,该宏名的语法格式:宏组名.宏名,如图 8-7 所示。

- 选择"工具"→"宏"→"运行宏"命令,打开"执行宏"对话框,然后输入要运行的宏名,该宏名的语法格式:宏组名.宏名。
- 使用 Docmd 对象的 RunMacro 方法,从 VBA 代码过程中运行宏组中的宏。例如,DoCmd.RunMacro "宏组 1.宏 2"。

3. 从另一个宏或 VBA 代码过程中运行宏

- 若要从另一宏中运行宏,则在该宏中添加 RunMacro 操作,并且将"宏名"参数值设为要运行的宏的名称。如图 8-9 所示,在"宏 2"中运行"宏 8-1"。

图 8-9　使用 RunMacro 操作运行宏

- 若要在 VBA 代码过程中运行宏,则在过程中使用 Docmd 对象的 RunMacro 方法,并指定要运行的宏名。例如,DoCmd.RunMacro "宏 8-1"。

4. 宏作为对象事件的响应

在 Access 中可以通过选择运行宏或事件过程来响应窗体、报表或控件上发生的事件。操作步骤如下。

1)在设计视图中打开窗体或报表。

2)设置窗体、报表或控件的有关事件属性为宏的名称,如图 8-7 所示。

8.3.2　宏的调试

对于比较复杂的宏,往往需要先调试,再运行。在 Access 系统中提供了"单步"执行的宏调试工具。使用单步跟踪执行,可以观察宏的流程和每个操作的结果,从中发现并排除出现问题和错误的操作。

例 8-4　对例 8-1 所创建的宏"宏 8-1"进行调试。

其操作步骤如下。

1)在"宏"设计窗口中打开宏"宏 8-1"。

2)单击"宏设计"工具栏上的"单步"按钮（或选择"运行"→"单步"命令）,系统进入单步运行状态。

3)单击工具栏上的"运行"按钮（或选择"运行"→"运行"命令）,系统弹出"单步执行宏"状态,如图 8-10 所示。

4)单击"单步执行"按钮,则以单步形式执行当前宏操作;单击"停止"按钮,则停止宏的执

图 8-10　"单步执行宏"对话框

行并关闭对话框；单击"继续"按钮，则关闭"单步执行宏"对话框，并执行宏的下一个操作。如果宏的操作有误，则会弹出"操作失败"对话框，可停止该宏的执行。在宏的执行过程中按组合键〈Ctrl+Break〉，可以暂停宏的执行。

8.4 利用宏创建菜单

菜单是可视化界面的重要组成部分，一个完善的数据库应用系统应该包含窗口菜单栏，能够利用菜单栏中的菜单命令完成相应的操作。在 Access 中，可以利用宏来创建和运行窗口菜单。

8.4.1 创建窗口下拉菜单

创建窗口下拉菜单的步骤如下。

1）为窗口菜单栏中的每个下拉菜单创建宏组，即一个下拉菜单对应一个宏组。

2）创建一个与窗口菜单栏对应的宏，该宏中只包含一种宏操作（AddMenu），用来将每个下拉菜单所创建的宏组增加到菜单栏中。

3）将窗体的"菜单栏"属性设置为菜单栏对应的宏名，把菜单栏挂接到窗体上，使得打开窗体时自动激活相应的菜单栏。

例 8-5 在"学生管理"数据库中创建如图 8-11 所示的"主窗体"，该窗体是一个仅插入了背景图片的空白窗体。然后在该窗体中创建一个菜单栏，该菜单栏所包含的全部菜单项如表 8-4 所示。

图 8-11 "主窗体"

表 8-4 菜单栏中所包含的全部菜单项

菜 单 名	下拉菜单子项	宏 操 作	说 明
数据表	教师信息表	OpenTable	打开数据表"教师信息表"
	课程信息表	OpenTable	打开数据表"课程信息表"
查询	学生选课成绩查询	OpenQuery	打开查询"学生选课成绩查询"
	按年级统计学生人数	OpenQuery	打开查询"按年级统计学生人数"的窗体
窗体	学生基本信息	OpenForm	打开名称为"学生基本信息"的窗体
	按学院浏览学生情况	OpenForm	打开名称为"按学院浏览学生情况"的窗体
窗口	最大化	Maximize	最大化当前窗口
	最小化	Minimize	最小化当前窗口
	退出	Quit	退出系统
帮助	关于	MsgBox	打开消息框，该消息框标题栏显示"关于"，消息框提示内容为"Fly 飞翔数据库系统为飞翔公司版权所有，抄袭必究"，内容左侧的图标为消息类型

下面对主窗体进行具体设置，其操作步骤如图 8-12 所示。

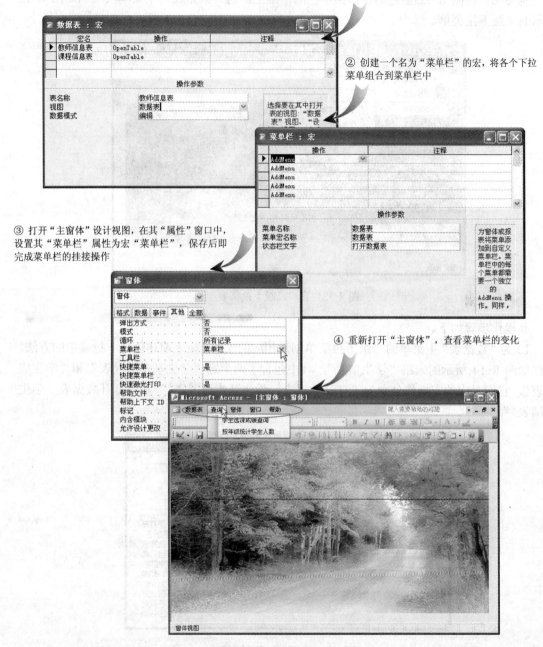

① 分别创建名称为"数据表"、"查询"、"窗体"、"窗口"、"帮助"5 个宏组。在宏的设计视图中，"宏名"列中输入要在下拉菜单中显示的菜单命令名，并在"操作"列中选择输入相应的宏操作

② 创建一个名为"菜单栏"的宏，将各个下拉菜单组合到菜单栏中

③ 打开"主窗体"设计视图，在其"属性"窗口中，设置其"菜单栏"属性为宏"菜单栏"，保存后即完成菜单栏的挂接操作

④ 重新打开"主窗体"，查看菜单栏的变化

图 8-12　创建窗口下拉菜单

8.4.2　创建窗口多级菜单

通常，数据库应用系统往往都具有多级下拉菜单。在 Access 中，利用宏可以方便地创建窗口多级下拉菜单。其操作方法：首先，为最末级的菜单创建相应的宏组；然后，创建上一级菜单项的宏组，并通过"AddMenu"宏操作将其下级菜单项组合进来；依次创建各级菜单

的宏/宏组；最后，将创建的窗口菜单栏宏挂接到窗体上。

例 8-6 在图 8-12 创建的窗口菜单栏的基础上，为"数据表"主菜单项添加如图 8-13 所示的二级下拉菜单。

图 8-13 窗口二级下拉菜单

其操作步骤如下。

1）为"数据表"主菜单的二级下拉菜单创建相应的宏组。按照前述创建下拉菜单的方法，创建如图 8-14 所示的宏组"学生信息"，其中包含了两个宏"学生基本情况表"和"学生成绩表"，它们对应的宏操作分别为"打开数据表'学生基本情况表'"和"打开数据表'学生成绩表'"。

图 8-14 "学生信息"宏组

2）在"数据表"主菜单中添加新的菜单项"学生信息"，并通过"AddMenu"宏操作将已经创建的二级下拉菜单宏组"学生信息"组合到该菜单项，如图 8-15 所示。

3）打开"主窗体"，可看到如图 8-13 所示的二级下拉菜单。

同理，用户可参照上述创建下拉菜单的方法，创建三级、四级或更多级的窗口下拉菜单。

图 8-15 将二级下拉菜单"学生信息"组合到上级菜单项"数据表"中

8.4.3 设置热键和分隔线

1．热键的设置

为了操作方便，经常需要为一些常用的菜单命令设置热键。其操作方法很简单，只需要在创建下拉菜单宏组时（即创建窗口菜单栏的第一步），在"宏名"列中加上"&热键字符"（如&S）即可。例如，可以为前述"主窗体"窗口菜单栏中的"查询"下拉菜单中的菜单项分别设置热键，如图 8-16 所示。设置热键后的"主窗体"窗口菜单栏的效果如图 8-17 所示。

图 8-16 设置热键

图 8-17 设置热键的窗口菜单栏

2．分割线的设置

根据需要，用户可以在下拉菜单中插入分割线将菜单命令分组。其操作方法是在创建菜单宏组时，在需要插入分割线位置上的"宏名"栏中输入符号"-"即可。例如，可以在上述"数据表"菜单的下拉菜单中插入分割线，如图 8-18 所示。插入分割线后的菜单栏效果如图 8-19 所示。

图 8-18　插入分割线

图 8-19　插入分割线后的下拉菜单

8.5　常用宏操作

Access 提供了 60 多个可选的宏操作命令，如表 8-5 所示列出了常用的宏操作。

表 8-5　常用宏操作

操作类型	操作命令	含义
操作数据库对象	OpenForm	打开指定的窗体
	OpenQuery	打开指定的查询
	OpenReport	打开指定的报表
	OpenTable	打开指定的数据表
	OpenModule	打开指定的 VB 模块
	OpenDataAccessPage	打开指定的数据访问页
	SelectObject	选定指定的对象
	Save	保存指定的对象
	Rename	更改指定对象的名称
	RepaintObject	刷新对象的屏幕显示
	CopyObject	将数据库对象复制到目标数据库中
	Close	关闭指定窗口
	DeleteObject	删除指定的数据库对象

操作类型	操作命令	含义
运行和控制流程	RunSQL	执行指定的 SQL 语句
	RunApp	执行指定的外部应用程序
	RunCommand	执行指定的 Access 命令
	RunCode	执行指定的 Access 函数
	RunMacro	执行指定的宏
	StopMacro	终止当前正在运行的宏
	StopAllMacro	终止所有正在运行的宏
	Quit	退出 Access
刷新、查找数据或定位记录	Requery	实施指定控件重新查询，即刷新控件数据
	FindRecord	查找满足指定条件的第一条记录
	FindNext	查找满足指定条件的下一条记录
	GoToRecord	用于指定当前记录
	GoToControl	将光标移动到指定的对象上
	GoToPage	将光标翻到窗体中指定页的第一个控件位置
	ApplyFilter	筛选表、窗体或报表中的记录
	ShowAllRecords	关闭所有查询，显示出所有的记录
控制显示	Maximize	窗口最大化
	Minimize	窗口最小化
	Restore	窗口恢复至原始大小
通知或警告用户	Beep	使计算机发出"嘟嘟"声
	Echo	设定运行宏时是否显示宏运行的结果
	MsgBox	显示消息框
	SetWarnings	关闭或打开系统消息
导入和导出数据	TransferDatabase	从其他数据库导入和导出数据
	TransferText	从文本文件导入和导出数据
	TransferSpreadsheet	从电子表格文件导入和导出数据
	OutputTo	将指定的 Access 对象中的数据输出到另外格式（如.xls、.txt、.dbf）的文件中
设置值	SetValue	设置属性值
其他	AddMenu	将一个菜单项添加到窗体或报表的自定义菜单栏中，每个菜单项都需要一个独立的 AddMenu 操作
	SetMenuItem	设置自定义菜单中命令的状态
	ShowToolbar	设置显示或隐藏内置工具栏或自定义工具栏
	Hourglass	设定在宏运行时鼠标指针是否显示成 Windows 中的等待操作光标（沙漏状光标）

8.6 习题

1. 选择题

1）使用宏组的目的是（   ）。

    A. 设计出功能复杂的宏   B. 对多个宏进行组织和管理

C. 设计出包含大量操作的宏　　　D. 减小程序内存消耗

2）下列关于宏操作的叙述错误的是（　　　）。

A. 可以使用宏组来管理相关的一系列宏

B. 所有宏操作都可以转化为相应的模块代码

C. 使用宏可以启动其他应用程序

D. 宏的关系表达式中不能应用窗体或报表的控件值

3）设宏组名为 Macro，其中包括 3 个宏分别为 Macro1，Macro2，Macro3，调用 Macro2 的格式正确的是（　　　）。

A. Macro-Macro2　　　　　　　B. Macro!Macro2

C. Macro. Macro2　　　　　　　D. Macro2

4）在宏的条件表达式中，要引用 "rpt" 报表上名称为 "txtName" 控件的值，可以使用的引用表达式是（　　　）。

A. Reports!rpt!txtName　　　　　B. rpt!txtName

C. Report!txtName　　　　　　　D. txtName

5）要限制宏操作的范围，可以在创建宏时定义（　　　）。

A. 宏操作对象　　　　　　　　B. 宏条件表达式

C. 宏操作目标　　　　　　　　D. 控件属性

2. 填空题

1）Access 中，宏可以分为 3 类：操作序列宏、＿＿＿＿＿＿＿＿＿＿、带条件操作的宏。

2）宏是一个或多个＿＿＿＿＿＿＿＿＿＿的集合。

3）如果要建立一个宏，希望执行该宏后，首先打开一个窗体，那么在该宏中执行的宏操作命令为＿＿＿＿＿＿＿＿＿＿。

4）在条件宏设计时，对于连续重复的条件，要替代重复条件时可以使用符号＿＿＿＿＿＿。

5）打开一个表应该使用的宏操作是＿＿＿＿＿＿＿＿＿＿。

第 9 章 报 表

报表是 Access 数据库对象之一，它可以根据用户设定的格式在屏幕上显示或在打印机上输出格式化的数据信息，通过报表可以对数据库中的数据进行分组、计算、汇总，以及控制数据内容的大小和外观等，但是报表不能对数据源中的数据进行维护，只能在屏幕上显示或在打印机上输出。

9.1 概述

报表对象的主要功能是将数据库中需要的数据提取出来，再加以整理和计算，并以打印格式来输出数据。报表对象通过"设计"视图来创建和编辑报表结构中的内容，报表结构和窗体类似，包括报表页眉、报表页脚、页面页眉、页面页脚和主体 5 部分。报表打印输出格式主要包括纵栏式报表、表格式报表、图表报表和标签报表 4 种类型。

9.1.1 报表的功能

报表是数据库中数据通过屏幕显示或打印输出的特有形式。尽管多种多样的报表形式与数据库窗体、数据表十分相似，但其功能却与窗体、数据表有根本的不同，它的作用只是用来数据输出。

报表的功能主要包括：可以呈现格式化的数据；可以分组组织数据，进行汇总；可以包含子报表及图表数据；可以打印输出标签、发票、订单和信封等多种样式的报表；可以进行计数、求平均、求和等统计计算；可以嵌入图像或图片来丰富数据显示等。

9.1.2 报表的视图

Access 的报表操作提供了 3 种视图，即"设计"视图、"打印预览"视图和"版面预览"视图。"设计"视图用于创建和编辑报表的结构；"打印预览"视图用于查看报表的页面数据输出形态；"版面预览"视图用于查看报表的版面设置。

3 个视图的切换可以通过选择"视图"菜单下的相应命令，或者通过单击报表设计工具栏中的"视图"按钮从弹出的下拉列表中选择相应的视图项。

9.1.3 报表的结构

报表的结构和窗体类似，通常由报表页眉、报表页脚、页面页眉、页面页脚和主体 5 部分组成，每个部分称为报表的一个节。如果对报表进行分组显示，则还有组页眉和组页脚两个专用的节，这两个节是报表所特有的。报表的内容是以节来划分的，每个节都有特定的用途。所有报表都必须有一个主体节。

在报表设计视图中，视图窗口被分为许多区段，每个区段就是一个节，如图 9-1 所示。其中显示有文字的水平条，称为节栏。节栏显示节的类型，通过点击节栏可访问节的属性窗口，通过上下移动节栏可以改变节区域的大小。报表左上方按钮是"报表选择器"，通过单击"报表选择器"按钮可访问报表的属性窗口。

报表中各节的功能如下。

- **报表页眉**：整个报表的页眉，只能出现在报表的开始处，即报表的第一页，用来放置通常显示在报表开头的信息，如标题、日期或报表简介。通过选择"视图"→"报表页眉/页脚"命令，可添加或删除报表页眉页脚及其中的控件。
- **页面页眉**：用于在报表中每页的顶部显示标题、列标题、日期或页码，在表格式报表中用来显示报表每一列的标题。选择"视图"→"页面页眉/页脚"命令，可添加或删除页面页眉/页脚及其中的控件。
- **主体**：显示或打印来自表或查询中的记录数据，是报表显示数据的主要区域，是整个报表的核心。数据源中的每一条记录都放置在主体节中。
- **页面页脚**：用于在报表中每页的底部显示页汇总、日期或页码等。页面页脚和页面页眉可用同样的命令被成对地添加或删除。
- **报表页脚**：用来放置通常显示在页面底部的信息，如报表总计、日期等，仅出现在报表最后一页页面页脚的上方。报表页脚和报表页眉可用同样的命令被成对地添加或删除。
- **组页眉**：在分组报表中，会自动添加组页眉和组页脚。组页面显示在记录组的开头，主要用来显示分组字段名等信息。要创建组页眉，可选择"视图"→"排序与分组"命令，然后选择一个字段或表达式，将组页眉属性设置为"是"。
- **组页脚**：显示在记录组的结尾，主要用来显示报表分组总计等信息。要创建组页脚，可选择"视图"→"排序与分组"命令，然后选择一个字段或表达式，将组页眉属性设置为"是"。

图 9-1　报表的组成

9.1.4　报表的类型

报表主要分为 4 种类型：纵栏式报表、表格式报表、图表报表和标签报表。

1）纵栏式报表：也称为窗体报表，一般是在报表的主体节区显示一条或多条记录，而且以垂直方式显示，如图 9-2 所示。报表中每个字段占一行，左边是字段的名称，右边是字段的值。纵栏式报表适合于记录较少、字段较多的情况。

图 9-2　纵栏式报表

2）表格式报表：以整齐的行、列形式显示记录数据，一行显示一条记录，一页显示多行记录，如图 9-3 所示。字段的名称显示在每页的顶端。表格式报表与纵栏式报表不同，其记录数据的字段标题信息不是被安排在每页的主体节区内显示，而是安排在页面页眉节区显示。表格式报表适合于记录较多、字段较少的情况。

图 9-3　表格式报表

3）图表式报表：指包含图表显示的报表类型，如图 9-4 所示。在报表中使用图表，可以更直观地表示数据之间的关系。适合于综合、归纳、比较和进一步分析数据的情况。

4）标签式报表：一种特殊类型的报表，将报表数据源中少量的数据组织在一个卡片似的小区域内，如图 9-5 所示。标签报表通常用于显示名片、书签、邮件地址等信息。

图 9-4　图表式报表

图 9-5 标签式报表

9.2 创建报表

在 Access 中，可以使用"自动创建报表"、"报表向导"和"设计视图"来创建报表。

Access 提供了两种自动创建报表的方式，即"自动创建报表：纵栏式"和"自动创建报表：表格式"，分别创建纵栏式报表和表格式报表。

利用 Access 提供的多种报表向导功能，可以创建各种类型的报表。其中，"报表向导"允许用户创建几种不同风格的报表，并能够提供分类和汇总的功能；"图表向导"允许用户创建统计图表，所创建的图表可以含有基于一个基表或查询的子报表；"标签向导"允许用户创建各种规格的标签，如产品的标签等。

9.2.1 使用"自动创建报表"创建报表

自动创建报表可以创建纵栏式或表格式的报表，该报表能够显示数据源（数据表或查询）中的所有字段和记录，但是用户不能选择报表的格式，也无法部分选择出现在报表中的字段。用户可以在自动创建完成后，在设计视图中修改该报表。

使用"自动创建报表"方式创建报表的操作步骤如下。

1）在"数据库"窗口中，选择"报表"对象，单击"新建"按钮，打开"新建报表"对话框，如图 9-6 所示。

图 9-6 "新建报表"对话框

2）在"新建报表"对话框中，根据需要"自动创建报表：纵栏式"或"自动创建报表：表格式"。

3）从下拉列表框中选择报表对象的数据来源（数据表或查询）。

4）单击"确定"按钮，完成报表的自动创建，会产生类似图 9-2 所示的纵栏式报表或图 9-3 所示的表格式报表。

9.2.2 使用"报表向导"创建报表

使用"报表向导"创建报表时，向导将提示用户输入有关记录源、字段、版面及所需的格式，并且可以在报表中对记录进行分组或排序，并计算各种汇总数据等。用户在报表向导的提示下可以完成大部分报表设计的基本操作，加快了创建报表的过程。

使用"报表向导"创建报表的操作步骤如下。

1）打开"新建报表"对话框，选择"报表向导"项，单击"确定"按钮启动报表向导，如图 9-7 所示。或者在数据库窗口中双击"使用向导创建报表"，也可以打开"报表向导"对话框。

图 9-7 "报表向导"对话框

2）在"表/查询"下拉列表中，选择报表所需的数据来源，并将"可用字段"列表中的某些字段移动到"选定的字段"列表中。选定字段后，单击"下一步"按钮，进入向导第二步。

3）如果选择的字段属于一个表或查询，则向导会提示是否添加分组级别，如图 9-8 所示。如果选择的字段是属于多个表或查询（或一个基于多表的查询），则会选择查看数据的方式（指定基于的表或查询），然后同样会显示添加分组级别对话框。

如果要分组，可以选定用于分组的字段，单击按钮 > ，或双击所选定的分组字段，分组的样式就会出现在对话框右侧的预览区域中。可选定多个字段来设定多级分组，这时还可以使用"优先级"按钮指定分组的级别；如果要另行设置分组间隔，可单击"分组选项"按钮 分组选项(O)... ，在弹出的窗口中分组间隔的设置。

图 9-8　在"报表向导"中添加分组级别

4）在下一步向导中，需要为记录指定排序次序，最多可以按 4 个字段对记录进行排序。如果报表包含数值型的字段，则可以通过单击"汇总选项" 按钮，在弹出的"汇总选项"对话框中设置需要计算的汇总值。

5）在下一步向导中，选择设置报表的布局方式。布局样式有递阶、块、分级显示 1、分级显示 2、左对齐 1、左对齐 2，布局方向有横向和纵向两种。

6）在下一步向导中，选择报表的样式。默认的样式为"组织"，还可以选择"大胆"、"正式"、"淡灰"、"紧凑"和"随意"。

7）在下一步向导中，指定报表的标题，选择报表完成后的状态，单击"完成"按钮，即可完成报表的创建。图 9-9 所示为创建好的基于"所属院系"分组的显示教师信息的表格式报表。

图 9-9　基于"报表向导"方式创建的报表

注意：如果要在报表中包括来自多个表和查询的字段，则在报表向导的第一步中选择第一个报表或查询的字段后，不要单击"下一步"按钮或"完成"按钮，而是重复执行选择表或查询的步骤，并挑选要在报表中包括的字段，直至已选择所有所需的字段。

9.2.3 使用"图表向导"创建图表报表

图表是报表的一种,可以以图表的方式显示数据库中数据间的关系。在报表中利用图表对数据进行统计,不仅美化了报表,而且可使结果一目了然。

Access 提供了"图表向导"来方便地创建图表报表,其操作步骤如下。

1)在"数据库"窗口中,选择"报表"对象,单击"新建"按钮,打开"新建报表"对话框。

2)在"新建报表"对话框中选择"图表向导"项,并在下拉列表中选择数据来源,然后单击"下一步"按钮,打开"图表向导"对话框,开始在图表向导的指引下建立图表报表。

3)在"图表向导"对话框中,将"可用字段"列表中的某些字段移动到"用于图表的字段"中,然后单击"下一步"按钮继续进入向导的下一步。

4)选择图表的类型,可供选择的有柱形图、条形图、饼图、折线图等 20 种类型。然后继续向导下一步。

5)指定数据在图表中的布局方式。主要是对图表中的 X 轴、Y 轴数据及系列(图例)进行设定,在右侧的字段名上单击并将其拖动到坐标轴上,即可为坐标轴指定新的字段数据。然后继续向导下一步。

6)输入图表报表的标题,并选择设置是否显示图例等报表信息,单击"完成"按钮,就会产生一个如图 9-4 所示的图表报表。

9.2.4 使用"标签向导"创建标签报表

在日常生活与工作中,标签的应用范围很广,比如,书签、产品标签、邮件标签、名片等。Access 提供了"标签向导"来方便地创建标签报表,其操作步骤如图 9-10 所示。

9.2.5 使用"设计视图"创建报表

除了可以使用自动报表和向导功能创建报表外,还可以从"设计视图"中手动创建报表。主要操作过程有创建空白报表并选择数据源;添加页眉页脚;布置控件显示数据、文本和各种统计信息;设置报表排序和分组属性;设置报表和控件外观格式、大小、位置和对齐方式等。

使用"设计视图"创建报表"学生信息表",其步骤如下。

1)在"数据库"窗口中,选择"报表"对象,单击"新建"按钮,打开"新建报表"对话框,选择"设计视图"项,选择数据源为"学生基本情况表",如图 9-11 所示。

2)单击"确定"按钮,在设计视图中打开一个空白报表,如图 9-12 所示。同时会弹出悬浮的"字段列表"窗口,该窗口显示数据源"学生基本情况表"中的字段列表。

如果"字段列表"窗口没打开或已被关闭,则可以通过单击"工具栏"中的"字段列表"按钮📄来打开。

3)如果在步骤 1)中未选择数据源,或者在数据库的"报表"对象窗口中双击"在设计视图中创建报表",将创建未绑定数据源的空白报表,当然也不会产生"字段列表"。此时,若给报表绑定数据源,则可以打开报表的"属性"窗口(可通过单击工具栏上的"属性"按钮📄,或双击"报表选择器"来打开),设置其"数据"选项卡下的"记录源"属性为"学生基本情况表",并会弹出相关的字段列表窗口,如图 9-13 所示。

① 在"新建报表"对话框中选择"标签向导"，选择数据源

② 单击"确定"按钮，打开"标签向导"，指定标签尺寸，单击"下一步"按钮

③ 设置文本字体和颜色，单击"下一步"按钮

④ 设置标签要使用的字段，单击"下一步"按钮

⑤ 设置排序字段，单击"下一步"按钮

⑥ 设置报表的名称，单击"完成"按钮

⑦ 创建完毕

图 9-10　使用"标签向导"创建标签报表

图 9-11 "新建报表"对话框

图 9-12 报表设计视图

图 9-13 设置报表数据记录源

4) 在"字段列表"窗口中选择要在报表中显示的字段，拖到主体节中。如果要同时拖放多个字段，则可以按住〈Shift〉键配合鼠标选择多个连续字段；按住〈Ctrl〉键配合鼠标可以选择多个不连续的字段，如图 9-14 所示。

图 9-14 报表中添加字段

5）调整控件对象的布局和大小，方法和窗体中的控件对象类似。

6）在报表的"页面页眉"中添加一个标签控件，输入标题"学生信息表"，设置控件的属性为仿宋、字号 20、加粗，并在主体节的底部添加一个直线控件，如图 9-15 所示。

图 9-15　报表设计布局

7）修改报表"页面页眉"节和"主体"节的高度，以合适的尺寸容纳其中包含的控件。保存并预览所创建的报表，如图 9-16 所示。

图 9-16　报表预览显示

注意：使用"设计视图"创建报表只能使用一个数据源，如果想要使用多表数据，则需先创建一个基于多表的查询作为报表的数据源。

9.3 编辑报表

在报表的"设计视图"中可以对已经创建的报表进行编辑和修改。

9.3.1 设置报表格式

Access 提供了 6 种预定义的报表格式，即"大胆"、"正式"、"浅灰"、"紧凑"、"组织"和"随意"。通过使用这些自动套用格式，可以一次性更改报表中所有的文本的字体、字号及线条粗细等外观属性。如果对预定义的格式不满意，也可以自定义报表格式，并将其添加到"自动套用格式"选项中。

设置报表格式的操作步骤如下。

1）在"设计视图"中打开报表。

2）选择要更改格式的对象，可以是整个报表，也可以是某个节或控件。

3）选择"格式"→"自动套用格式"命令，或单击工具栏上的"自动套用格式"按钮，弹出"自动套用格式"对话框，如图 9-17 所示。

图 9-17 "自动套用格式"对话框

4）在报表自动套用格式中选择一种需套用的格式。如果要指定字体、颜色或边框的属性，可单击"选项"按钮。

5）如果需要自定义一种套用格式，则可单击"自定义"按钮，打开"自定义自动套用格式"对话框，如图 9-18 所示。在自定义选项中，如果选择第一项，则基于当前打开的报表的格式来新建一个自动套用格式；如果选择第二项，则使用当前打开的报表的格式来更新所选定的自动套用格。

图 9-18 "自定义自动套用格式"对话框

9.3.2 修饰报表

1. 添加背景图案

可以给报表的背景添加图片以增强显示的效果。其操作步骤如下。

1）在"设计视图"中打开报表。

2）打开报表的"属性"窗口，在"格式"选项卡中选择"图片"属性，设置背景图片，如图9-19所示。

3）在"格式"选项卡中继续设置背景图片的其他属性，在"图片类型"下拉列表中选择"嵌入"或"链接"，在"图片缩放模式"下拉列表中选择"剪裁"、"拉伸"或"缩放"。此外，还可以设置"图片对齐方式"、"图片平铺"和"图片出现的页"等属性。

图9-19　报表背景设置

2. 添加当前日期和时间

可以在报表中添加当前日期和时间，其操作步骤如下。

1）在"设计视图"中打开报表。

2）选择"插入"→"日期和时间"命令，打开"日期和时间"对话框，如图9-20所示。

图9-20　"日期和时间"对话框

3）在"日期和时间"对话框中，选择显示日期及时间，并选择显示格式，单击"确定"按钮完成插入。

4）插入后，在报表的设计视图中自动添加了一个文本框（如果同时选择插入了日期和时间，则添加两个文本框），其"控件来源"属性为日期或时间的计算表达式，即=Date()或=Time()。可以重新调整该文本框的位置。

当然，用户也可以在报表上手动添加一个文本框控件，通过设置其"控件来源"属性为日期或时间的计算表达式，来显示日期或时间。该文本框控件的位置可以安排在报表的任何节区中。

3．添加页码

在报表中添加页码的操作步骤如下。

1）在"设计视图"中打开报表。

2）选择"插入"→"页码"命令，打开"页码"对话框。

3）在"页码"对话框中，根据需要选择相应的页码格式、位置、对齐方式和是否第一页显示页码，如图 9-21 所示。

4）单击"确定"按钮后，则自动在报表设计视图中插入一显示页码计算表达式的文本框 `="第 " & [Page] & "`。

用户也可以在报表的设计视图中手动添加一个文本框控件，并设置其"控件来源"属性（也可以直接在文本框中输入）。如果打印每一页的页码，则在文本框中输入 " ="第"&[Page]&"页""；如果打印总页码，则在文本框中输入 " ="共"&[Pages]&"页""；如果要同时打印页码和总页码，则在文本框中输入 " ="第"&[Page]&"页,共"&[Pages]&"页""。表达式中的 Page 和 Pages 可看做是 Access 提供的页码变量，Page 表示报表当前页的页码，Pages 表示报表的总页码。

图 9-21 "页码"对话框

4．添加分页符

一般情况下，报表的页码输出是根据打印纸张的型号及打印页面设置参数来决定输出页面内容的多少，内容满一页才会输出至下一页。但在实际使用中，经常要按照用户需要在规定位置选择下一页输出，这时就可以通过在报表中添加分页符来实现。

添加分页符的操作步骤如下。

1）在"设计视图"中打开报表。

2）单击工具箱中的"分页符"按钮。

3）单击报表中需要设置分页符的位置，分页符会以短虚线标识在报表的左边界上。

分页符应该设置在某个控件的上方或下方，以免拆分了控件中的数据。如果要将报表中的每个记录或记录组都另起一页，则可以通过设置组页眉、组页脚或主体节的"强制分页"属性来实现。

9.3.3　创建多列报表

在默认的设置下，系统创建的报表都是单列的，为了实际的需要还可以在单列报表的基础上创建多列报表。在打印多列报表时，组页面、组页脚和主体占满了整个列的宽度，但报表页眉、报表页脚、页面页眉、页面页脚却占满了整个报表的宽度。

创建多列报表的操作步骤如下。

1）在"设计视图"中打开报表。

2）选择"文件"→"页面设置"命令，打开"页面设置"对话框。

3）在"页面设置"对话框中，选择"列"选项卡，如图 9-22 所示。在"列数"文本框中输入所需的列数，并指定合适的行间距、列间距、列尺寸和列布局。

4）根据多列的设置，在"页"选项卡中选定打印方向和纸张大小。单击"确定"按钮后，从而完成多列的页面设置。

图 9-22　"页面设置"对话框

9.4　报表的高级应用

报表的高级应用主要包括对报表进行排序和分组以及对报表的统计计算等。

9.4.1　报表的排序和分组

报表的排序和分组是对报表中数据记录的排序和分组。在报表中对数据记录进行分组是通过排序实现的，排序是按照某种顺序排列数据，分组是把数据按照某种条件进行分类。对分组后的数据可以进行统计汇总计算。

1. 报表的排序

默认情况下，报表中的记录是按照自然顺序，即数据输入的先后顺序来排列，但是可以对报表重新排序。报表中最多可以按 10 个字段或字段表达式对记录进行排序，报表记录排序的操作步骤如下：

1）在"设计视图"中打开要进行排序的报表。

2）选择"视图"→"排序和分组"命令，或单击工具栏上的"排序和分组"按钮，打开"排序与分组"对话框。

3）在"字段/表达式"列的第一行，选择一个字段名称（或直接输入一个字段表达式），并设置其排序次序（升序或降序）。第一行的字段或表达式具有最高的排序优先级，第二行则具有次高的排序优先级，依此类推。如图 9-23 所示是对"教师编号"字段和"姓名"字段进行排序。

4）在该对话框下部的"组属性"栏中设置相应的组属性，如果只排序不分组，则"组页眉"和"组页脚"属性都设置为"否"，其他属性则为默认值。

图 9-23　报表记录排序

2．报表的分组

分组是指在报表设计时按选定的某个或几个字段值是否相等而将记录划分成组的过程。操作时，先选定分组字段，在这些字段上字段值相等的记录归为同一组，字段值不等的记录归为不同组。报表通过分组可以实现同组数据的汇总和显示输出，增强了报表的可读性和信息的可利用性。一个报表最多可以对 10 个字段或表达式进行分组。

记录分组的操作步骤如下。

1）在"设计视图"中打开要进行分组的报表。

2）选择"视图"→"排序和分组"命令，或单击工具栏上的"排序和分组"按钮，打开"排序与分组"对话框。

3）在"字段/表达式"列的第一行，选择一个字段名称（或直接输入一个字段表达式），在"排序次序"列只能够选择排序方式（升序或降序）。

4）在该对话框下部的"组属性"栏中设置相应的组属性，要分组就必须将"组页眉"或"组页脚"属性设置为"是"，其他属性则根据需要来设置。如图 9-24 所示，设置了分组字段"所属院系"。

5）关闭"排序与分组"对话框，返回报表的设计视图窗口，可以看到在报表中增加了一个以分组字段为界的组页眉或组页脚。如图 9-25 所示，增加了组页眉"所属院系页眉"。

6）调整、保存并预览报表，从而完成对报表的排序与分组。

图 9-24　报表分组属性

图 9-25　报表分组效果

在上述报表分组操作中设置字段"组属性"栏中的"分组形式"属性时，属性值是由分组字段的数据类型决定的，具体如表 9-1 所示。

表 9-1　"分组形式"选项说明

分组字段数据类型	选　项	记录分组形式
文本	每一个值	分组字段表达式上，值相同的记录
	前缀字符	分组字段表达式上，前面若干个字符相同的记录
数字、货币和 Yes/No	每一个值	分组字段表达式上，值相同的记录
	间隔(Interval)	分组字段表达式上，指定间隔值内的记录
日期/时间	每一个值	分组字段表达式上，值相同的记录
	年	分组字段表达式上，日历年相同的记录
	季	分组字段表达式上，日历季相同的记录
	月	分组字段表达式上，月份相同的记录
	周	分组字段表达式上，周数相同的记录
	日	分组字段表达式上，日子相同的记录
	时	分组字段表达式上，小时数相同的记录
	分	分组字段表达式上，分钟数相同的记录

9.4.2 使用计算控件

报表设计过程中,除在版面上布置绑定控件直接显示字段数据外,还经常要进行各种运算并将结果显示出来。例如,报表设计中的页面输出、分组统计数据的输出等均是通过设置绑定的"控件来源"属性为计算表达式形式而实现的,这些控件就称为"计算控件"。计算控件往往利用报表数据源中的数据生成新的数据在报表中体现出来。

1. 报表添加计算控件

计算控件的"控件来源"属性是以"="开头的计算表达式,当表达式的值发生变化时,会重新计算结果并输出显示。文本框是最常用的计算控件。

例 9-1 以数据表"教师信息表"作为数据源创建一个"教师信息汇总表"报表,并根据教师的"出生日期"字段值,使用计算控件来计算教师的年龄。其操作步骤如图 9-26 所示。

① 使用前述"报表向导"设计方法,创建一个以表格式"教师信息"报表,数据源为"教师信息表"

② 将页面页眉节中的"出生日期"标签标题更改为"年龄"。在主体节内选择"出生日期"绑定的文本框,设置其"控件来源"属性为计算表达式"=Year(Date())-Year([出生日期])","名称"为"年龄","格式"为"常规数字"

③ 单击工具栏上的"打印预览"按钮,预览报表中的计算控件显示

图 9-26 添加计算控件

2．报表统计计算

在报表设计中，可以根据需要进行各种类型统计计算并输出显示，操作方法就是使用计算控件设置其"控件来源"属性为合适的统计计算表达式。

在 Access 中利用计算控件进行统计计算并输出结果，其操作主要有 3 种形式。

（1）在主体节内添加计算控件

在主体节中添加计算控件对每条记录的若干字段值进行求和或求平均值计算时，只要设置计算控件的"控件来源"为不同字段的计算表达式即可。

例如，当在一个报表中列出教师的工资发放情况时，若要对每位教师的应发工资进行计算，则需要在主体节中添加一个新的文本框控件，且设置新添计算控件的"控件来源"属性为"=[岗位工资]+[薪级工资]+[岗位津贴]-[公积金]"即可。

主体节的计算是对一条记录的横向计算，Access 的统计函数不能出现在此位置。

（2）在报表页眉/报表页脚区内添加计算字段

在报表页眉/报表页脚区内添加计算字段，可对某些字段的所有记录进行统计计算。这种形式的统计计算一般是对报表字段列的所有纵向记录数据进行统计，而且要使用 Access 提供的内置统计函数（例如，Count 函数为计数函数，Sum 函数为求和函数，Avg 函数为求平均值函数）来实现相应的计算操作。

例如，报表是对学生的成绩信息进行展示，如果要在报表中计算学生成绩的总平均分，则应在报表的页眉或页脚区域添加一个计算控件，并在新添计算控件中设置其"控件来源"属性为"=Avg([成绩])"即可。

（3）在组页眉/页脚区内添加计算字段

在组页眉/组页脚节区内添加计算字段，以实现对某些字段的分组记录进行统计计算。这种形式的统计计算同样是对报表字段列的纵向记录数据进行统计，只不过与报表页眉/报表页脚的对整个报表的所有记录进行统计不同的是只对该组记录进行统计。统计计算同样需要内置统计函数来完成相应的计算操作。

例如，如果报表是按课程名称实现的分组报表，针对在分组报表中显示每门课程的课程平均分，则应在组页眉或组页脚中添加计算控件，在新添计算控件中设置其"控件来源"属性为"=Avg([成绩])"即可。

9.4.3　创建子报表

子报表是插在其他报表中的报表。在合并报表时，两个报表中的一个必须作为主报表，主报表可以是绑定的，也可以是非绑定的。也就是说，报表可以基于数据表、查询或 SQL 语句，也可以不基于其他数据对象。非绑定的主报表可作为容纳要合并的无关联子报表的"容器"。

主报表可以包含子报表，也可以包含子窗体，而且能够包含多个子窗体和子报表。子报表和子窗体中，还可以包含子报表或子窗体，但是，一个主报表中只能包含两级子报表或子窗体。

带子报表的报表通常用来体现一对一或一对多关系上的数据，因此，主报表和子报表必须同步，即主报表某记录下显示的是与该记录相关的子报表的记录。要实现主报表与子报表同步，必须满足两个条件：其一，主报表和子报表的数据源必须先建立一对一或一对多的关系；其二，主报表的数据源是基于带有主关键字的表，而子报表的数据源则是基于带有与主关键字同名具有相同数据类型的字段的表。

下面将介绍创建子报表的方法。

1. 在已有报表中创建子报表

在创建子报表前，首先要确保主报表和子报表之间已经建立了正确的联系，这样才能保证在子报表中的记录与主报表中的记录之间有正确的对应关系。

例 9-2 以"学生信息表"主报表中添加"学生选课成绩查询"子报表，其操作步骤如下。

1）在"设计视图"中打开已经建立的主报表"学生信息表"，并适当调整控件布局。如图 9-27 所示

2）单击工具箱中的"子窗体/子报表"按钮▣（"控件向导"按钮▧也处于按下状态）。在主报表上拖出放置子报表的区域，弹出"子报表向导"对话框，如图 9-28 所示。根据向导提示，选择子报表的数据源为"学生选课成绩查询"，选择包含的字段为"学号"、"课程名称"和"成绩"，系统自动以"学号"作为链接字段，最后指定子报表的名称。

图 9-27 主报表设计视图

图 9-28 子报表向导

3）子报表控件插入后，报表设计视图的样式如图 9-29 所示，还可重新调整报表版面布局。

图 9-29　含子报表的设计视图

4）单击工具栏上的"打印预览"按钮，预览报表显示效果，如图 9-30 所示。

图 9-30　打印预览报表

2．添加子报表

在 Access 数据库中，可以将某个已有报表作为子报表添加到其他报表中。其操作步骤如下。

1）在"设计视图"中打开已经建立的主报表。

2）切换到数据库窗口（可按〈F11〉键来快速切换）。

3）将作为子报表的报表从"数据库"窗口拖动到主报表中需要插入子报表的位置，这样系统会自动将子报表控件添加到主报表中。

4）调整、保存并预览报表。

注意：子报表在链接到主报表前，应当确保已经正确地建立了表间关系。

3．链接主报表和子报表

通过向导创建子报表，在某种条件下（例如，字段同名）系统会自动将主报表与子报表进行链接。但如果主报表和子报表不满足指定的条件，则需要在子报表控件"属性"窗口中设置"链接主字段"和"链接子字段"的属性，如图 9-31 所示。在"链接主字段"中输入主报表数据源中链接字段名称，在"链接子字段"中输入子报表数据源中链接字段的名称。

图 9-31　子报表属性对话框

设置主、子报表链接字段时，链接字段并不一定要显示在主报表或子报表上（数据源如果是查询时，就必须要显示在报表上），但必须包含在主报表/子报表的数据源中。

9.5　报表的预览和打印

创建报表的主要目的是将显示结果打印出来。为了保证打印出来的报表合乎要求，可在打印之前对页面进行设置，并预览打印效果，以便发现问题，进行修改。

1．页面设置

设置报表的页面，主要是设置页面的大小，打印的方向，页眉、页脚的样式等。其操作步骤如下。

1）在任意视图方式下打开报表。

2）选择"文件"→"页面设置"命令，打开"页面设置"对话框。

3）在"页面设置"对话框中，有"边距"、"页"和"列"3 个选项卡，可以修改报表的页面设置。其中，在"边距"选项卡中设置页边距并确认是否只打印数据；在"页"选项卡中设置打印方向、页面纸张、打印机；在"列"选项卡中设置报表的列数、尺寸和列的布局。

4）单击"确定"按钮，从而完成页面设置。

2．预览报表

预览报表就是在屏幕上预览报表的打印效果。预览报表有两种视图："打印预览"和"版面预览"。"打印预览"可以查看报表的打印外观和每一页上所有的数据；"版面预览"可以查看报表的版面设置，其中只包括报表中数据的示例。需注意的是，"版面预览"只能在报表的设计视图中使用。在报表的设计视图中，可选择"视图"菜单下"版面预览"命令或"打印预览"命令来预览报表，或单击工具栏上的"视图"按钮 右侧的下拉箭头，在下拉列表中选择某种视图。

3. 打印报表

报表打印的操作步骤如下。

1）在任意视图方式下打开报表。

2）选择"文件"→"打印"命令，打开"打印"对话框。

3）在"打印"对话框中，设置打印范围、打印份数等参数后，单击"确定"按钮开始打印。

9.6　习题

1. 选择题

1）在关于报表数据源设置的叙述中，以下正确的是（　　）。

 A. 只能是表对象   B. 只能是查询对象

 C. 可以是表对象或查询对象 D. 可以是任意对象

2）要显示格式为"页码/总页数"的页码，应当设置文本框的控件来源属性是（　　）。

 A. [Page]/'[Pages]   B. [Page]& "/"&[Pages

 C. [Page]&/ & [Pages]   D. [Page]& "/"&[Pages]

3）要计算报表中所有学生的"英语"课程的平均成绩，在报表页脚节内对应"英语"字段列的位置添加一个文本框计算控件，应该设置其控件来源属性为（　　）。

 A. "=Avg([英语]) "   B. "=Sum([英语]) "

 C. "Avg([英语]) "   D. "Sum([英语]) "

4）下面关于报表对数据处理的描述中叙述正确的是（　　）。

 A. 报表只能输入数据   B. 报表只能输出数据

 C. 报表不能输入和输出数据 D. 报表可以输入和输出数据

5）要实现报表按某字段分组统计输出，需要设置（　　）。

 A. 报表页脚   B. 主体

 C. 页面页脚   D. 该字段组页脚

2. 填空题

1）要设置在报表每一页的底部都输出的信息，需要设置＿＿＿＿＿＿＿。

2）要进行分组统计并输出，统计计算控件应该设置在＿＿＿＿＿＿＿。

3）要在报表页中主体节区显示一条或多条记录，而且以垂直方式显示，应选择＿＿＿＿＿类型。

4）在使用报表设计器设计报表时，如果要统计报表中某个字段的全部数据，则应将计算控件放在＿＿＿＿＿＿＿。

5）Access 的报表对象的数据源可以设置为 ＿＿＿＿＿＿＿。

第10章 数据访问页

随着 Internet 和万维网（WWW，World Wide Web）的迅猛发展，Web 页（网页）已经成为越来越重要的信息发布手段。Access 支持将数据库中的数据通过 Web 页发布，Web 页使得 Access 与 Internet 紧密地结合起来，通过 Web 页，用户可以方便、快捷地将所有文件作为 Web 程序复制到 Web 服务器上，以 Web 方式在网络上发布信息。

Access 提供了数据访问页对象，它是一种直接连接到数据库中数据上的特殊的 Web 页。利用数据访问页可以查看和处理来自 Internet 或 Intranet 的数据，这些数据存储在 Microsoft Access 数据库或 Microsoft SQL Server 数据库中。在 Access 数据访问页中，相关数据会随着数据库中的内容而变化，以便用户随时通过 Internet 访问这些资料。数据访问页也可以包含其他来源的数据，如 Microsoft Excel 的数据。

10.1 概述

数据访问页是特殊类型的网页，是窗体、报表和 Web 的结合，是绑定了数据库中数据的 HTML 文件。

根据用途不同，数据访问页可以分为 3 种类型。

- 数据输入。这种类型的数据访问页与使用窗体类似，可以查看、输入、编辑和删除数据库中的数据记录。但是数据访问页还可以使用 Microsoft Access 数据库以外的 Web 页，因此用户可以通过 Internet 或 Intranet 更新或查看数据。
- 交互式报表。这种类型的数据访问页经常用于对存储在数据库中的数据进行合并和分组，然后发布数据的总结。在数据访问页中对数据记录进行分组与报表中对记录进行分组类似，都可以建立分组级别，分别用于查看类别信息和详细信息。例如，一个数据访问页可以发布每个学生的课程成绩，使用展开指示器（用于展开或折叠记录组的按钮，显示为加号 (+) 或减号 (-)），可以获取一般的信息汇总，如所有学生的列表及他们的课程总成绩，也可以得到每个学生各门课程的具体成绩。数据访问页不仅可以提供用于对数据进行排序和筛选的工具栏按钮，还可提供用于在某些或全部分组级别中添加、编辑和删除数据的工具栏按钮。
- 数据分析。这种类型的数据访问页可以包含一个数据透视表列表，与 Microsoft Excel 数据透视表报表类似，允许用户重新组织数据并按不同方式进行分析。这种页可以包含用来分析趋势、检测图案、比较数据库数据的图表，它还可以包含电子表格，用于像在 Excel 中那样输入和编辑数据，用公式进行计算。

注意：数据访问页是存储在 Access 以外的一个独立的文件，但在创建该文件时，Access 会在"数据库"窗口中自动为该文件添加一个快捷方式。

10.2 创建数据访问页

数据访问页是数据库的一种对象，它的创建方式与其他数据库对象的创建和修改方式类似，可以通过"向导"和"设计视图"来创建。对于数据访问页，还可以利用现有的 Web 页来直接创建。Access 数据库中提供了"设计视图"、"现有的网页"、"数据页向导"和"自动创建数据页：纵栏式" 4 种途径来建立数据访问页。

10.2.1 自动创建数据访问页

创建数据访问页最快捷的方式就是使用"自动创建数据访问页"，使用这种方法，用户可以快速创建基于表或查询的纵栏式数据访问页，不需要做任何设置，所有布局和功能都由 Access 自动来完成。其操作步骤如图 10-1 所示。

① 在"学生管理"数据库窗口中选择"页"对象，单击"新建"按钮，打开"新建数据访问页"对话框。选择"自动创建数据页：纵栏式"，选择数据来源为"学生基本情况表"

② 单击"确定"按钮，自动创建一个纵栏式数据访问页

③ 选择"文件"→"保存"命令，或单击工具栏上的"保存"按钮，打开"另存为数据访问页"对话框保存页对象，命名为"学生基本情况表.htm"，则在页对象窗口中显示该数据访问页

图 10-1　自动创建数据访问页

注意："自动创建数据页"所创建的对象包含了基表或查询中的所有字段，但是 OLE 类型字段例外。

10.2.2 使用向导创建数据访问页

Access 提供了数据访问页向导，它通过对话的方式，让用户根据自己的需求选择一定的选项，然后由 Access 根据用户的选择来创建数据访问页。其操作步骤如图 10-2 所示。

① 在"学生管理"数据库窗口中选择"页"对象，单击"新建"按钮，打开"新建数据访问页"对话框。选择"数据页向导"，选择数据来源为"学生选课成绩查询"

② 单击"确定"按钮，进入"数据页向导"对话框，选定数据页中使用的字段，这里选定所有可用字段，单击"下一步"按钮

③ 确定是否添加分组级别，选择"课程名称"为分组字段，单击"下一步"按钮，进入向导的下一步

④ 选择按"学号"升序来排列记录次序，进入下一步向导

⑤ 为数据页指定标题，然后选择"打开数据页"，单击"完成"按钮

⑥ 打开的数据页效果

⑦ 单击"保存"按钮，打开"另存为数据访问页"对话框，并给数据访问页命名

图 10-2　利用"数据页向导"创建数据访问页

10.2.3　使用"设计视图"创建数据访问页

　　用户可以直接使用"设计视图"来创建数据访问页，其方式与使用"设计视图"创建窗体或报表类似。

使用"设计视图"创建数据访问页的操作步骤如下。

1）打开"数据库"窗口，选择"页"对象，单击"新建"按钮，打开"新建数据访问页"对话框。在该对话框中选择"设计视图"，选择数据源，单击"确定"按钮。或者在"页"对象窗口中双击"在设计视图中创建数据访问页"，打开数据访问页的设计视图。

2）在数据访问页的设计视图中，从"字段列表"窗口中选择数据源、选择字段，将数据访问页所需的字段拖到主体节中，即可在数据访问页中自动创建绑定该字段的控件（如标签、文本框等）。

3）在"工具箱"工具栏中选取所需的控件，添加到页中并可修改控件属性，编辑、布局各种控件、应用主题等。

4）保存数据访问页，完成数据访问页的创建。

例　利用"学生管理"数据库中的"学生选课成绩查询"创建数据访问页"学生课程成绩数据页"。本例的操作步骤如图 10-3 所示。

图 10-3　使用"设计视图"创建数据访问页

10.3 编辑数据访问页

在创建了数据访问页后，用户可以对数据访问页中的节、控件或其他元素进行编辑和修改，这些操作都需要在数据访问页的设计视图中进行。

在数据库的"页"对象窗口中选择一项数据访问页，然后单击"设计"按钮 ，打开数据访问页的设计视图窗口，如图 10-4 所示。

图 10-4　数据访问页"设计视图"

在数据访问页的设计窗口中，同时会在窗口右侧打开"字段列表"窗口，该列表窗口中列出了当前数据库中的数据源（包括基本表和查询），用户可通过拖动或双击"字段列表"中的字段，把字段添加到数据页的主体中。

打开数据访问页的设计视图时，系统会同时打开工具箱。如果工具箱没有打开，则可以通过选择"视图"菜单中的"工具箱"命令或单击工具栏上的"工具箱"按钮 来打开工具箱。与其他数据库对象设计视图所有的标准工具箱相比，数据访问页的工具箱中增加了一些用于网页的控件和用于图表分析的控件。其中，数据访问页特有的工具按钮如下。

- "绑定范围"按钮 ：将 HTML 代码与 Access 数据库中的文本或备注型字段绑定。
- "滚动文字"按钮 ：在数据访问页中插入一段移动的文本或者在指定框内滚动的文本。
- "展开"按钮 ：将展开按钮添加到数据访问页上，以便显示或隐藏已分组的记录。
- "记录浏览"按钮 ：用于移动、添加、删除或查找记录，功能类似于导航栏。
- "Office 数据透视表"按钮 ：在数据访问页上插入 Office 数据透视表。
- "Office 图表"按钮 ：在数据访问页上插入 Office 图表。
- "Office 电子表格"按钮 ：在数据访问页上插入类似于 Office Excel 的电子表格。
- "超链接"按钮 ：在数据访问页中插入一个包含超级链接地址的文本字段，使用该字段可以快速链接到指定的 Web 页。
- "图像超链接"按钮 ：在数据访问页上插入一个指向图像的超链接，以便快速链接到指定 Web 页。

● "影片"按钮 ：在数据访问页上插入一段影片，使其成为多媒体网页，用户可以指定播放影片的方式。

数据访问页的正文部分是数据访问页的基本设计页面，可以用它来显示信息性文本，与数据绑定的控件以及节。使用节可以显示文字、数据库中的数据及工具栏，通常由以下 3 部分组成。

1）标题节：用于显示文本框和其他控件的标题。在标题节中不能放置绑定控件，其在紧挨组页眉的前面出现，若标题节未显示，可以右击任一节栏，在弹出菜单中选中"题注"项。

2）组页眉/页脚节：用于显示数据和计算结果值。

3）记录导航节：用于显示分组级别的记录导航控件（在分组的页中，可以向每个分组级别添加一个导航工具栏，可以通过更改导航工具栏的属性而对其进行自定义）。组的记录导航节出现在组页眉节后，在记录导航节中不能放置绑定控件。

10.3.1　添加标签

标签在数据访问页中主要用来显示描述性文本信息，例如，页标题、字段内容说明等。如果要向数据库访问页中添加标签，其操作步骤如下。

1）在数据访问页的设计视图中，单击工具箱中的"标签"按钮。

2）将鼠标指针移到数据访问页上要添加标签的位置，按住鼠标左键拖动，拖动时会出现一个方框来确定标签的大小，大小合适后松开鼠标左键。

3）在标签中输入所需的文本信息，并利用"格式"工具栏中的工具来设置文本所需的字体、字号和颜色。

4）选中该标签，单击工具栏上的"属性"按钮，打开标签的属性窗口，如图 10-5 所示；或者右击标签，从弹出的快捷菜单中选择"元素属性"命令，打开标签的属性窗口。在标签的属性窗口中可修改标签的其他属性。

图 10-5　标签的属性窗口

10.3.2　添加滚动文字

用户上网浏览时，会发现许多滚动的文字，很容易吸引人的注意力。在 Access 中，用户可以利用"滚动文字"控件来添加滚动文字，通过设置滚动文字控件的属性，可定义文字的滚动方向、方式和速度等，滚动文字的内容可以由用户直接输入（如标题或通知），也可以将滚动文字与数据源的字段相结合，则滚动文字控件将显示该字段的内容。

其添加滚动文字的操作步骤如图 10-6 所示。

① 打开"学生选课成绩查询"数据访问页的设计视图，单击工具箱中的"滚动文字"控件，添加到正文中，在控件的矩形框中输入文字"欢迎使用成绩查询页面！"

② 通过格式工具栏，设置字体颜色(Color)为"红色"，字体 (FontFamily) 为"华文行楷"，字号(FontSize)为 22pt

③ 打开滚动控件的属性窗口，继续设置其他属性，设置滚动方式(Behavior)为 scroll

④ 切换到"页面视图"窗口，查看页面中文字滚动效果

图 10-6　设置"滚动文字"

10.3.3　使用主题

主题是一个为数据访问页提供字体、横线、背景图片，以及其他元素的统一设计和颜色方案的集合。使用主题可以帮助用户很容易地创建一个具有专业水平的数据访问页。

设置主题的操作步骤如下。

1）在数据访问页的设计视图中，选择"格式"→"主题"命令，打开"主题"对话框，如图 10-7 所示。

2）在"请选择主题"列表框中选择所需的主题，在右侧的预览框中可以看到当前所选主题的效果。

3）主题列表框的下方设置相关的复选框，以便确定主题是否使用鲜艳颜色、活动图形和背景图像。

4）单击"确定"按钮，所选择的主题就会应用于当前的数据访问页。如果在"请选择主题"列表框中选择了"（无主题）"，则可以从现有数据访问页中删除主题。

图 10-7 "主题"对话框

10.3.4 设置背景

在 Access 中，使用主题可以使数据访问页具有一定的图案和颜色效果，但这不一定能够满足用户的需要，所以 Access 还提供了设置数据访问页背景的功能。在 Access 数据访问页中，用户可以设置自定义的背景颜色、背景图片等，以便增强数据访问页的视觉效果。但在使用自定义背景、图片前，必须删除已经应用的主题。

打开数据访问页的设计视图，然后选择"格式"菜单中的"背景"命令，显示背景级联菜单。如果在"背景"级联菜单中选择"颜色"命令，则会显示"颜色"级联菜单，如图 10-8 所示。从中单击所需的颜色，即可将指定的颜色设置为数据访问页的背景颜色。如果在背景级联菜单中选择"图片"命令，则弹出"插入图片"对话框，在该对话框中选择需要作为背景的图片文件，然后单击"确定"按钮。

图 10-8 "背景"级联菜单

10.3.5 添加 Office 电子表格

Office 电子表格类似于 Microsoft Excel 工作表，用户可以在 Office 电子表格中输入原始数据、添加公式及执行电子表格运算等。在 Access 数据库中，用户可以在数据访问页中添加 Office 电子表格控件，如图 10-9 所示，然后用户就可以利用数据访问页的页视图或 IE（Internet Explorer）浏览器查看和分析相关数据。

图 10-9 添加"Office 电子表格"

10.3.6 数据分组

在数据访问页中对数据记录分组类似于在报表中对记录进行分组，可以创建分级结构，该结构从通用类别到指定细节对记录进行分组。在数据访问页中也可以计算总计和使用表达式，其方法与在窗体和报表中类似，不同点在于数据访问页可使用"绑定范围"控件，对于分组计算，除了设置 ControlSource 属性外，还需要设置其 TotalType 属性。

数据访问页中数据分组的操作步骤如图 10-10 所示。

① 在"学生管理"数据库中使用设计视图新建一个空数据访问页，在其设计视图中添加"教师信息表"中的"姓名"、"性别"、"出生日期"、"职称"和"所属院系"字段，输入标题"按院系浏览教师信息"

② 在"所属院系"文本框中右击，在弹出的快捷菜单中选择"升级"命令；或单击工具栏上的"升级"按钮，完成了根据"所属院系"进行分组

③ 切换到"页面视图"可以浏览按"所属院系"分组后的数据页效果，要显示分组内的数据，单击组前面的"展开"按钮即可

图 10-10 设置数据页分组

在上述的数据访问页的设计视图中，右击分组字段"所属院系"，在弹出的快捷菜单中选择"组筛选控件"命令，此时创建的数据访问页可以通过在分组字段的下拉列表框中选择来显示相应组的数据，如图 10-11 所示。

图 10-11　通过"筛选"方式显示分组数据

10.4　数据访问页的访问和发布

用户可以通过资源管理器或 Access 系统的"页面视图"直接浏览访问本机上的数据访问页，也可以用 IE 浏览器来查看所创建的数据访问页，在默认情况下，当用户在 IE 窗口中打开创建的分组数据访问页时，下层组级别都呈折叠状态。若要在 Internet（互联网）或 Intranet（内联网）中查看和使用数据访问页，用户需要带 Service Pack 2 (SP2) 的 Microsoft Internet Explorer 5.01 及其更高版本。

如果用户要通过 Internet 或 Intranet 来查看和使用数据访问页，则需要将数据访问页发布到 Web 服务器上。将数据访问页发布到 Web 服务器上，首先必须要具有访问和存储 Web 服务器的权限和统一资源定位器（URL）地址。若要发布到 Intranet 上，可从管理该 Web 服务器的系统管理员处获得；若要发布到 Internet 上，可从 Internet 服务提供商（ISP）处获得。确认已经获得以上存储权限和 URL 地址后，用户即可发布数据访问页。

10.5　习题

1．选择题

1）使用自动创建数据访问页功能创建数据访问页时，Access 会在当前文件夹下，自动保存创建的数据访问页，其格式为（　　　）。

A．HTML　　　　　　　　　　　　B．文本文件

C．数据库　　　　　　　　　　　　D．Web

2）在数据访问页的工具箱中，为了设置一个超级链接，应该选择的图标是（   ）。

A. ![图标]   B. ![图标]

C. ![图标]   D. ![图标]

3）Access 通过数据访问页可以发布的数据（   ）。

A. 只能是数据库中保持不变的数据   B. 只能是静态数据

C. 只能是数据库中变化的数据   D. 是数据库中保存的数据

4）数据访问页可以简单地认为就是一个

A. 网页   B. 数据库文件

C. Word 文件   D. 表

5）下列关于分组的数据库访问页描述错误的是（   ）。

A. 数据库数据绑定的页连接到了数据库，因此这些页显示当前数据

B. 页是交互式的，用户可以筛选、排序并查看他们所需的数据

C. 页可以通过使用电子邮件进行电子分发

D. 在页上查看、添加、编辑或删除分组的数据

2. 填空题

1）数据访问页有两种视图，它们是_____和设计视图。

2）将 Access 数据库中的数据发布在 Internet 网络上可以通过_____。

3）在 IE 窗口打开创建的分组数据访问页时，下层组级别呈_____状态。

4）在数据访问页的工具箱中，图标![图标]的名称是_____。

5）根据用途不同，数据访问页可以分为 3 种类型，即数据分析、交互式报表和_____。

第11章　VBA 程序设计

Access 具有强大的交互操作功能，用户可以通过创建表、查询、窗体、报表、页、宏等对象，将数据进行整合，建立简单的数据库应用系统。虽然创建过程比较简单，但是所建应用系统具有一定的局限性。要对数据库进行更加复杂和灵活的控制，需要使用内置编程工具 VBA。

以 Access 提供的数据库对象——"模块"为载体，通过在不同模块中编制 VBA 代码，整合数据资源，可以达到解决复杂应用的目的。Access 中的模块都是用 VBA 语言实现的，模块的实质就是将 VBA 声明和过程作为一个单元来保存的集合。

本章将对 Access 中的编程工具 VBA 进行介绍。

11.1　VBA 概述

VBA（Visual Basic Applications）是 Microsoft 公司 Office 系列软件中内置的用来开发应用系统的编程语言。

11.1.1　VBA 的概念

1. VBA 与 VB

VBA 是 VB 的应用程序版本，可以理解为"寄生在 Office 产品中的 Visual Basic"。它与 Visual Studio 系列中的开发工具 Visual Basic 既有相似之处（如：主要的语法结构、命令、函数等），又有本质的区别。

VB 主要用于创建标准的应用程序，而 VBA 的设计目的主要是用于增强已有 Office 应用程序（如 Word、Excel 等）的自动化能力；VB 具有自己的开发环境，而 VBA 必须寄生于已经存在的应用程序。VBA 主要是面向 Office 办公软件进行系统开发的工具，它提供了很多具有 Office 特色、而 VB 中没有的函数和对象。

可以像编写 VB 程序那样来编写 VBA 程序。在 Access 中，VBA 语言编写的代码，将保存在模块中，并通过类似于在窗体中激发宏操作那样运行不同的模块，从而实现相应的功能。

2. VBA 与宏

VBA 和宏都可以实现 Access 操作的自动化。宏本身是一种控制方式简单的程序，它由 Access 提供的命令实现；而 VBA 程序则需要用户自行编写。

实际应用中，使用宏还是使用 VBA，完全取决于具体要完成的任务。对于简单的细节工作（例如，打开或关闭窗体），使用宏是一种很方便的方法，它可以简捷迅速地将已经创建的数据库对象联系在一起；对于复杂的操作（例如，循环控制操作），宏将难以实现，需要使用 VBA 编程。

Access 中，宏可以存储为模块，宏的每个基本操作在 VBA 中都有对应的等效语句。宏对象的执行效率较低。如果需要，可以将宏对象转换为 VBA 程序，以提高代码的执行效率。具体操作方法如下：

选定需转换的宏对象，选择窗口菜单"文件"中的"另存为"命令，在弹出的"另存为"对话框中，指定保存类型为"模块"，并指定模块名称，即将指定的宏对象转换为模块对象。

11.1.2 VBA 的编程步骤

VBA 是 Access 的内置编程语言，它不能脱离 Access 创建独立的应用程序，编制程序必须在 Access 环境内完成。

VBA 编程主要有以下几个步骤。

1．创建用户界面

进行 VBA 编程的第一步是创建用户界面，即确定程序需要的窗体以及窗体上的控件。

2．设置对象属性

对象属性的设置可以通过以下两种方法实现。

● 在窗体设计视图中，通过对象的属性表进行设置。

● 通过程序代码进行设置。

例 11-1　Forms!用户登录!Command2.Caption="密码"

表示将窗体集合 Forms 中的"用户登录"窗体上的 Command2 命令按钮的 Caption 属性设置为"密码"。

3．编写对象事件过程

这一步重点考虑需要对窗体上的哪些对象操作，分别激活什么事件（如单击、双击等），并用 VBA 编写模块以支持相应的事件代码。

4．运行和调试

运行 VBA 程序和事件过程。若在运行过程中出错，可根据系统的出错提示信息进行修改，然后再运行，直到正确为止。

5．保存窗体

保存窗体对象时，不仅保存了窗体及控件，而且还保存了相关的事件代码。

11.1.3 VBA 的编程环境

编写和调试 VBA 程序的环境称为 VBE（Visual Basic Editor）。

1．启动 VBE

Access 数据库中的程序模块可以分为两种类型，绑定型程序模块和独立程序模块。这两类程序模块的编辑调试环境都是 VBE，但启动方式不同。

（1）绑定型程序模块

绑定型程序模块是指包含在窗体、报表、页等数据库对象之中的事件处理过程，这类程序模块仅在所属对象处于活动状态下才有效。

例 11-2　为"课程信息管理"窗体的 Command1 命令按钮（标题为"添加课程"）编写单击事件过程。

实现以上过程的操作步骤如下。

1）打开"课程信息管理"窗体，在该窗体的设计视图中选择 Command1 命令按钮。

2）单击工具栏上的"属性"按钮（或右击 Command1 命令按钮，在弹出的快捷菜单中选择"属性"命令），在属性对话框的"事件"选项卡中选择"单击"事件。如图 11-1 所示。

图 11-1　属性对话框"事件"选项卡

3）单击"单击"事件右侧的"生成器"按钮，打开"选择生成器"对话框，如图 11-2 所示。

图 11-2　"选择生成器"对话框

4）在"选择生成器"对话框中，选择"代码生成器"，单击"确定"按钮，启动 VBE，如图 11-3 所示。

图 11-3　VBE 窗口

（2）独立程序模块

独立程序模块是指 Access 数据库中的"模块"对象。这类模块对象可以在数据库中被任意一个对象所调用。

编辑独立程序模块的操作步骤如下。

1）在数据库设计视图中选择"模块"对象。

2）单击数据库设计视图中的"新建"按钮，或选择"工具"菜单的"宏"→"Visual Basic 编辑器"命令，启动 VBE。

2．VBE 工作环境

VBE 是通过多个不同的窗口来显示不同对象或完成不同任务的。VBE 工作环境通常由多个子窗口（如工程窗口、属性窗口和代码窗口等）和一些常用工具栏组成，如图 11-4 所示。

图 11-4　VBE 工作环境

注意：刚打开的 VBE 界面可能没有图 11-4 中的部分窗口或工具栏，如果需要，可以通过"视图"菜单中的相应命令或工具栏中的相应按钮将其打开。

（1）工具栏

VBE 有调试工具栏、编辑工具栏、标准工具栏和用户窗体工具栏等多种工具栏，可以通过单击工具栏按钮完成指定的动作。如果需要显示工具栏按钮的提示信息，可以选择"视图"菜单中的"工具栏"→"自定义"命令，并在"自定义"对话框的"选项"选项卡中选择"显示关于工具栏的屏幕提示"。

标准工具栏是 VBE 默认显示的工具栏，它包含一些常用命令的快捷操作方式按钮。VBE 标准工具栏中主要按钮及功能如表 11-1 所示。

表 11-1　VBE 标准工具栏中主要按钮及功能

图　标	名　称	功　能
	"视图切换"按钮	切换到 Access 操作窗口
	"插入模块"按钮	插入新模块对象。在建立模块对象过程中，单击此按钮右侧下箭头，可选择系统新建"模块"、"类模块"或"过程"
	"运行子过程/用户窗体"按钮	运行模块程序。单击此按钮，并在"宏"对话框中选择需运行的模块名称即可
	"中断"按钮	中断正在运行的模块程序

图 标	名 称	功 能
▨	"终止运行/重新设置"按钮	结束正在运行的模块程序，重新进入模块设计状态
☒	"设计模式"按钮	切换设计模式与非设计模式
☒	"工程资源管理器"按钮	打开/关闭工程资源管理器窗口
☒	"属性窗口"按钮	打开/关闭属性窗口
☒	"对象浏览器"按钮	打开/关闭对象浏览器窗口

（2）工程资源管理器窗口

一个数据库应用系统就是一个工程。工程资源管理器窗口以层次结构列表形式显示当前数据库中的所有模块，双击该窗口中的某个模块，可以打开其对应的代码窗口。

（3）属性窗口

属性窗口列出了选定对象的属性，可以在设计时查看、改变这些属性。属性窗口的窗口部件主要有"对象框"和"属性列表"。"对象框"用于显示当前窗体中的对象，如果选取了多个对象，则以第一个对象为准，列出各对象均具有的共同属性。"属性列表"可以按分类或字母顺序对对象属性进行排序。

若要改变属性的设定，可以选定属性名，然后在其右侧文本框中选取新的设置或直接输入新值。

（4）对象浏览器窗口

对象浏览器用于显示对象库以及工程中的可用类、属性、方法、事件和常数变量。可以用它来搜索及使用已有的对象，或是来源于其他应用程序的对象。在该窗口中可以使用"向前"、"向后"、"搜索"等按钮查看类及成员列表。

3. 代码窗口的使用

Access 的 VBE 编辑环境提供了完善的代码开发和调试工具。代码窗口是设计人员的主要操作界面，充分认识其功能将有助于模块代码开发工作的顺利进行。

代码窗口的"对象框"显示了所选对象的名称，单击其右侧的下箭头，可以查看和选择当前窗体的对象；"过程/事件框"显示了所选对象的事件，单击其右侧的下箭头，可以查看和选择事件。

在使用代码窗口时，Access 提供了许多辅助功能，用于提示和帮助用户进行代码处理。

（1）自动显示提示信息

在代码窗口中输入命令时，系统会适时地自动显示命令关键字列表、属性列表及过程参数列表等提示信息，用户可以选择或参考其中的信息，从而极大地提高了代码设计的效率和正确性。例如，在代码窗口输入"Debug."时，系统会在命令列表框中提示可选择操作"Assert"和"Print"以供用户选择，用户只需双击列表中所需的操作，即可完成命令的输入。

在代码窗口中输完一条命令，并按〈Enter〉键时，系统会自动对该行代码进行语法检查。如果该命令行有语法错误，系统将弹出警告对话框，并将该命令行显示为红色。此时，可单击"确定"按钮，返回代码编辑状态，修正错误代码。

（2）立即窗口

选择 VBE "视图"菜单中的"立即窗口"命令可以打开立即窗口。

在立即窗口中，可以输入或粘贴一行代码，并按〈Enter〉键确认执行该代码。例如，为了快速验证函数或表达式的运算结果，可以在立即窗口中直接输入命令关键字"？"或"Print"，并在其后接着输入需验证的函数或表达式，按〈Enter〉键即可看到运算结果。

此外，在运行模块程序时，由"Debug.Print"语句指定的输出内容也会显示在立即窗口中。使用"Debug. Print"语句输出多项内容时，各项内容之间可以用逗号（,）或分号（;）分隔。其中，以逗号（,）分隔的内容以标准格式输出，以分号（;）分隔的内容将以紧凑格式输出。

在调试 VBA 程序时，可以在程序的适当位置加入"Debug.Print"语句，以快速确定程序的出错位置，提高程序调试效率。

注意：立即窗口中的代码是不能被存储的。如果需要，可利用"复制"、"剪切"、"粘贴"命令将立即窗口中的代码放入模块程序代码中。

（3）监视窗口

选择 VBE "视图"菜单中的"监视窗口"命令可以打开监视窗口。调试 VBA 程序时，可以利用监视窗口显示正在运行程序中定义的监视表达式的值。

11.1.4 模块的基础知识

1. 模块及模块分类

Access 模块是将 VBA 声明和过程作为一个单元进行保存的集合。模块中的代码都是以过程的形式加以组织的，每一个过程都可以是子过程（Sub 过程）或函数过程（Function 过程）。

根据模块使用情况的不同，可以将模块分成标准模块和类模块两种类型。标准模块与类模块的主要区别在于其作用范围和生命周期的不同。

（1）标准模块

标准模块一般用于存放公共过程（子过程和函数过程），不与其他任何 Access 对象相关联。在 Access 中，通过模块对象创建的代码过程就是标准模块。

在标准模块中，通常为整个应用系统设置全局变量或可以在数据库中任何位置运行的通用过程，以供窗体或报表等对象在类模块中调用。反之，在标准模块的过程中也可以调用窗体或运行宏等数据库对象。

标准模块中的公共变量和公共过程具有全局性，其作用范围为整个应用系统。

（2）类模块

类模块是指与某个特定对象有关的模块。窗体模块和报表模块都是与特定窗体或报表对象相关联的，因此它们都属于类模块。窗体模块和报表模块通常都含有事件过程，它们通过事件过程来响应用户的操作，从而控制窗体或报表的行为。例如，单击窗体上的某个命令按钮从而引发相应操作。

窗体模块或报表模块中的过程可以调用已经添加到标准模块中的过程。当用户为窗体或报表创建第一个事件过程时， Access 将自动创建与之关联的窗体模块或报表模块。

2. 创建模块

在 VBE 环境中，选择"插入"菜单中的"模块"或"类模块"命令可以创建一个标准模块或类模块。

模块是由过程单元组成的。一个模块可以包含一个声明区域，以及一个或多个子过程（以关键词 Sub 开始，以 End Sub 结束）与函数过程（以关键词 Function 开始，以 End Function 结束），其中声明区域主要用于定义模块中使用的变量等内容。

通过以下两种方法可以在模块中添加子过程或函数过程。

（1）方法一

1）在 VBE 的"工程资源管理器"窗口中，双击需要添加过程的模块（可以是窗体模块、报表模块或标准模块）。

2）选择"插入"菜单中的"过程"命令，打开"添加过程"对话框，如图 11-5 所示。

图 11-5 "添加过程"对话框

3）在对话框中，输入过程"名称"、选择过程"类型"、选择过程的作用"范围"。

4）单击"确定"按钮，将自动生成过程（或函数）的头语句和尾语句，且光标停留在两条语句之间，等待用户输入过程（或函数）代码。

（2）方法二

在窗体模块、报表模块或标准模块的代码窗口中，直接输入 Sub 过程名（或 Function 名），然后按〈Enter〉键，自动生成过程（或函数）的头语句和尾语句，用户可以在两条语句之间输入过程（或函数）代码。

需要说明的是：子过程名既可以由用户自定义，如，Area( )；也可以由一个对象名和一个事件名共同组成，两者之间用下划线隔开，如，Command2_Click( )。

3．应用举例

下面通过一个简单示例进一步说明模块的创建和运行过程。

例 11-3 编制标准模块"应用举例"，其功能为：在标题为"2008 北京"的消息框中显示"同一个世界，同一个梦想！"。

具体操作步骤如下。

1）创建或打开一个数据库。

2）选择"工具"菜单中的"宏"→"Visual Basic 编辑器"命令，打开 Visual Basic 编辑器 VBE。

3）在 VBE 窗口，选择"插入"菜单中的"模块"命令，Access 打开定义新模块窗口。

4）在定义新模块窗口中输入以下子过程。

```
Sub Welcome( )
    MsgBox "同一个世界，同一个梦想！",,,"2008 北京"
End Sub
```

图 11-6　创建模块应用举例

5）保存模块，并命名为"应用举例"。

6）单击 VBE 工具栏上的"运行"按钮 ▶，可看到模块的运行效果如图 11-6 所示。

11.2　面向对象程序设计基础

面向对象的程序设计将根据用户对所选对象的不同操作而触发不同的事件，在进行 VBA 编程时，不仅需要了解面向对象程序设计的基本概念，还需要了解 Access 的对象模型。

11.2.1　面向对象程序设计的基本概念

VBA 是面向对象的编程语言，对象是 VBA 程序设计的核心。数据库、窗体、控件等都属于对象范畴。对象具有属性、方法和事件。

1. 对象

对象是为了方便数据和代码的管理而提出的一个概念。在 VBA 中，对象是封装有数据和代码的客体，它是代码和数据的组合，可将它看做单元。每个对象由类来定义。

2. 属性

属性定义了对象的特征（如，对象的大小、屏幕位置、颜色等）或某些行为（如，对象是否可见等），通过修改对象的属性值可以改变对象的特性。在 VBA 程序中可通过以下命令格式修改对象的属性值：

对象名.属性名=新的属性值

例如，例 11-1 中的命令"Forms!用户登录!Command2.Caption="密码""，就是将"用户登录"窗体上 Command2 命令按钮的 Caption 属性设置为"密码"。

Access 的属性项目很多，在属性表内选择某一属性，并按下〈F1〉键，即可显示该属性的帮助文件。在帮助文件中，不仅可以看到属性所对应的英文名称，而且可以看到属性的使用方法。

3. 方法

方法指的是对象能执行的动作。例如，Add 是 ComboBox 对象的方法，它的作用是为下拉式列表增加一个列表项。

4. 事件

事件是对象可以辨认的动作。例如，打开、装载、单击、双击等，可以针对此类动作编写相应的程序代码，以响应用户的动作或系统行为。

例如，第一次打开窗体时，事件发生顺序为 Open→Load→Resize→Current；关闭窗体时，事件发生顺序为 Unload→Deactivate→Close

5. 对象集合

对象集合是包含几个其他对象的对象，而这些对象通常具有相同的类型。

注意：集合本身也是对象，它有自己的方法和属性。如果对象集合中的对象共享共同的方法，则可以对整个对象集合进行统一操作。

例如，命令 Forms.Close 可以关闭所有打开的窗体。

对象集合中的每个对象在集合中都有一个位置（即索引号）。但是，只要集合发生变化，集合中对象的位置就可能发生变化。也就是说，集合内任何特定对象的位置都不是一成不变的。

6．对象模型

对象模型通过定义所有对象集合和对象之间的层次关系，使编程工作更容易实现。对象模型实际上是给出了基于对象程序的对象集合和对象的组织方式。

11.2.2　Access 中的对象

Access 是支持自动化功能的 COM 组件之一，它可以使用其他 COM 组件提供的对象，也可以为其他 COM 组件提供 Access 的对象。

在 VBA 程序代码中访问一个 Access 对象时，编程人员必须清楚该对象在 Access 对象模型中所处的位置，然后通过对象访问符"."，从包含这一对象的最外层对象开始，依次逐步取其子对象，直到要访问的对象为止。

下面将对 Access 对象模型，以及 Access 中常用的对象做一简单介绍。

1．Access 对象模型

Access 对象模型如图 11-7 所示。

图 11-7　Access 对象模型

2．Form(s)对象

Forms 对象是一个对象集合，用于管理当前所有处于打开状态的窗体对象；Form 对象是 Forms 集合的成员。

216

（1）引用 Form 对象

可以用窗体名称方式引用 Forms 集合中的某个 Form 对象，具体命令格式如下：

【语句格式 1】Forms!<窗体名称>

【语句格式 2】Forms("<窗体名称>")

如果窗体名称中包含空格，则窗体名称必须用方括号([ ])括起来。

（2）引用窗体上的控件

每个 Form 对象都有一个 Controls 集合，该集合包含窗体上所有的控件。要引用窗体上的控件可以采用显式引用方式或隐式引用方式。相比较而言，隐式引用的速度会更快一些。

如，对"用户登录"窗体上的 Command2 控件的引用如下。

显式引用方式为"Forms! 用户登录. Controls! Command2"。

隐式引用方式为"Forms!用户登录!Command2"。

（3）统计窗体个数

如果需要确定当前打开窗体的个数或数据库中现有的窗体个数，可以使用 Count 属性。

代码"Forms.Count"可以确定当前打开的窗体个数；代码"CurrentProject.AllForms.Count"可以确定当前数据库中的窗体总个数。

3. Report(s)对象

Reports 对象是一个对象集合，用于管理当前所有处于打开状态的报表；Report 对象是 Reports 集合的成员。

有关 Report 对象的引用、报表控件的引用、报表个数统计等内容与 Form 对象类似，这里不再赘述。

4. DoCmd 对象

DoCmd 是 Access 数据库的一个重要对象，它的主要功能是通过调用 Access 内置的方法，在 VBA 中实现特定操作。也就是说，在 VBA 中，可以使用 DoCmd 对象的方法实现对 Access 的操作。

在 VBA 代码窗口输入"DoCmd."时，可显示图 11-8 所示的提示列表，列表中的每个内容实质上就是 Access 中的宏命令。例如，可以使用 DoCmd 对象的 OpenForm 方法打开窗体。

图 11-8　DoCmd 对象方法提示列表

11.3　VBA 程序设计基础

编写 VBA 程序时，需要用到程序设计的基础知识，包括 VBA 的常量、变量、表达式、数据类型等相关概念和 VBA 的基本语句。

11.3.1　VBA 中的数据和表达式

1. VBA 的数据类型

除"备注"和"OLE 对象"数据类型以外，Access 数据表中字段所使用的数据类型在 VBA 中都有对应的类型。VBA 中的数据类型如表 11-2 所示。

表 11-2　VBA 中的数据类型

数 据 类 型	关 键 字	符 　 号	前 　 缀	有效值范围	默 认 值
字节型	Byte	无	Byt	0~255	0
整型	Integer	%	Int	-32 768~32 767	0
长整型	Long	&	Lng	-2 147 483 648~2 147 483 647	0
单精度型	Single	!	Sng	-3.4×10^{38}~3.4×10^{38}	0
双精度型	Double	#	Dbl	$-1.797\ 69 \times 10^{308}$~$1.797\ 69 \times 10^{308}$	0
货币型	Currency	@	Cur	-922 337 203 685 477.5808~ 922 337 203 685 477 5807	0
字符型	String	$	Str	根据字符串长度而定	""
日期/时间型	Date	无	Dtm	日期：100 年 1 月 1 日~9999 年 12 月 31 日 时间：0:00:00 到 23:59:59	0
逻辑型	Boolean	无	Bln	True 或 False	False
对象型	Object	无	Obj		Empty
变体型	Variant	无	Var		

（1）数值类型

VBA 中的数值类型包括 Integer、Long、Single、Double、Currency、Byte。

● Integer 型和 Long 型：用于保存整数。整数的运算速度快，但表示数的范围小。例如：将 45678 保存在 Integer 型变量中将会发生溢出错误。

● Single 型和 Double 型：用于保存浮点实数，表示数的范围大。

● Currency 型：用于保存定点实数，保留小数点右边 4 位和小数点左边 15 位，用于货币计算。

● Byte 型：用于存储二进制数。

（2）字符类型

字符型数据用于存放字符串。字符串是放在英文双引号内的若干个字符，这些字符可以是 ASCII 字符或汉字。长度为 0 的字符串""被称为空字符串。

VBA 中的字符串分为两种，即变长字符串和定长字符串。变长字符串的长度是不确定的，最大长度不超过 2^{31}；定长字符串的长度是固定的，最大长度不超过 2^{16}。

（3）日期/时间类型

日期/时间类型（Date 型）数据用于存储日期和时间的值。要想熟练使用 Date 型数据，需要了解日期值在 VBA 内部的存储形式。VBA 中，Date 数据以双精度浮点数形式保存，它的整数部分用于存储日期值，小数部分用于存储时间值。

● Date 数据的整数部分用于表示当前日期距离 1900 年 1 月 1 日的天数，其中 1899 年 12 月 31 日之前的日期以负整数表示，该日期之后的日期为正整数。

● Date 数据的小数部分表示从子夜到现在已经度过的时间，"0"表示午夜。如果小数部分的值为 0.5，则表示一天中已经过去了二分之一，目前的时间是中午 12 点。

（4）逻辑类型

逻辑类型数据也称为布尔型，用于逻辑判断，它只有 True（真）、False（假）两个值。当变量值只是 True/False、Yes/No、On/Off 等两种情况时，可将其声明为逻辑类型。

当将逻辑型数据转换为其他数据类型时，False 转换为 0，True 转换为-1；当将其他数据类型转换为逻辑型数据时，0 转换为 False，非 0 数据转换为 True。

（5）对象类型

对象类型数据用于存放应用程序中的对象。

（6）变体类型

变体是一种特殊的数据类型，变体数据是指没有被显式声明为某种类型变量的数据类型。它可以表示数值、字符、日期等任何值，也可以是特殊值 Empty、Error、Nothing 和 Null。可以说，变体数据类型是 VBA 中应用最灵活的一种数据类型，变体型变量不仅可以存储所有类型的数据，而且当赋予不同类型值时可以自动进行类型转换。

在使用时，可以使用 VarType 函数或 TypeName 函数来决定如何处理 Variant 中的数据。

（7）用户自定义类型

当需要用一个变量记录多个类型不一样的信息时，可以使用用户自定义类型。用户自定义数据类型主要是为了保存一些特定的数据（如一条记录数据）和易于变量识别，它是将不同类型的变量组合起来的一种形式。

用户自定义数据类型通常包含多个数据元素，每个数据元素既可以是基本数据类型，也可以是已定义的用户自定义类型。可由 Type 语句创建自定义数据类型。

【语句格式】

Type < varname >

    <elementname> As type

    [<elementname> As type]

    …

End Type

【语句说明】

- varname：变量名。
- Elementname：用户自定义数据类型的元素名称。
- type：数据类型。可以是 Integer、Long、Single、Date、String、Boolean 、Currency 等基本数据类型，也可以是已存在的用户自定义类型。

例 11-4　以下语句定义了具有 3 个数据元素的自定义数据类型 "MyType"。

```
Type MyType
    StuNo As String*9        '第一个数据元素用于存储学生的学号
    StuName As String        '第二个数据元素用于存储学生的姓名
    StuScore As Single       '第三个数据元素用于存储学生的成绩
End Type
```

对用户自定义类型变量进行赋值时，可以使用"变量名.元素名"的格式。

例 11-5　以下语句定义了一个数据类型为自定义类型 "MyType" 的变量 New_Val，并实现了对它的赋值。

```
Dim New_Val As MyType        '将变量 New_Val 定义为自定义数据类型 MyType
    New_Val. StuNo = "063501209"
    New_Val. StuName = "王为民"
    New_Val. Stu Score = 92
```

注意： Type 语句只能在模块级使用。使用 Type 语句声明了一个用户自定义数据类型后，就可以在该声明范围内的任何位置声明该类型的变量。

2．常量

常量是指在程序运行过程中，其值不能被改变的量。在程序中使用常量可以增加代码的可读性，使得代码维护更加容易。

除了直接常量（也称为字面常量，即通常使用的数值、字符常量或日期常量，例如，10、"ABC"、#2008-8-8#等）以外，Access 还支持符号常量、固有常量和系统定义常量 3 种类型的常量。

（1）符号常量

如果在代码中要反复使用某个相同的值，或者代表某些特定意义的数字或字符串，可以使用符号常量。

符号常量由 Const 语句创建。创建符号常量时需给出具体的常量值，在程序运行过程中对符号常量只能进行读取操作，不允许对其进行修改或重新赋值。

符号常量的命名规则与变量命名规则相同，需注意的是，不允许创建与固有常量同名的符号常量。

例如，Const PI=3.14159 或 Const PI as Single=3.14159

这里声明的符号常量 PI 代表圆周率 3.14159。在程序代码中，可以使用 PI 代替圆周率参加运算。使用符号常量的好处主要在于，当需要修改该常量的值时，只需修改定义该常量的一个语句即可。

如果在一个语句中声明几个常量，需使用"，"分隔。

（2）固有常量

VBA 提供了许多固有常量，并且所有固有常量都可以在宏或 VBA 代码中使用。固有常量名的前两个字母为前缀字母，指明了定义该常量的对象库。来自 Access 库的常量以"ac"开头，来自 ADO 库的常量以"ad"开头，来自 Visual Basic 库的常量则以"vb"开头。例如，acRecord，adAddNew，vbOkOnly 等。固有常量在联机帮助中都有详细介绍。

VBA 中，每个固有常量都有一个对应的数值，可以在立即窗口中输入命令"?<固有常量名>"来显示常量的实际值，也可以通过"对象浏览器"查看所有可用对象库的固有常量列表，如图 11-9 所示。

图 11-9　使用"对象浏览器"查看对象库的固有常量列表

因为固有常量所代表的具体值在系统软件的版本升级过程中有可能被改变，所以在程序代码中应该尽可能地使用固有常量名，而不用固有常量的实际值。

（3）系统定义常量

系统定义常量有 3 个，即 True、False 和 Null。

3. 变量

变量是指在程序运行过程中，其值可能发生变化的数据。变量实际上是一个符号地址，VBA 通过使用变量来临时存储数据。

变量具有 3 要素，即变量名、变量类型和变量值。

（1）变量的命名规则

- 变量名必须以字母字符开头，最长不超过 255 个字符。
- 可以包含字母、数字或下划线字符，不能包含标点符号和空格等。
- 变量名不区分英文字符的大小写，如：intX、INTX、intx 等表示的是同一个变量。
- 变量名不能使用 VBA 关键字。
- 为了增加程序的可读性，通常在变量名前加一个前缀来表明该变量的数据类型，缩写前缀的约定见表 11-2。

（2）变量的声明

每个变量都有一个变量名，使用之前可以采用显式声明指定数据类型，也可以采用不指定方式隐式声明。

1）使用类型说明符号声明变量。

VBA 允许使用类型说明符来声明变量的数据类型，类型说明符只能出现在变量名的最后，如：intX%表示变量 intX 是整型数据类型。

类型说明符的含义见表 11-2。

2）使用 Dim 或 Static 语句声明变量。

【语句格式 1】**Dim** < varname > [As < type>] [,< varname > [As < type>]…]

【语句格式 2】**Static** < varname > [As < type>] [,< varname > [As < type>]…]

【语句说明】

- varname：变量名。遵循变量命名约定。
- type：数据类型。可以是 Integer、Long、Single、Double、Date、String、Object、Boolean 、Currency、Variant 等。
- 一个 Dim 或 Static 语句可以声明多个变量，所声明的每个变量都有一个单独的 As type 子句。省略 As type 子句的变量默认为变体类型（Variant）。
- 使用 Dim 语句声明的变量为动态变量，使用 Static 语句声明的变量为静态变量。两者使用上的不同见"变量的生存期"部分的讲解。

例 11-6   Dim intX As Integer   '声明了一个整型变量 intX

           Dim strY1 As String, strY2 As String '声明了两个字符型变量 strY1 和 strY2

3）使用 DefType 语句声明变量。

DefType 语句只能用于模块的通用声明部分，用来为变量和传送给过程的参数设置默认数据类型。

【语句格式】**DefType** <letter1>[-<letter2>] [,<letter1>[-<letter2>]] …

【语句说明】

letter1 和 letter2 参数用于指定设置缺省数据类型的变量名称范围，且不区分大小写字母。

DefType 语句对应的数据类型如表 11-3 所示。

表 11-3　DefType 语句对应的数据类型

语　　句	数 据 类 型	语　　句	数 据 类 型
DefBool	Boolean	DefSng	Single
DefByte	Byte	DefDbl	Double
DefInt	Integer	DefDate	Date
DefLng	Long	DefStr	String
DefCur	Currency	DefObj	Object
DefDec	Decimal	DefVar	Variant

例如，语句"DefInt a,g,s-x"说明在模块中使用的以字母 a、g，以及 s～x 开头的变量的默认数据类型为整型。

4）使用变体类型。

没有使用以上 3 种方法声明数据类型的变量默认为变体类型。相对于上述 3 种显式声明而言，被称为隐式声明。隐式声明是指在使用一个变量之前不必事先声明这个变量。

用户可以通过给变量赋值的方式来建立隐式变量。例如，语句 varX=200 定义了一个名为 varX 的隐式变量，数据类型为 Variant，值为 200。

系统默认变量为 Variant 类型时，具体是数值型还是字符型，由所赋给的值决定。

也可以通过在变量名后增加类型声明字符的方式为一个隐式变量定义数据类型，例如，语句 varX%=200 创建了一个整型变量 varX。

在 VBA 编程中，应尽量减少隐式变量的使用，大量使用隐式变量，会对变量的识别和程序的调试带来困难。如，程序中定义了某个隐式变量，当使用中出现变量名拼写错误这类错误时，将很难被发现。

可以在模块设计窗口的说明区域，使用 Option Explicit 语句，强制要求程序中的所有变量必须显式声明后才能使用。

显式声明变量有 3 个作用，一是可以指定变量的数据类型；二是可以指定变量的适用范围（即变量的作用域）；三是在程序编制过程中可以预先排除一些因为变量名拼写错误而带来的错误。

（3）变量的作用域

变量可被访问的范围称为变量的作用域。根据变量作用域的不同，可将变量分为局部变量、模块变量和全局变量。

1）局部变量：在模块的过程内部用 Dim 或 Static 声明的变量，称为局部变量。局部变量的作用范围仅限于声明该变量的过程执行期间，过程执行完毕，局部变量将被释放。

2）模块变量：在模块的通用声明部分用 Dim 或 Private 声明的变量，称为模块级变量。

模块级变量在声明它的模块中的所有过程中都能使用，其他模块不能访问。

3）全局变量：在标准模块的通用声明部分用 Public 声明的变量，称为全局变量。全局变量在声明它的数据库中所有模块的所有过程中都能使用。

（4）变量的生存期

从变量的生存期来看，变量又分为动态变量和静态变量两种。

1）动态变量：在过程中，使用 Dim 语句声明的局部变量属于动态变量。动态变量的生存期仅限于它所在过程的一次运行期间。即从该过程执行开始直至过程执行完毕，动态变量的值不会带入过程的下一次运行期间。

2）静态变量：在过程中，用 Static 声明的局部变量属于静态变量。静态变量在过程运行时可保留变量的值。即每次运行过程时，用 Static 声明的变量都保持上一次的值。

例如，现有如下程序段：

```
Sub dimstatic( )
    Dim Intx As Integer
    Static Inty As Integer

    Intx = Intx + 10
    Inty = Inty + 10

    Debug.Print "Intx="; Intx, "Inty="; Inty
End Sub
```

第 1 次运行该程序段，运行结果为 Intx= 10   Inty= 10
第 2 次运行该程序段，运行结果为 Intx= 10   Inty= 20
第 3 次运行该程序段，运行结果为 Intx= 10   Inty= 30

4．数组

数组是由一组具有相同数据类型的变量（称为数组元素）构成的集合。数组变量由变量名和数组下标组成。在 VBA 中，不允许隐式说明数组，可用 Dim 语句来声明数组。

【语句格式】

Dim <varname>([<lower1> To] <upper1> [, [<lower2> To] <upper2>]…) As type

【语句说明】

1）varname：变量名。遵循变量命名约定。

2）lowern：下标的下界，缺省值为 0；可以在模块的通用声明部分使用语句"Option Base 1"，将数组的默认下标下界规定为 1。

3）uppern：下标的上界。

4）type：数据类型。可以是 Integer、Long、Single、Double、Date、String、Object、Boolean 、Currency、Variant等。

数组有固定大小和动态两种类型。前者总保持同样的大小，而后者在程序中可根据需要动态地改变数组的大小。

（1）固定大小的数组

可以根据需要对固定大小的数组进行声明，表 11-4 为部分数组声明示例。

表 11-4　数组声明示例

语　句	数　组　名	维　数	数　组　元　素	数组元素个数	数组元素变量类型
Dim IntArray(5) As Integer	IntArray	一维	从 IntArray(0)到 IntArray(5)	6	整型
Dim ArrayX(3 to 5) As String*9	ArrayX	一维	从 ArrayX(3)到 ArrayX(5)	3	定长字符串
Dim ArrayS(4,5) As Single	ArrayS	二维	从 ArrayS(0,0)、ArrayS(0,1)…到 ArrayX(5，5)	30	单精度

　　类似地，可以声明二维以上的数组。但多维数组对存储空间的要求更大，它们既占据存储空间，又影响运行速度，应慎用。尤其是Variant数据类型的数组，它们需要更大的存储空间。

　　（2）动态数组

　　在 VBA 中，允许用户定义动态数组。在不能明确地知道数组中应该含有多少元素时，可以使用动态数组。动态数组中元素的个数是不定的，在程序运行中可以改变其大小。

　　动态数组的定义过程分为两步：①使用 Dim 语句声明数组，但不指定数组元素的个数；②在具体使用时再用 ReDim 语句来指定数组元素的个数，称为数组的重定义。

　　在对数组重定义时，可以在 ReDim 后增加保留字 Preserve 来保留以前的值，否则使用 ReDim 后，数组元素会被初始化为默认值。对于数值型数组，设置为 0；对于String型数据组，设置为空串；对于Variant型数组，设置为 Empty；对于Object型数组，设置为 Nothing。

　　例 11-7　动态数组的使用。

```
Option Base 1              '将数组的默认下标下界设置为1
Dim IntArray( ) As Integer '声明动态数组 IntArray

ReDim IntArray(5)          '重定义数组，分配 5 个数组元素
For n=1 to 5               '利用循环程序结构为数组元素赋值
    IntArray(n)=n
Next n

ReDim IntArray(8)          '重定义数组，且数组元素初始化为 0
For n=1 to 8               '为数组元素赋值
    IntArray(n)=n
Next n

ReDim Preserve IntArray(10) '重定义数组，且保留数组元素中的值
    IntArray(9)=100         '为第 9 和第 10 两个数组元素赋值
    IntArray(10)=120
```

　　（3）数组的使用

　　一经声明，数组中的每个元素就都可以作为单个变量使用了，其使用方法与普通变量相同。

　　数组元素的引用格式中包括数组名和下标值。如果是一维数组，则只有一个下标值；如果是多维数组，则多个下标值之间以逗号分隔。若给定数组元素的下标值超过了数组声明语句中规定的上、下界，则会出错。

如果将数组的默认下标下界设置为 1，则 IntArray(2) 表示一维数组 IntArray 的第 2 个元素，ArrayS(3,4) 表示二维数组 ArrayS 中第 3 行第 4 列的元素。

5. VBA 中的表达式

VBA 表达式是由运算符将常量、变量、函数、控件属性等运算对象进行连接的式子。表达式可执行计算、操作字符或测试数据，其计算结果为单一的值。

VBA 表达式中涉及的运算符除前面章节介绍的算术运算符、字符运算符、关系运算符、逻辑运算符以外，还有对象运算符。

（1）对象运算符

对象运算符有"！"和"．"两种。

1）"！"运算符：运算符"！"的作用是引出一个用户定义的对象，如窗体、报表、窗体或报表上的控件等。

例如，"Forms!用户登录"表示用户定义的窗体"用户登录"，"Forms!用户登录!Command2"表示用户在窗体"用户登录"上定义的控件 Command2。

2）"．"运算符：运算符"．"的作用是引出一个 Access 定义的内容，如属性。

实际应用中，"．"运算符与"！"运算符配合使用，用于表示引用的对象属性。

例如，"Forms!用户登录!Command2.Visible"表示"用户登录"窗体上 Command2 控件的 Visible 属性。需注意的是，如果"用户登录"窗体为当前操作对象，则"Forms!用户登录"可以用"Me"来替代，上式可表示为"Me!Command2.Visible"。

（2）数据库对象变量的使用

在 Access 数据库中建立的对象及其属性，均可被看做 VBA 程序代码中的变量及其指定的值来加以引用，与普通变量所不同的是，需要使用规定的引用格式。

例如，"Forms!用户登录!Command2"在 VBA 程序语句中的作用相当于变量，只不过它所表示的是 Access 对象。

当需要在 VBA 中多次引用某一对象时，可以先声明一个 Control（控件）数据类型的对象变量，并使用 Set 语句说明该对象变量指向的控件对象。

【语句格式】**Set** <objectvar> = <objectexpression>

【语句说明】

1）objectvar：对象变量名称。

2）Objectexpression：对象表达式。

例 11-8 数据库对象变量的使用。

```
Dim compsw As Control        '定义对象变量，数据类型为控件
Set compsw = Forms!用户登录!Command2     '为对象变量指定窗体控件对象
```

经过以上设置，可将控件对象的引用转为对象变量的引用。语句 compsw.Caption="密码"，等同于"Forms!用户登录!Command2.Caption="密码""。

11.3.2 VBA 基本语句

VBA 中的语句是能够完成某项操作的一条完整命令，程序由大量的命令语句构成。语句可以包含关键字、表达式等。

1. VBA 语句的书写规则

1）VBA 语句不区分英文字母的大小写，但要求标点和括号等符号使用西文形式。

2）一个 VBA 语句行最多允许含有 255 个字符。

3）通常将一条语句写在一行。若语句较长，一行写不下时，可以人为断行，但需要在行尾增加续行符（即：一个空格后面跟一个下划线"_"），以表示该语句并没有结束，它的剩余内容在下一行。

4）VBA 允许在程序的同一行上书写多条语句，各语句之间需用冒号":"分隔。

5）输入一个语句行，并按 Enter 键后，VBA 将自动进行语法检查。如果语句行存在错误，该语句将以红色显示，有时还会伴有错误信息提示。

6）对于语句中的关键字，VBA 会将其首字母自动转换为大写形式。

2. 注释语句

为了增加程序的可读性，可以在程序中添加适当的注释。VBA 在执行程序时，并不执行注释文字。

【语句格式 1】**Rem** <comment>

【语句格式 2】' <comment>

【语句说明】

1）comment 可以是内容任意的注释文本。

2）注释语句既可以占据一整行，也可以和其他语句放在同一行，并写在其他语句的后面。

注意：如果将 Rem 语句与其他语句放在同一行，则必须使用冒号（:）将它们隔开；如果将撇号（'）开头的注释语句与其他语句放在同一行，则不必使用冒号分隔。

例 11-9　注释语句使用示例。

```
Rem  这里是一个注释语句使用示例
'这里是一个注释语句使用示例
Cmd1.Caption="欢迎"     '将命令按钮 Cmd1 的 Caption 属性设置为"欢迎"
Cmd2.Caption="退出" : Rem  将命令按钮 Cmd2 的 Caption 属性设置为"退出"
```

以上程序段中，前两个语句行为注释语句行，后两个语句行将注释语句写在了其他语句的后面。

3. 声明语句

声明语句通常放在程序的开始部分，通过声明语句可以命名和定义常量、变量、数组和过程。当声明一个变量、数组或过程时，也同时定义了它们的作用范围。此范围不仅取决于声明语句的位置（即将声明语句放在模块中，还是放在子过程中），而且还取决于使用的关键字（如，Dim、Static、Public、Private 等）进行声明。

例 11-10　声明语句使用示例。

```
Dim intA as integer, StrM as string
Static intB as integer
Const PI=3.14159
```

4. 赋值语句

通过赋值语句可以将表达式的值赋给指定的变量或属性。

【语句格式】[**Let**] <varname> = <expression>

【语句说明】

1）关键字 Let 为可选项，通常省略不写。

2）varname 为变量或属性的名称，expression 为表达式。

3）该语句的执行方式为：先计算（表达式），后赋值。

4）要求表达式结果值的类型必须与 varname 的类型兼容，否则程序不能正确运行。例如：不能将字符串表达式的值赋给数值变量，也不能将数值表达式的值赋给字符串变量。

5. 用户交互函数 InputBox

InputBox 函数的作用是打开一个对话框，并等待用户输入文本。当用户输入文本，并单击"确定"按钮或按〈Enter〉键后，函数将返回文本框中输入的文本值。

【函数格式】*InputBox*(<prompt> [, <title>] [, <default>] [, <xpos>] [, <ypos>])

【函数说明】

1）prompt 是一个字符串表达式，其结果值将作为提示信息显示在对话框中。

2）title 为可选项，它也是一个字符串表达式，其结果值将显示在对话框的标题栏中。

3）default 为可选项，其内容为对话框的默认输入值。

4）选项 xpos、ypos 用于确定对话框在屏幕上的位置。省略 xpos 时，对话框将在屏幕上水平居中；省略 ypos 时，对话框将被放置在屏幕垂直方向三分之一的位置。

例如，有如下语句：

x=InputBox("请输入学生成绩","查询输入",85)

其作用是把通过 InputBox 函数输入的学生成绩值赋给了变量 x，以便程序根据变量 x 中的不同值进行相关处理。其执行效果界面如图 11-10 所示。

图 11-10　InputBox 函数运行效果

6. MsgBox 语句和 MsgBox 函数

MsgBox 语句和 MsgBox 函数的作用是打开一个对话框，显示相关信息，等待用户通过按钮进行选择，最后针对用户单击的按钮，返回一个相应的整数值。

【语句格式】**MsgBox** <prompt> [,<buttons>] [,<title>]

【函数格式】**MsgBox**(<prompt> [,<buttons>] [,<title>])

【语句和函数说明】

1）prompt 是一个字符串表达式，其结果值将作为提示信息显示在对话框中。

2）title 为可选项，它也是一个字符串表达式，其结果值将显示在对话框的标题栏中。

3）buttons 为可选项，它是一个整型表达式，由表 11-5 所示的 4 组方式组合而成，且每组方式只能选择一个。buttons 的内容决定了对话框显示按钮的数目及形式、使用的图标样式、默认按钮，以及对话框的强制回应等内容。

表 11-5　Buttons 选项设置值

分　　组	常　　量	值	描　　述
按钮数目及形式	vbOkOnly	0	只显示 Ok 按钮（缺省值）
	vbOkCancel	1	显示 Ok 和 Cancel 按钮
	vbAbortRetryIgnore	2	显示 Abort、Retry 和 Ignore 按钮
	vbYesNoCancel	3	显示 Yes、No 和 Cancel 按钮
	vbYesNo	4	显示 Yes 和 No 按钮
	vbRetryCancel	5	显示 Retry 和 Cancel 按钮
图标类型	vbCritical	16	显示 Critical Message 图标
	vbQuestion	32	显示 Warning Query 图标
	vbExclamation	48	显示 Warning Message 图标
	vbInformation	64	显示 Information Message 图标
默认按钮	vbDefaultButton1	0	第一个按钮是默认值
	vbDefaultButton2	256	第二个按钮是默认值
	vbDefaultButton3	512	第三个按钮是默认值
模式	vbApplicationModal	0	应用模式
	vbSystemModal	4096	系统模式

4）MsgBox 函数的返回值反映了用户的选择，返回值的含义如表 11-6 所示。

表 11-6　MsgBox 函数返回值及其含义

常　　量	值	含　　义
vbOk	1	按下 Ok 按钮
vbCancel	2	按下 Cancel 按钮
vbAbort	3	按下 Abort 按钮
vbYes	6	按下 Yes 按钮
vbNo	7	按下 No 按钮

例 11-11　MsgBox 的使用。

```
x=MsgBox("MsgBox 应用演示", vbYesNoCancel + vbExclamation+ vbDefaultButton1, "示例")
If x=7 then
    MsgBox "用户单击的是 No 按钮"
EndIf
```

以上程序片断中的第一条语句的运行效果如图 11-11
所示，它也可以改写为以下等效的语句形式：

```
x=MsgBox("MsgBox 应用演示", 3+ 48+ 0, "示例")
```

如果需要多行显示 MsgBox 语句中的 prompt 提示信息，
可以在 prompt 字符串表达式中使用 Chr(10)+Chr(13)（即回

图 11-11　MsgBox 应用示例

车+换行）强行换行。例如，语句 MsgBox("MsgBox"+Chr(10)+Chr(13)+"应用演示", 3+ 48+ 0, "示例")的提示信息将分两行显示。

11.4 VBA 程序流程控制

默认情况下，程序是由上到下逐行运行。如果希望控制程序的走向，需要用到结构化程序设计方法。

结构化程序设计有顺序结构、选择结构和循环结构 3 种控制结构。其中顺序结构最为简单，运行时完全按照程序代码的书写顺序依次执行。为了解决实际问题，更多地会用到选择结构和循环结构。

11.4.1 选择结构

程序设计中，经常需要根据不同的情况采用不同的处理方法，此时就必须借助选择结构实现。选择结构也就是根据给定的条件，选择执行的分支，VBA 提供了多种形式的选择结构。

1．单分支结构

【语句格式 1】**If** <condition> **Then**

                          <statements>

                          End If

【语句格式 2】**If** <condition> **Then** <statements>

【语句说明】

1）condition 为关系或逻辑表达式。表达式结果为 True，表示条件成立；表达式结果为 False，表示条件不成立。

2）statements 可以是一条或多条语句。

3）If...Then 和 End If 为 VBA 保留字。

4）语句执行过程：当条件表达式 condition 的结果为 True 时，执行 Then 后面的语句块；否则，结束单分支结构语句，执行 End If 后面的语句。如图 11-12 所示。

例 11-12 编写程序，将任意两个整数中的较大数显示在立即窗口中。

图 11-12 单分支结构流程图

```
Sub bignum( )
    Dim x As Integer, y As Integer

    x = InputBox("请输入第一个整数:")
    y = InputBox("请输入第二个整数:")
    If x < y Then
        x = y
    End If

    Debug.Print "较大数为：", x    '请尝试将分隔符改为"；"，观察程序运行结果的变化
End Sub
```

2．双分支结构

【语句格式 1】**If** <condition> **Then**

        <statements-**1**>

    Else

        <statements-**2**>

End If

【语句格式 2】**If** <condition> **Then** <statements-**1**> Else <statements-**2**>

【语句说明】

1）语句中的参数说明与单分支语句相同，这里不再赘述。

2）语句执行过程：当条件表达式 condition 的结果为 True 时，执行第 1 个语句块 statements-**1**；否则，执行第 2 个语句块 statements-**2**，如图 11-13 所示。

例 11-13　火车站托运行李的收费标准为 50kg 以内（含 50kg）2.00 元/kg；超过 50kg 部分 4.50 元/kg。

请编写程序，根据输入的任意行李重量，计算出旅客应付的行李托运费。具体操作步骤如下。

1）创建数据库"程序设计练习.mdb"，在数据库中建立窗体"行李托运费计算"，窗体上的控件如表 11-7 所示。要求窗体上没有滚动条、记录选定器、导航按钮和分隔线，如图 11-14 所示。

图 11-13　双分支结构流程图

表 11-7　"行李托运费计算"窗体上的控件

控 件 类 型	控 件 名 称	控 件 标 题
标签	Label1	行李重量：
	Label2	应付费用：
文本框	Text1	
	Text2	
命令按钮	Cmd1	计算
	Cmd2	清空
	Cmd3	退出

图 11-14　"行李托运费计算"窗体

2）"计算"按钮的 Click 事件代码如下。

```
Private Sub Cmd1_Click( )
    Dim SngW As Single
```

```
        Dim SngP As Single

        SngW = Text1.Value        '将文本框 Text1 的值赋给变量 SngW(行李重量)
        If SngW <= 50 Then        '根据行李重量是否超过 50Kg 做不同的处理
            SngP = SngW * 2
        Else
            SngP = 50 * 2 + (SngW - 50) * 4.5
        End If

        Text2.Value = SngP        '在文本框 Text2 中显示 SngP 的值(行李托运费)
    End Sub
```

3）"清空"按钮的 Click 事件代码如下。

```
    Private Sub Cmd2_Click( )
        Text1.Value = ""    :    Text2.Value = ""
    End Sub
```

4）"退出"按钮的 Click 事件代码如下。

```
    Private Sub Cmd3_Click( )
        DoCmd.Close
    End Sub
```

注意：表示文本框的 Value 属性时，Value 可省略不写。以上程序代码中，语句"SngW = Text1.Value"与语句"SngW = Text1"的效果相同。

3. 多分支结构

【语句格式】**If** <condition-1> **Then**

           <statements-1>

      ElseIf <condition-2> **Then**

           <statements-2>

           …

      [ElseIf <condition-n> **Then**

           <statements-n>**]**

      [Else

           <statements-n+1>**]**

      End If

【语句说明】

1）多分支结构语句中 If 与 End If 必须成对出现。

2）语句执行过程：顺次判断条件 condition-1 到 condition-n，遇到第 1 个结果为 True 的条件时，执行其下面的语句块 statements，然后跳出多分支结构语句，执行 End If 后面的程序。如果语句中列出的所有条件都不满足，则执行 Else 语句下面的语句块 statements-n+1。如果语句中列出的所有条件都不满足，且没有 Else 子句，则不执行任何语句块，直接结束多分支结构语句，执行 End If 后面的程序。

例 11-14　出租车为分段计费，其收费标准为里程在 3km 以内（含 3km）收费 10.00 元；里程在 3~15km 之间（含 15km）的收费标准为 2.00 元/ km；里程超过 15km 后的收费标准为 3.00 元/ km。

请编写程序，根据输入的任意里程数，计算出乘客应付的出租车费。

程序代码如下。

```
Sub taxiP( )
    Dim SngS As Single
    Dim SngP As Single

    SngS = InputBox("请输入里程数：", "出租车里程")        '给变量 SngS 赋值(里程数)
    If SngS <= 3 Then           '根据里程数的不同做相关处理
        SngP = 10
    ElseIf SngS <= 15 Then
        SngP = 10 + (SngS - 3) * 2
    Else
        SngP = 10 + (15 - 3) * 2 + (SngS - 15) * 3
    End If

    Debug.Print "出租车费为："; SngP        '在立即窗口中以紧凑格式显示出租车费
End Sub
```

4. 情况语句

【语句格式】**Select Case** <testexpression>
　　　　　　　　Case <expressionlist-1>
　　　　　　　　　　<statements-1>
　　　　　　　　…
　　　　　　　　[**Case** <expressionlist-n>
　　　　　　　　[statements-n]]
　　　　　　　　[**Case Else**
　　　　　　　　[statements-n+1]]
　　　　　　End Select

【语句说明】

1）testexpression 为测试表达式，可以是数值表达式或字符表达式。

2）expressionlist 为表达式列表，它的类型必须与 testexpression 的类型相匹配。

3）Case 子句中的表达式列表 expressionlist 有多种表示形式，具体如下。

● 单值或多值，相邻两个值之间用逗号隔开。例如 "case 1,3,5,7"。

● 利用关键字 To 指定取值范围。例如 "case 1 To 5"。

● 利用关键字 Is 指定条件范围，即 Is 后紧跟关系操作符（<>、>、>=、<=、<）和一个值。例如 "Case Is>=100"。

4）语句执行过程：首先求出测试表达式 testexpression 的值，然后顺次判断该值符合哪一个 Case 子句指定的范围，当找到第 1 个匹配的 Case 子句时，则执行该 Case 子句下面的语句块 statements，然后结束情况语句，执行 End Select 后面的程序。如果所有 Case 子句指定的范围都不能与测试表达式的值相匹配，则要看情况语句中是否包含 Case Else 子句做不同的处理：有 Case Else 子句时，执行 Case Else 下面的语句块，然后结束情况语句；没有 Case Else 子句时，直接结束情况语句。

5）当多个 Case 子句的表达式列表 expressionlist 与测试表达式 testexpression 的值相匹配时，只有第一个匹配起作用，其下面的语句块会被执行。

6）Select Case 语句中的关键字 Is 不同于比较运算符 Is，它将比较运算符 Is 两侧的运算对象进行了分隔，一部分放置在了测试表达式中，另一部分放在了关键字 Is 的右侧。

7）情况语句中的 Select Case 与 End Select 必须成对出现。

例 11-15 使用情况语句改写例 11-14 程序代码。

```
Sub taxiP2( )
    Dim SngS As Single
    Dim SngP As Single

    SngS = InputBox("请输入里程数：", "出租车里程")        '给变量 SngS 赋值(里程数)
    Select Case SngS            '以里程数作为分支依据
        Case Is <= 3
            SngP = 10
        Case Is <= 15
            SngP = 10 + (SngS - 3) * 2
        Case Else
            SngP = 10 + (15 - 3) * 2 + (SngS - 15) * 3
    End Select

    Debug.Print "出租车费为："; SngP            '在立即窗口中显示出租车费
End Sub
```

5. 利用函数完成选择操作

除选择结构语句以外，VBA 还提供了 3 个可以完成选择操作的函数。

（1）IIf 函数

【函数格式】**IIf**(<expr>, <truepart>, <falsepart>)

【函数说明】该函数用于选择操作。如果表达式 expr 的值为 True，则该函数返回表达式 truepart 的值；如果表达式 expr 的值为 False，则该函数返回表达式 falsepart 的值。

例如，"成绩管理" 窗体上有一个文本框 Txt1，其显示内容随 "学生成绩表" 中 "成绩" 字段值的不同而不同。当 "成绩" 字段值大于等于 60 时，Txt1 中显示 "通过"；当 "成绩" 字段值小于 60 时，Txt1 中显示 "未通过"。实现这一功能的语句如下：

Forms!成绩管理!Txt1.Value = IIf([成绩] >= 60, "通过", "未通过")

（2）Switch 函数

【函数格式】**Switch**(<expr1>, <value1>[, <expr2>, <value2>···   [, <exprn>,<valuen>]])

【函数说明】该函数用于多条件选择操作。函数将根据条件式 expr1、expr2、···、exprn 的值来决定返回的值。对于条件式从左至右计算判断，函数将返回第一个计算结果为 True 的条件式所对应的表达式的值。

例如：可以将数学计算式

$$y = \begin{cases} \sqrt{x} & (x > 0) \\ 0 & (x = 0) \\ x^2 & (x < 0) \end{cases}$$

表示为 y= Switch(x>0,Sqr(Abs(x)),x=0,0,x<0,x*x)

（3）Choose 函数

【函数格式】**Choose**(<index>, <choice1>[, <choice2>,… [, <choicen>]])

【函数说明】函数将根据数值表达式 index 的值决定返回值。在不考虑变量小数定义位数的情况下，当 index 的值大于 1 小于 2 时，函数将返回表达式 choice1 的值；当 index 的值大于 2 小于 3 时，函数将返回表达式 choice2 的值，依此类推。

需注意的是，数值表达式 index 的值应在 1~n 之间，否则，函数将返回 Null 值。

11.4.2 循环结构

在处理实际问题过程中，有时需要重复执行某些相同的操作，也就是对一段程序进行循环操作，这就需要使用循环结构对程序进行设计。VBA 提供了多种形式的循环结构。

1．For 循环语句

【语句格式】**For** <counter> = <start> **To** <end> [**Step** <step>]

               <statements-1>

               [**Exit For**]

               [statements-2]

         Next [counter]

【语句说明】

1）counter 为循环控制变量，它必须是数值型变量。

2）For 语句与 Next 语句之间的语句序列为循环体，即被重复执行的部分。

3）start 、end 、step 分别为循环的初值、终值和步长值，都是数值型表达式。它们共同控制循环体被执行的次数。即循环次数=Int((终值−初值)/步长值)+1。

4）语句执行过程如下。

① 执行 For 语句，给循环控制变量赋初值，并自动记录循环的终值和步长值。

② 判断循环控制变量的值是否"超过"终值。如果没有超过，则执行循环体中各语句，直至 Next 语句；如果超过，则结束循环，执行 Next 语句后面的语句。

③ 执行 Next 语句，为循环控制变量增加一个步长值，转到②，判断是否继续循环。

5）语句执行过程②中的"超过"有两重含义：当步长为正值时，循环控制变量大于终值为"超过"；当步长为负值时，循环控制变量小于终值为"超过"。

6）当步长值为 1 时，"Step 1"可省略不写。步长值不能为 0，否则易造成程序死循环，不能正常结束。

7）For 语句与 Next 语句必须成对出现。当 Next 语句中书写循环控制变量时，必须与 For 语句中的循环控制变量相同。

8）Exit For 语句的作用是强行结束 For 循环语句，执行 Next 语句后面的语句。通常它被放在分支语句中，即当满足一定条件时，强行结束循环。

例 11-16 求 50!的值（即 1×2×3×…×50）。

程序代码如下：

```
Sub factorial50( )
    Dim i As Integer
    Dim n As Double        '请思考，变量类型是否可以定义为"Long"？为什么？

    n = 1          '为存放乘积结果的变量赋初值
    For i = 1 To 50            '步长值为 1，省略 Step 子句
        n = n * i
    Next i

    Debug.Print "50 的阶乘值为："; n
End Sub
```

例 11-17 求 1~1000 之间的偶数和。

方法一：

```
Sub even1( )
    Dim i As Integer
    Dim s As Long        '请思考，变量类型是否可以定义为"Integer"？为什么？

    s = 0                    '为累加和变量赋初值
    For i = 2 To 1000 Step 2          '请思考，语句中的 i = 2 是否可以改为 i = 0 或者 i = 1
        s = s + i
    Next i

    Debug.Print "1~1000 之间的偶数和为："; s
End Sub
```

方法二：

```
Sub even2( )
    Dim i As Integer
    Dim s As Long

    s = 0
    For i = 1 To 1000
        If i Mod 2 = 0 Then s = s + i
    Next i

    Debug.Print "1~1000 之间的偶数和为："; s
End Sub
```

方法二中的语句"If i Mod 2 = 0 Then s = s + i"，还可以改写为"If i / 2 = Int(i / 2) Then s =

s + i", 或者 "If i / 2 = i \ 2 Then s = s + i", 效果相同。

例 11-18 输入任意 10 个整数，并把这 10 个整数按从大到小的顺序输出。

（1）分析

先使用 InputBox 函数输入任意 10 个整数，并将它们保存在一维数组 ArrA 中；再利用选择排序算法将这 10 个整数从大到小排序。

选择排序算法的基本思想是：从未排序数列中选出最小（或最大）的数并将它与未排序数列中的第一个数交换，将该数作为已排序数列的最后一个数；然后再从余下的未排序数列中选出最小（或最大）的数并将它与未排序数列的第一个数交换位置；如此重复，直到未排序数列只剩下一个数为止。

第 1 轮 设定一个标志 Flag，假设 Flag=1。开始将 ArrA(Flag)依次与 ArrA(2)～ArrA(10)进行比较，每次将较大数的下标赋给 Flag。完成比较后 Flag 指向这 10 个整数中的最大数。最后如果 Flag 的值不等于 1，则将 ArrA(Flag)与 ArrA(1)的值进行交换。最后，ArrA(1)中存放这 10 个整数中的最大数。具体过程如下。

1）将 ArrA(Flag)与 ArrA(2)进行比较，如果 ArrA(2)>ArrA(Flag)，则 Flag=2。

2）将 ArrA(Flag)（即前两个数中的较大数）与 ArrA(3)进行比较，如果 ArrA(3)>ArrA(Flag)，则 Flag=3，否则不变。最后，Flag 指向 ArrA(1)、ArrA(2)、ArrA(3)中的较大数。

3）重复以上过程，直至 ArrA(Flag)依次与 ArrA(2)～ArrA(10)两两比较完毕，Flag 指向这 10 个整数中的最大数。

4）如果 Flag 的值不为 1，则将 ArrA(1)与 ArrA(Flag)的值进行交换，否则不变。

第 2 轮 令 Flag=2，将 ArrA(Flag)依次与 ArrA(3)～ArrA(10)进行两两比较，每次将 Flag 指向大较数。如果 Flag 不等于 2，则将 ArrA(2)与 ArrA(Flag)的值交换。最后 ArrA(2)中存放的是这 10 个整数中的第 2 大数。

……

第 9 轮 令 Flag=9，将 ArrA(Flag)与 ArrA(10)进行比较，将 Flag 指向大较数。如果 Flag 不等于 9，则将 ArrA(9)与 ArrA(Flag)的值交换。，最后 ArrA(9)中存放的将是这 10 个整数中的第 9 大数。

以上 9 轮比较结束时，这 10 个整数已按从大到小的顺序放入了 ArrA(1)～ArrA(10)中。

（2）建立窗体

在例 11-13 创建的数据库"程序设计练习.mdb"中，建立窗体"数据排序示例"，要求窗体上没有滚动条、记录选定器、导航按钮和分隔线。窗体上的控件如表 11-8 所示。

表 11-8 "数据排序示例"窗体上的控件

控件类型	控件名称	控件标题
标签	Label1	输入数据序列：
	Label2	从大到小排序的数据序列：
命令按钮	Cmd1	输入数据
	Cmd2	数据排序

（3）程序代码

```
Option Compare Database

Option Base 1
Dim i As Integer, j As Integer
Dim ArrA(10) As Integer, temp As Integer

Private Sub Cmd1_Click( )
    Rem 输入 10 个任意整数
    i = 1
    While i <= 10                '请尝试改写为 For...Next 语句
      ArrA(i) = InputBox("请输入第" & i & "个数：", "输入数值窗口")
      i = i + 1
    Wend

    Rem 将 10 个任意整数显示在窗体中
    For i = 1 To 10
        Label1.Caption = Label1.Caption & ArrA(i) & Space(2)
    Next i
End Sub

Private Sub Command4_Click()
    Rem 使用选择排序算法排序
    Dim Flag As Integer
    For i = 1 To 9
      Flag = i
      For j = i + 1 To 10
        If ArrA(j) > ArrA(Flag) Then Flag = j
      Next j
      If (Flag <> i) Then
            temp = ArrA(Flag)            '交换 ArrA(i)与 ArrA(j)的值，temp 为中间变量
            ArrA(Flag) = ArrA(i)
            ArrA(i) = temp
        End If
    Next i

    Rem 将 10 个任意整数显示在窗体中
    For i = 1 To 10
        Label2.Caption = Label2.Caption & ArrA(i) & Space(2)
    Next i
End Sub
```

（4）程序运行

单击"输入数据"按钮后，根据屏幕提示输入任意 10 个整数，程序将这 10 个整数显示在标签 Label1 中；单击"数据排序"按钮，程序将对输入的 10 个整数从大到小排序，并将排序结果显示在标签 Label2 中。

当输入的 10 个整数分别为 8、6、50、100、85、150、76、2、44、12 时，程序运行结果如图 11-15 所示。

图 11-15　数据排序运行结果

2. While 循环语句

【语句格式】**While** <condition>

<statements>

Wend

【语句说明】

1）condition 表达式的计算结果为 True 或 False，充当循环判断条件。

2）While 语句与 Wend 语句必须成对出现。While 语句与 Wend 语句之间的语句序列为循环体。

3）语句执行过程如下。

① 判断条件 condition 是否成立。如果条件成立（即其值为 True），则执行循环体中的各语句，直至 Wend 语句；如果条件不成立（即其值为 False），则结束循环，执行 Wend 语句后面的语句。

② 执行 Wend 语句，转到①，重新判断条件是否成立。

4）While 循环语句本身不修改循环条件，所以必须在循环体内设置相应的循环条件调整语句，使得整个循环趋于结束，以避免死循环。

5）While 循环语句是先对条件进行判断，然后才决定是否执行循环体。如果一开始条件就不成立，则循环体一次也不执行。

例 11-19　使用 While…Wend 语句改写例 11-17 程序代码。

方法一：

```
Sub even3( )
    Dim i As Integer
    Dim s As Long

    i = 0           '为循环控制变量赋初值
    s = 0           '为累加和变量赋初值
    While i < 1000       '请思考，是否可将条件改为 i <= 1000？
        i = i + 2           '通过该语句的使用，使整个循环趋于结束
        s = s + i
    Wend

    Debug.Print "1~1000 之间的偶数和为："; s
End Sub
```

238

如果将 While 语句中的条件改为 i <= 1000，且交换语句 i = i + 2 和 s = s + i 的前后顺序，程序运行结果依然正确。

方法二：

```
Sub even4( )
    Dim i As Integer
    Dim s As Long

    i = 1: s = 0
    While i <= 1000            '请思考，是否可将条件改为 i < 1000？
        If i / 2 = i \ 2 Then s = s + i
        i = i + 1
    Wend

    Debug.Print "1~1000 之间的偶数和为："; s
End Sub
```

提示：从例 11-17 和例 11-19 可以看出，程序编制过程是非常灵活的，同样一个问题，可以有多种不同的程序实现方式，编程者思维习惯的不同会导致程序代码中的语句顺序和循环条件发生变化，希望大家在学习过程中细心体会。

3. Do 循环语句

与 While 循环语句相比，Do 循环语句具有更强的灵活性，Do 循环语句有以下四种格式。

【语句格式 1】**Do While** <condition>
　　　　　　　　　<statements-1>
　　　　　　　　　[Exit Do]
　　　　　　　　[statements-2]
　　　　　　Loop

【语句说明】

1）语句执行过程。

- 若条件表达式 condition 的值为 True（即条件成立），则执行 Do 语句和 Loop 语句之间的语句块（即循环体），直至 Loop 语句；
- 执行 Loop 语句，返回循环开始语句重新判断条件表达式是否成立，以决定是否继续循环。

2）Exit Do 语句的作用是强行结束 Do 循环语句，执行 Loop 语句后面的语句。通常它被放在分支语句中，即当满足一定条件时，强行结束循环。

【语句格式 2】　**Do Until** <condition>
　　　　　　　　　<statements-1>
　　　　　　　　　[Exit Do]
　　　　　　　　[statements-2]
　　　　　　Loop

【语句执行过程】执行循环，"直至"条件表达式 condition 的值为 True 时，结束循环。具体过程描述如下。

1）若条件表达式 condition 的值为 False，则执行 Do 语句和 Loop 语句之间的语句块（即循环体），直至 Loop 语句；

2）执行 Loop 语句，返回循环开始语句重新判断条件表达式的值是否为 True，以决定是否结束循环。

【语句格式 3】 **Do**

<statements-1>

[Exit Do]

[statements-2]

Loop While <condition>

【语句执行过程】

1）执行一次 Do 语句和 Loop 语句之间的语句块（即循环体），直至 Loop 语句；

2）执行 Loop 语句，判断条件 condition 是否成立：若成立，则重复执行循环体；若不成立，则结束循环，执行 Loop 语句后面的语句。

【语句格式 4】**Do**

<statements-1>

[Exit Do]

[statements-2]

Loop Until <condition>

【语句执行过程】

执行循环，"直至"条件表达式 condition 的值为 True 时，结束循环。具体过程描述如下。

1）执行一次 Do 语句和 Loop 语句之间的语句块（即循环体），直至 Loop 语句；

2）执行 Loop 语句，判断条件表达式 condition 的值是 True 还是 False：如果条件表达式的值为 False，则重复执行循环体；如果条件表达式的值为 True，则结束循环，执行 Loop 语句后面的语句。

例 11-20 阅读以下 4 段程序，分析各程序循环体被执行的次数，以及各程序的运行结果。

程序 1

```
Sub pd1( )

    Dim k As Integer, s As Integer


    k = 0: s = 0
    Do While k <= 10
        k = k + 1
        s = s + k
    Loop


    Debug.Print "k="; k, "s="; s

End Sub
```

程序 2

```
Sub pd2( )

    Dim k As Integer, s As Integer


    k = 0: s = 0
    Do Until k <= 10
        k = k + 1
        s = s + k
    Loop


    Debug.Print "k="; k, "s="; s

End Sub
```

程序 3 程序 4

```
Sub pd1( )                              Sub pd2( )
    Dim k As Integer, s As Integer          Dim k As Integer, s As Integer

    k = 0: s = 0                            k = 0: s = 0
    Do                                      Do
        k = k + 1                               k = k + 1
        s = s + k                               s = s + k
    Loop While k <= 10                      Loop Until k <= 10

    Debug.Print "k="; k, "s="; s            Debug.Print "k="; k, "s="; s
End Sub                                 End Sub
```

以上四个程序段的循环体分别被执行了 11、0、11 和 1 次。它们的运行结果分别为：

程序 1：k= 11　　　　　　s= 66
程序 2：k= 0　　　　　　 s= 0
程序 3：k= 11　　　　　　s= 66
程序 4：k= 1　　　　　　 s= 1

11.4.3　GoTo 控制语句

如果需要，可在 VBA 程序中使用 GoTo 语句进行跳转。

【语句格式】**GoTo** <line>

【语句说明】

1）line 是程序中任意的行标签或行号。

2）GoTo 语句的作用是无条件地跳转到过程中指定的行，而且只能跳到它所在过程中的行。

注意：在程序中要尽量少用 GoTo 语句，过多的 GoTo 语句会使程序的结构不清晰，增加程序调试的难度。

例 11-21　阅读以下程序（在例 11-16 基础上进行了修改），分析程序的运行过程，理解 GoTo 语句的使用。

```
Sub factgoto( )
    Dim i As Integer
    Dim n As Double

    n = 1
    For i = 1 To 50
        n = n * i
        If n > 2E+30 Then GoTo output          '2E+30 为科学计数法
    Next i

output: Debug.Print "i="; i, "n="; n
End Sub
```

程序在 For 语句与 Next 语句之间，完成的是 $1 \times 2 \times 3 \times \cdots \times 50$，只是在每次累乘之后，都要判断乘积结果 n 是否超过了 2×10^{30}。如果超过，则跳出循环，转至行标签为 output 的语句行；否则，继续执行循环。程序运行结果如下：

   i= 29   n= 8.8417619937397E+30

11.4.4 过程调用与参数传递

1. 过程

过程是包含 VBA 代码的基本单位，它由一系列可以完成某项指定操作或计算的语句和方法组成，通常分为子过程和函数过程。

（1）子过程及其调用

子过程可以执行一项或一系列操作，但是不返回值。用户可以自行创建子过程，也可以使用 Access 的事件过程模板进行创建。

1）子过程的组成。子过程均以关键词 Sub 开始，以 End Sub 结束，其语句格式为：

Sub <子过程名>([<形参>]) [As <数据类型>]

  [<子过程语句>]

  [Exit Sub]

  [<子过程语句>]

End Sub

2）子过程的调用。子过程有以下两种调用形式：

Call 子过程名([<实参>])

或

子过程名 [<实参>]

（2）函数过程及其调用

VBA 有许多内置函数，例如，Now 函数可返回当前系统的日期与时间。除了这些内置函数外，用户还可以用函数过程自定义函数。函数过程与子过程非常相似，只不过它通常都具有返回值。

1）函数过程的组成。函数过程以关键词 Function 开始，以 End Function 结束，其语句格式为：

Function <函数过程名>([<形参>]) [As <数据类型>]

  [<函数过程语句>]

  [<函数过程名> = <表达式>]

  [Exit Function]

  [<函数过程语句>]

  [<函数过程名> = <表达式>]

End Function

2）函数过程的调用。函数过程的调用形式如下。

函数过程名([<实参>])

函数过程需要直接使用函数过程名（即函数名）并加括号来调用，不能使用 Call 语句调用。因为函数过程有返回值，所以可以将其返回值直接赋给某个变量或在表达式中直接使用。

例 11-22　利用函数过程计算"9!-7!+12!"的值。

1）在窗体上创建一个名称为 Command0 的命令按钮和一个名称为 Text1 的文本框。

2）在 Command0 命令按钮的 Click 事件中编写如下代码。

```
Private Sub Command0_Click()
    Dim a As Long

    a = fac_fun(9) - fac_fun(7) + fac_fun(12)

    Text1.Value = "9!-7!+12!的值为：" & a
End Sub
```

求阶乘的函数过程为 fac_fun( )，代码如下。

```
Function fac_fun(n As Integer) As Long
    Dim i As Integer, f As Long

    f = 1
    For i = 1 To n
        f = f * i
    Next

    fac_fun = f
End Function
```

2．过程的作用范围

过程可被访问的范围称为过程的作用范围，也称为过程的作用域。

过程的作用范围分为公有和私有两种。公有过程以关键字 Public 开头，它可以被当前数据库中的所有模块调用。私有过程以关键字 Private 开头，它只能被当前模块调用。

通常情况下，公有过程和公有变量存放在标准模块中。

3．参数传递

参数传递是指在调用过程时，主调过程将实参传递给被调过程形参的过程。在 VBA 中，参数传递有"传址"和"传值"两种传递方式。

（1）传址方式

在形参前加关键字 ByRef 或省略不写，表示参数传递是传址方式，传址方式也是 VBA 默认的参数传递方式。传址方式的工作原理是将实参在内存中的存储地址传递给形参，使得实参与形参共用内存中的"地址"。

可以将传址方式看成是一种双向的数据传递：调用时，实参将值传递给形参；调用结束时，形参将操作结果返回给实参。传址方式中的实参只能由变量承担。

（2）传值方式

在形参前加关键字 ByVal，表示参数传递是传值方式。传值方式是一种单向的数据传递：调用时，实参仅仅是将值传递给形参；调用结束时，形参也不能将操作结果返回给实参。传值方式中的实参可以是常量、变量或表达式。

例 11-23 参数传递举例。

```
Private Sub mainpar( )
    x = 100: y = 200
    Debug.Print "调用前：x="; x, "y="; y
    Call subpar(x, y)
    Debug.Print "调用后：x="; x, "y="; y
End Sub

Private Sub subpar(ByVal m, n)
    m = m + 500: n = n * 5
    Debug.Print "调用中：m="; m, "n="; n
End Sub
```

运行过程 mainpar，将得到以下结果：

调用前：x= 100	y= 200
调用中：m= 600	n= 1000
调用后：x= 100	y= 1000

例 11-24 利用子过程改写例 11-22。

1）在窗体上创建一个名称为 Command0 的命令按钮和一个名称为 Text1 的文本框。

2）在 Command0 命令按钮的 Click 事件中编写如下代码。

```
Private Sub Command0_Click()
    Dim x As Long, y As Long, z As Long, a As Long

    Call fac_sub(9, x)        '该语句也可改写为"fac_sub 9, x"
    Call fac_sub(7, y)
    Call fac_sub(12, z)
    a = x - y + z

    Text1.Value = "9!-7!+12! 的值为："& a
End Sub
```

求阶乘的子过程为 fac_sub，代码如下。

```
Sub fac_sub(n As Integer, f As Long)
    Dim i As Integer

    f = 1
    For i = 1 To n
        f = f * i
    Next
End Sub
```

11.5 VBA 程序调试

程序调试的目的是要快速准确地发现程序的错误所在，以便对程序进行相应的修改与完善。

11.5.1 错误类型

程序编制过程中，不可避免地会产生错误。常见错误主要有语法错误、运行错误和逻辑错误 3 种类型。

1. 语法错误

语法错误是指由于关键字拼写不正确、变量未定义、语句前后不匹配等原因引起的程序错误。如，程序中出现了关键字 While，却没有关键字 Wend，将导致循环语句的不完整。

对于简单的语法错误，可通过代码窗口逐行检查源程序发现错误所在；对于复杂的语法错误，可以选择"调试"菜单中的"编译"命令进行编译，在编译过程中，模块中的所有语法错误都将被指出。

2. 运行错误

运行错误是指发生在应用程序开始运行之后的错误，可能是数据发生异常（如数据溢出），也可能是动作发生异常（如向不存在的文件中写入数据）。

出现运行错误时，系统会暂停程序的运行。打开代码窗口，显示出错代码，以供用户浏览。

3. 逻辑错误

VBA 代码运行无误，但却没有得到正确的结果，这说明程序存在逻辑错误。这类错误一般属于程序算法上的错误（如语句顺序不正确），比较难以查找和排除。需要修改程序的算法来排除错误。

11.5.2 错误处理

所谓错误处理，就是在代码运行过程中，如果发生错误，可以将错误捕获，并利用转移机制让程序按照设计者事先设计的方法来处理。使用错误处理的好处在于，发生错误时代码的执行不会中断，如果设定适当，甚至可以让用户感觉不到错误的存在。

错误处理分为如下两个步骤。

1. 设置错误陷阱

设置错误陷阱就是在程序代码中使用 On Error 语句，使得运行错误发生时，该语句可以将错误拦截下来。On Error 语句有 3 种形式。

（1）On Error Resume Next

当错误发生时，忽略错误行，继续执行后续语句。

（2）On Error GoTo <line>

当错误发生时，直接跳转到语句标号为 line 的位置，执行事先编制好的错误处理代码。

（3）On Error GoTo 0

关闭错误处理。当错误发生时，不使用任何错误处理程序块，而是中断程序运行，在对话框中显示相应的出错信息。

2. 编写错误处理代码

错误处理代码是由程序设计者编写的，它的功能是可以根据预知的错误类型决定采取何种处理措施。

例 11-25　在利用 InputBox 函数输入数据时，如果用户没有在 InputBox 对话框中输入数据，而是直接单击了对话框的"确定"或"取消"按钮，程序将会产生运行错误，并显示错误提示对话框。对于以上这种情况，可以使用 On Error 语句进行处理。

```
Sub errexample( )
    On Error GoTo errorline
    Dim x As Integer

    x = InputBox("请输入一个整数", "输入")
    MsgBox x
    Exit Sub

errorline: MsgBox "没有输入数据"
End Sub
```

运行以上过程时，如果在 InputBox 对话框中不输入任何数据，而是直接单击"确定"或"取消"按钮，将会出现"没有输入数据"消息框。如果将程序中的 On Error 语句删除，并且在运行过程中不向 InputBox 对话框输入任何数据，直接单击"确定"或"取消"按钮，程序运行将会中断，并弹出如图 11-16 所示错误提示信息。

图 11-16　错误提示信息

11.5.3　调试程序

为避免程序运行错误的发生，VBE 提供了程序调试工具与调试方法。利用这些工具与方法，可以在程序编码调试阶段，快速准确地发现问题所在，方便编程人员及时地修改和完善程序。

1. 设置断点

调试程序时，可以在程序的特定语句上设置"断点"。在程序运行时，遇到"断点"设置，程序将中断执行，此时编程人员可以查看程序运行的状态信息，以确定程序代码是否正确。具体在哪些语句上设置"断点"，或设置多少个"断点"，完全由编程人员根据程序的处理流程灵活确定。

设置"断点"的方法主要有以下 3 种形式。

（1）利用边界标示条

在 VBE 环境的代码窗口中，单击需要作为断点的语句位置的边界标示条，则该行语句高亮显示，边界标示条中出现标记符号●。如图 11-17 所示。

在断点位置再次单击边界标示条，可以取消断点。

（2）利用菜单命令或快捷键

在 VBE 环境的代码窗口中，将插入点移至需要设置为断点的语句上，选择"调试"菜单中的"切换断点"命令或直接按〈F9〉键。

图 11-17　设置断点

（3）利用工具栏

首先，在 VBE 环境中，选择"视图"菜单中的"工具栏"→"调试"命令，打开"调试"工具栏，如图 11-18 所示。

将插入点移至需要设置为断点的语句，单击"调试"工具栏中的"切换断点"按钮 。

2. 设置监视点

设置监视点的具体操作步骤如下。

1）在代码窗口中，单击"调试"菜单的"添加监视"命令，打开图 11-19 所示的"添加监视"对话框。

图 11-18 "调试"工具栏   图 11-19 "添加监视"对话框

2）在"添加监视"对话框中设置监视选项。

● 在"表达式"文本框中输入需要监视的表达式。表达式可以是变量、属性、函数调用等任何形式的有效表达式。

● 通过"上下文"选项区，可以设置表达式的取值范围为模块或过程。应尽量选择适合需要的最小范围，因为选择范围过大将减慢代码的执行速度。

● 通过"监视类型"选项区，可以设置系统对监视表达式做出的响应。选择"监视表达式"单选框，将显示监视表达式的值；选择"当监视值为真时中断"单选框，则当监视表达式的值为 True 时中断执行；选择"当监视值改变时中断"单选框，则当监视表达式的值有所改变时中断执行。

3）运行代码，监视窗口将显示所设置的表达式的值。

3. 使用输出语句

当代码运行出现错误时，可以在代码中的适当位置添加 MsgBox 语句和 Debug.Print 语句，显示指定变量的值或常量，以帮助程序调试者推断错误所在位置。

11.6   VBA 中数据库对象的使用

为了在程序代码中实现对数据库对象的访问，VBA 提供了数据访问接口。

11.6.1   数据库引擎与接口

VBA 通过 Microsoft Jet 数据库引擎工具支持对数据库的访问。数据库引擎实际上是一组动态链接库（.DLL），它以一种通用接口方式，使用户可以用统一的形式对各类物理数据库进行操作。VBA 程序通过动态链接库实现对数据库的访问功能。

通过数据访问接口，可以在 VBA 代码中处理打开的或没有打开的数据库，可以创建数据库、表、查询、字段等对象，也可以编辑数据库中的数据，使得数据的管理和处理完全代码化。VBA 主要提供了 3 种数据库访问接口：开放式数据互联应用编程接口（Open Database Connectivity，ODBC API）、数据访问对象（Data Access Objects，DAO）和 Active 数据对象（ActiveX DataObjects，ADO）。

在 Access 中，使用 ODBC API 访问数据库需要大量的 VBA 函数原型声明，操作繁琐，因此很少使用。

DAO 提供了一个访问数据库的对象模型，利用其中定义的一系列数据访问对象（如，Database、Recordset 等），可以实现对数据库的各种操作。

ADO 是在 Access 2000 版本中新增的数据访问标准，它是基于组件的数据库编程接口。使用 ADO 可以方便地连接任何符合 ODBC（开放式数据库连接）标准的数据库。

VBA 通过数据库引擎可以访问本地数据库（Access 数据库）、外部数据库和 ODBC 数据库（如：Oracle、Microsoft SQL Server 等）。

11.6.2　DAO（数据访问对象）

DAO 编程比较复杂，但却具有更好的灵活性和更强的功能。将表、查询、窗体、报表等对象和 DAO 编程结合在一起，可以开发出功能完善、操作方便的数据库应用程序。

1. 引用 DAO 3.6

如果在 VBA 程序设计中使用 DAO，应首先在 Access 可使用的引用中增加对 DAO 库的引用。Access 2003 使用的 DAO 引用库为 DAO 3.6 版本，但创建数据库时系统并不自动引用 DAO 3.6，需要用户自行进行引用设置。具体设置步骤如下。

1）在 VBE 工作环境中，选择"工具"菜单中的"引用"命令，打开图 11-20 所示的"引用"对话框。

2）在"可使用的引用"列表中选择"Microsoft DAO 3.6 Object Library"，并单击"确定"按钮。

图 11-20　"引用"对话框

2. DAO 对象模型

DAO 对象的分层结构如图 11-21 所示。

图 11-21 DAO 对象模型

（1）DAO 常用对象说明

DAO 的最顶层对象是 DBEngine，其下包含各种对象集合，对象集合下面又包含成员对象。常用 DAO 对象的含义如表 11-9 所示。

表 11-9 常用 DAO 对象的含义

对 象 名 称	含 义
DBEngine	数据库引擎 Microsoft Jet Database Engine
Workspace	表示工作区，打开到关闭 Access 数据库期间为一个 Workspace，可由工作区号标识
Database	表示要操作的数据库对象
TableDef	表示要操作的数据库对象中的数据表结构
Field	表示字段
Index	表示索引字段
QueryDef	表示要操作的数据库的查询设计信息
Recordset	表示打开数据表操作、运行查询返回的记录集
Error	表示使用 DAO 对象产生的错误信息

（2）在集合中获取对象

在对象集合中，有上下隶属关系，在引用时需由上而下。例如，要使用一个 TableDef 对象，应先加载 DAO 数据库引擎，然后打开一个工作区（Workspace），在工作区中使用 Database

249

对象打开数据库文件，最后才可以使用 TableDef 对象取用数据表结构。

（3）使用 DAO 访问数据库

在 VBA 中，使用 DAO 访问 Access 数据库，通常由以下几个部分组成。

1）引用 DAO 类型库"Microsoft DAO 3.6 Object Library"。

2）定义 DAO 数据类型的对象变量（如，Workspace 对象变量、Database 对象变量、Recordset 对象变量等）。

3）通过 Set 语句设置各个对象变量的值（即要操作对象的名称）。

4）对通过对象变量获取的操作对象进行各种处理。

5）关闭对象，并释放对象占用的内存空间。

3．DAO 常用对象的属性和方法

通过 DAO 访问 Access 数据库，实际上就是利用 Database、TableDef、Recordset 等对象的属性和方法实现对数据库的操作。

（1）Database 对象的常用属性和方法

Database 是 DAO 最重要的对象之一，其常用的属性和方法如表 11-10 所示。

表 11-10　Database 对象的常用属性和方法

属性/方法	名　　称	含　　义
属　　性	Name	标识一个数据库对象的名称
	Updatable	表示数据库对象是否可以被更改或更新
方　　法	CreateTableDef	创建一个新的表对象
	CreateQueryDef	创建一个新的查询对象
	OpenRecordSet	创建一个新的记录集
	Execute	执行一个动作查询
	Close	关闭数据库

OpenRecordSet 方法用于创建一个新的 Recordset 对象。

【语句格式】**Set** <Recordset> = <Database>.**OpenRecordSet** (<source>,[<type>], [<options>], [<lockedits>])

【语句说明】

1）Recordset、Database 为对象变量名。

2）Source 参数表示记录集的数据源，可以是表名、也可以是 SQL 查询语句；

3）type 参数用于设定 Recordset 对象的类型，可以是 dbOpenTable（数据源为单一表）、dbOpenDynaset（默认类型，数据源可为单表或多表）、dbOpenSnapshot（数据源可为单表或多表，但记录不能更新）；

4）options 参数用于设定记录集的操作方式，可以是 dbAppendOnly、dbReadOnly 等，表示对记录集只能添加或只读等。

5）Lockedits 参数用于设定锁定方式，可以是 dbOptimistic、dbPessimistic 等。

例如，语句"Set tabex=DBEngine. Workspaces(0). Databases(0).OpenRecordSet ("用户注册表")"与语句"Set tabex=DBEngine. Workspaces(0). Databases(0).OpenRecordSet ("select * from 用户注册表")"效果相同。

（2）TableDef 对象的常用方法

TableDef 对象代表数据库中的数据表结构。在创建数据库时，对要生成的表，必须创建一个 TableDef 对象来完成对表字段的创建。

TableDef 对象最常用的方法是 CreateField。

【语句格式】**Set** \<field\> = \<TableDef\>.**CreateField**(\<name\>,\<type\>,\<size\>)

【语句说明】

1）field、TableDef 为对象变量名。

2）name、type、size 分别为字段名称、字段类型和字段大小。需要说明的是，type 需用常量表示，例如，"dbText" 表示文本型。

（3）Recordset 对象的常用属性和方法

Recordset 对象代表一个表或查询中的所有记录。对数据库的访问，其实就是对记录进行操作，Recordset 对象提供了对记录的添加、删除和修改等操作的支持。Recordset 对象的常用属性和方法如表 11-11 所示。

表 11-11　Recordset 对象的常用属性和方法

属性/方法	名　称	含　义
属　性	Bof	如果为 True，表示指针已指向记录集的顶部
	Eof	如果为 True，表示指针已指向记录集的底部
	Filter	设置筛选条件，用于将满足条件的记录过滤出来
	RecordCount	返回记录集对象中的记录个数
方　法	AddNew	添加新记录
	Delete	删除当前记录
	Edit	编辑当前记录
	FindFirst	查找满足条件的第一条记录
	FindLast	查找满足条件的最后一条记录
	FindNext	查找满足条件的下一条记录
	FindPrevious	查找满足条件的上一条记录
	Move	移动记录指针位置
	MoveFirst	将记录指针定位在第一条记录
	MoveLast	将记录指针定位在最后一条记录
	MoveNext	将记录指针定位在下一条记录
	MovePrevious	将记录指针定位在上一条记录
	Requery	重新运行查询，以便更新 Recordset 中的记录
	Update	刷新表，实现记录更新

4. DAO 应用举例

例 11-26　首先建立"读者管理"数据库，然后通过 DAO 编程方式，在数据库中创建一个数据表，表的名称为"读者注册表"，其结构如表 11-12 所示。

表 11-12 "读者注册表"结构

字段名称	字段类型	字段大小	备注
读者 ID	文本型	5	主键字段
姓名	文本型	5	
证件号码	文本型	15	
注册日期	日期/时间型		
联系方式	文本型	20	

具体操作步骤如下。

1）建立数据库"读者管理.mdb"。

2）在数据库中建立一个名称为"创建数据表"的窗体，且窗体上没有滚动条、记录选定器、导航按钮和分隔线。最后在窗体上建立一个名称为 cmd1、标题为"创建表"的命令按钮。

3）切换至 VBE 工作环境，引用 DAO 类型库"Microsoft DAO 3.6 Object Library"。

4）对 cmd1 命令按钮设计如下事件过程。

```
Private Sub Cmd1_Click()
    Rem 声明 DAO 对象变量
    Dim ws As Workspace
    Dim db As Database
    Dim tb As TableDef
    Dim fd As Field
    Dim idx As Index

    Set ws = DBEngine.Workspaces(0)
    Set db = ws.Databases(0)
    Set tb = db.CreateTableDef("读者注册表")          '创建数据表

    Set fd = tb.CreateField("读者 ID", dbText, 5)      '创建第 1 个字段
    tb.Fields.Append fd                               '添加第 1 个字段
    Set fd = tb.CreateField("姓名", dbText, 5)
    tb.Fields.Append fd
    Set fd = tb.CreateField("证件号码", dbText, 15)
    tb.Fields.Append fd
    Set fd = tb.CreateField("注册日期", dbDate)
    tb.Fields.Append fd
    Set fd = tb.CreateField("联系方式", dbText, 20)
    tb.Fields.Append fd

    Set idx = tb.CreateIndex("stdno")                 '创建索引
    Set fd = idx.CreateField("读者 ID")               '创建索引字段
    idx.Fields.Append fd                              '添加索引
    idx.Unique = True
    idx.Primary = True
    tb.Indexes.Append idx
```

```
        db.TableDefs.Append tb              '添加表
        db.Close
    End Sub
```

5）在"创建数据表"窗体上单击"创建表"按钮，将实现创建"读者注册表"的过程。

从例中可以看出，用户创建的字段对象、索引对象、表对象都必须通过 Append 方法将它们添加到 Fields、Indexes、TableDefs 对象集合中。

例 11-27 针对例 11-26 创建的表"读者注册表"，通过 DAO 编程方式，实现表记录的添加、查找功能。

具体操作步骤如下。

1）在数据库"读者管理.mdb"中建立一个名称为"管理数据"的窗体，且窗体上没有滚动条、记录选定器、导航按钮和分隔线。窗体上的控件如表 11-13 所示，运行界面如图 11-22 所示。

表 11-13 "管理数据"窗体的控件

控 件 类 型	控 件 名 称	控 件 标 题
标 签	Label1	读者 ID:
	Label2	姓名:
	Label3	证件号码:
	Label4	注册日期:
	Label5	联系方式:
文 本 框	txt1	
	txt2	
	txt3	
	txt4	
	txt5	
命 令 按 钮	Cmd1	添加记录
	Cmd2	查找记录
	Cmd3	退出

图 11-22 "管理数据"窗体运行界面

2）选择 Cmd1 命令按钮，在"属性"窗口中选择"事件"选项卡，选择"单击"→"代码生成器"命令，切换至 VBE 工作环境。

3）在通用声明段中，声明模块级变量。

```
        Dim rst As Recordset
        Dim db As Database
```

4）输入以下窗体加载事件（即 load 事件）代码，以完成对象变量赋值、打开数据表"读者注册表'、设置 5 个文本框的初始值等操作。

```
        Private Sub Form_Load()
            Set db = DBEngine.Workspaces(0).Databases(0)
            Set rst = db.OpenRecordset("读者注册表")          '打开数据表

            txt1.Value = " " : txt2.Value = " " : txt3.Value = " "
            txt4.Value = Date : txt5.Value = " "
        End Sub
```

5）对"添加记录"命令按钮 cmd1 设计如下事件过程。

```
        Private Sub Cmd1_Click()
            If RTrim(txt1.Value) = "" Or RTrim(txt2.Value) = "" Then
                MsgBox "读者 ID 和姓名不能为空,请重新输入", vbOKOnly, "错误提示"
                txt1.SetFocus
            Else
                rst.AddNew
                rst("读者 ID") = txt1.Value
                rst("姓名") = txt2.Value
                rst("证件号码") = txt3.Value
                rst("注册日期") = txt4.Value
                rst("联系方式") = txt5.Value

                ent = MsgBox("确认添加吗?", vbOKCancel, "确认提示")
                If ent = 1 Then
                    rst.Update
                Else
                    rst.CancelUpdate
                End If

                txt1.Value = " " : txt2.Value = " " : txt3.Value = " "
                txt4.Value = Date : txt5.Value = " "
            End If
        End Sub
```

由于"读者 ID"是数据表的主键，不允许存储重复值。为了避免错误发生，当在 txt1 文本框中输完数据后，需将它与记录集中存在的"读者 ID"逐一比较，排除重复输入的可能性。

txt1 文本框的 LostFocus 事件过程如下。

```
        Private Sub txt1_LostFocus()
            If rst.BOF And rst.EOF Then
                Exit Sub
            Else
```

```
            rst.MoveFirst
            Do While Not rst.EOF
                If Val(txt1.Value) = rst("读者 ID") Then
                    MsgBox "读者 ID 重复,请重新输入", vbOKOnly, "错误提示"
                    txt1.SetFocus
                    txt1.Value = " "
                    Exit Do
                Else
                    rst.MoveNext
                End If
            Loop
        End If
    End Sub
```

6）对"查找记录"命令按钮 cmd2 设计如下事件过程。

```
    Private Sub Cmd2_Click()
        Dim rst1 As Recordset
        Dim strinput As String, strsql As String

        strinput = InputBox("请输入需要查找的读者姓名", "查找输入")
        strsql = "select * from  读者注册表  where 姓名  like '" & strinput & "'"
        Set rst1 = db.OpenRecordset(strsql)
        If Not rst1.EOF Then
            Do While Not rst1.EOF
                txt1.Value = rst1("读者 ID")
                txt2.Value = rst1("姓名")
                txt3.Value = rst1("证件号码")
                txt4.Value = rst1("注册日期")
                txt5.Value = rst1("联系方式")
                x = MsgBox("查找是否正确？", vbYesNo, "查找提示")
                If x = vbYes Then
                    Exit Sub
                Else
                    rst1.MoveNext
                End If
            Loop
        Else
            MsgBox "读者[" & strinput & "]不存在！", vbOKOnly, "查找提示"
        End If
        rst1.Close
    End Sub
```

7）对"退出"命令按钮 cmd3 设计如下事件过程。

```
    Private Sub Cmd3_Click()
        rst.Close
        db.Close
```

```
DoCmd.Close
End Sub
```

11.6.3 ADO（Active 数据对象）

1．ADO 概述

ADO 是基于组件的数据库编程接口，它为开发者提供了一个强大的逻辑对象模型，以便开发者通过 OLE DB 系统接口，以编程方式访问、编辑、更新各种数据源（如 Access、SQL server、Oracle 等），实现对数据源的数据处理。ADO 最普遍的用法就是通过应用程序，在关系数据库中检索一个或多个表，并显示查询结果。

在 Access 中使用 ADO 对象时，也应增加对 ADO 库的引用，只不过在 Access 2000 以后的版本中，每当建立新数据库时，系统会自动引用 ADO 链接库，不需要用户再做任何设置或更改。

2．ADO 主要对象

ADO 对象模型（详细内容请参照 Access 帮助信息）主要有 3 个对象成员：Connection、Command 和 Recordset。其中，Connection 对象的功能是用于指定数据提供者，完成与数据源的连接；Command 对象表示在 Connection 对象的数据源中，要运行的 SQL 命令；Recordset 对象是指操作 Command 对象所返回的记录集。

（1）Connection 对象

Connection 对象用于建立与数据源的连接。在客户/服务器结构中，该对象实际上是表示了同服务器的实际网络连接。

建立和数据库的连接是访问数据库的第一步，ADO 打开连接的主要途径是通过 Connection 对象的 Open 方法来连接数据库，即使用 Connection.Open 方法。

Connection 对象的 Execute 方法用于执行一个 SQL 查询等。

（2）Recordset 对象

ADO Recordset 对象包含某个查询返回的记录以及那些记录中的游标。用户可以在不显示打开 Connection 对象的情况下，打开一个 Recordset（例如，执行一个查询）。如果选择创建一个 Connection 对象，就可以在同一个连接上打开多个 Recordset 对象。需注意的是，Recordset 对象所指的当前记录任何时候均为集合内的某一个记录。

3．使用 ADO 对象

与使用 DAO 对象不同的是，在使用 ADO 对象之前，需要设置数据提供程序（Provider），数据提供程序不仅是 ADO 进行数据访问的桥梁，而且是 ADO 辨识数据源格式的关键。

使用 ADO 的步骤如下。

（1）建立连接

1）设置 Provider 属性值，定义要连接和处理的 Connection 对象。将 Provider 属性值设置为 Microsoft.jet.OLEDB.4.0，表示 ADO 将通过 jet 4.0 版数据库引擎连接至 Access 数据库。

2）设置 ConnectionString 属性值。ADO 没有 DatabaseName 属性，它使用 ConnectionString 属性与数据库建立连接。

（2）打开数据库

1）定义对象变量（为了区别与 DAO 中同名的对象，在定义对象变量时，可使用 ADO

类型库的短名称 ADODB 作为前缀）。

2）通过设置属性和调用相应方法打开数据库。

（3）获取记录集

使用 Recordset 和 Command 对象取得需要操作的记录集。

（4）对记录集进行各种处理

（5）关闭对象

4. ADO 应用举例

例 11-28 假设 db1.mdb 数据库中有数据表 stu，db2.mdb 数据库中有数据表 emp，且当前处于 db1 数据库操作环境中。请通过 DAO 编程方式，在立即窗口中显示数据表 stu、emp 的记录总数。

1）通过 ADO 操作非当前数据库 db2，显示数据表 emp 中记录个数的程序代码如下。

```
Dim cnn As New ADODB.Connection          '声明连接对象变量
Dim rst As New ADODB.Recordset           '声明记录集对象变量
Dim strconnect As String, sqlx As String

strconnect = "E:\myl\Access 教材\db2.mdb"  '设置连接数据源
cnn.Provider = "Microsoft.jet.OLEDB.4.0"   '设置数据提供者
cnn.Open strconnect                       '连接数据库

sqlx = "select * from emp"                '设置查询语句
rst.LockType = adLockPessimistic          '设置记录集属性
rst.CursorType = adOpenKeyset
rst.Open sqlx, cnn, adCmdText             '打开操作的记录集

Debug.Print rst.RecordCount               '在立即窗口中显示记录集的记录个数

rst.Close
cnn.Close
Set rst = Nothing
Set cnn = Nothing
```

2）通过 ADO 操作当前数据库 db1，显示数据表 stu 中记录个数的程序代码如下。

```
Dim cnn As New ADODB.Connection
Dim rst As New ADODB.Recordset
Dim sqly As String

Set cnn = CurrentProject.Connection       '连接当前数据库

sqly = "select * from stu"
rst.LockType = adLockPessimistic
rst.CursorType = adOpenKeyset
rst.Open sqly, cnn, adCmdText             '打开操作的记录集

Debug.Print rst.RecordCount
```

```
          rst.Close
          cnn.Close
          Set rst = Nothing
          Set cnn = Nothing
```

11.7　习题

1．选择题

1）VBA 程序允许将多条语句书写在同一行中，各语句之间的分隔符为（　　　）。

  A．:   B．'

  C．;   D．,

2）下列 Case 语句中错误的是（　　　）。

  A．Case 0 To 10   B．Case Is>10

  C．Case Is>10 And Is<50   D．Case 3,5,Is>10

3）下列 4 个循环设计中，循环次数最少的是（　　　）。

  A．a=5   B．a=5

    b=8   b=8

    Do   Do

    a=a+1   a=a+1

    Loop While a<b   Loop Until a<b

  C．a=5   D．a=5

    b=8   b=8

    Do Until a<b   Do Until a>b

    b=b+1   a=a+1

    Loop   Loop

4）下列不属于 VBA 提供的 On Error 语句形式为（　　　）。

  A．On Error Goto 标号   B．On Error Then　标号

  C．On Error Resume Next   D．On Error Goto 0

5）为了使得调用子过程 Proc1 后返回两个变量的结果，正确的过程定义语句是（　　　）。

  A．Sub Proc1(ByVal m, ByVal n) B．Sub Proc1(ByVal m,n)

  C．Sub Proc1(m, ByVal n)   D．Sub Proc1(m,n)

2．填空题

1）结构化程序设计有_____、_____、_____3 种控制结构。

2）VBA 中，标识变体类型的关键字是_____。

3）退出 Access 应用程序的 VBA 代码是_____。

4）使用 Dim 语句定义数组时，在缺省情况下数组下标的下限为_____。

5）已知"employee"是数据库"职工管理.mdb"中的表，其中存储有职工的基本信息：职工号、姓名、性别和籍贯。在图 11-23 所示的"emp"窗体中，对应于"职工号"、"姓名"、

"性别"和"籍贯"标签的 4 个文本框的名称分别为 empNo、empName、empSex、empRes。

下面程序的功能是向"employee"表添加职工记录。具体操作过程为：单击名称为 Cmd1、标题为"添加"的命令按钮时，程序将判断输入的职工号是否重复。如果不重复，则向"employee"表添加该职工记录，否则给出提示信息。

图 11-23 "emp"窗体

请将程序补充完整，以实现上述功能。

```
Dim ADOcnn As New ADODB.Connection

Private Sub Form_ Load( )
    Set ADOcnn= CurrentProject.Connection
End Sub

Private Sub Cmdl_Click( )
    Dim strSQL as String
    Dim ADOrst As New ADODB.Recordset

    Set ADOrst.ActiveConnection = ADOcnn
    ADOrst.Open "Select 职工号  From employee Where 职工号= '" + empNo + "'"
    If Not ADOrst._____ Then
      MsgBox "输入职工号已存在，不可以重复添加！"
    Else
    strSQL="Insert Into employee(职工号,姓名,性别,籍贯) "
    strSQL=strSQL+"Values('"+empNo+"', '"+empName+"', '"+empSex+"', '"+empRes+"') "
    ADOcnn.Execute _____
    MsgBox "添加成功！"
    End if

    ADOrst.Close
    ADOcnn.Close
    Set ADOrst = Nothing
    Set ADOcnn = Nothing
End Sub
```

3. 编程题

1）水仙花数是具有如下特征的 3 位数：其各位数字立方和等于该数本身。例如，153 满足 $153=1^3+5^3+3^3$，所以它是一个水仙花数。编制程序求出所有的水仙花数。

2）编写程序，判断一个正整数（大于等于3）是否为素数。

3）编制程序，输入任意 10 个整数，并输出这些数的最大值、最小值和平均值（要求使用数组实现）。

4）编制程序，输出任意一个 5 行 5 列数据方阵中每行的最小数。

5）对数据库"职工管理.mdb"，按照以下要求编制程序。

● 数据表 Password 用于存放用户注册信息，字段设置情况如表 11-14 所示。

表 11-14　Password 表中字段设置情况

字 段 名 称	数 据 类 型	字 段 大 小	作　　用
userno	文本型	5	存储注册用户编号
username	文本型	12	存储注册用户名
userpsw	文本型	16	存储用户密码

● 窗体"用户登录"的记录源为 Password 表，窗体控件如表 11-15 所示。

表 11-15　"用户登录"窗体控件

控 件 类 型	控 件 名 称	控 件 标 题	其 他 设 置
标签	Label1	用户名:	显示格式为隶书 12 号字
	Label2	口令:	显示格式为隶书 12 号字
组合框	Combox1		行来源为 Password 表中记录
文本框	Text1		输入字符时屏幕显示一串"*"
命令按钮	Cmd1	确定	标题显示为楷体 12 号字
	Cmd2	退出	标题显示为楷体 12 号字

编写程序，实现用户登录功能。运行"用户登录"窗体，在"用户名"组合框中选择一个合法的用户名，在"口令"文本框中输入对应的口令。单击"确定"按钮，若输入的口令正确，则出现"欢迎使用本系统"消息框，否则出现"密码输入错误"消息框；单击"退出"按钮，则结束运行。窗体运行界面如图 11-24 所示。

图 11-24　"用户登录"窗体

6）完善例 11-26，通过 DAO 编程方式，实现表记录的修改、删除功能。

检12